建设工程管理系列规划教材

建设工程施工索赔

主　编　杨晓林　冉立平
参　编　张　红　陆　嫒

机械工业出版社

建设工程施工索赔是一门跨学科的专业知识，也是工程建设领域项目管理中的一项重要工作。本书分为9章，全面、系统地介绍了建设工程施工索赔方面的基本理论和行业惯例，从索赔的基本概念与原理入手，详细介绍承包商索赔概论、索赔程序、索赔费用、索赔分析、承包商的索赔策略与技巧、业主的索赔、索赔的管理以及监理工程师的索赔管理，并用83个案例进行深入浅出的讲解。本书内容强调理论性与实践性的紧密结合。

本书主要作为工程管理类和相关专业的本科教材，同时可供建设单位、建筑承包单位、监理单位等专业人员学习参考。

图书在版编目（CIP）数据

建设工程施工索赔/杨晓林，冉立平主编. —北京：机械工业出版社，2013.3（2025.1重印）
建设工程管理系列规划教材
ISBN 978-7-111-41027-0

Ⅰ.①建… Ⅱ.①杨…②冉… Ⅲ.①建筑工程-工程施工-索赔-高等学校-教材 Ⅳ.①TU723.1

中国版本图书馆CIP数据核字（2013）第009081号

机械工业出版社（北京市百万庄大街22号 邮政编码100037）
策划编辑：冷　彬　责任编辑：冷　彬　孙晶晶　卢若薇
制式设计：张　薇　责任校对：刘秀芝　闫玥红
封面设计：姚　毅　责任印制：刘　媛
涿州市般润文化传播有限公司印刷
2025年1月第1版第9次印刷
184mm×260mm·13.25印张·328千字
标准书号：ISBN 978-7-111-41027-0
定价：38.00元

电话服务　　　　　　　　网络服务
客服电话：010-88361066　机　工　官　网：www.cmpbook.com
　　　　　010-88379833　机　工　官　博：weibo.com/cmp1952
　　　　　010-68326294　金　　书　　网：www.golden-book.com
封底无防伪标均为盗版　　机工教育服务网：www.cmpedu.com

前　言

在竞争激烈的建筑市场环境下，企业要想取得良好的经济效益，必须加强合同管理，尤其是合同索赔工作。"中标靠低价，盈利靠索赔"虽然有失偏颇，但在一定程度上确实反映出索赔工作的重要性。工程承包领域，长期以来受"买方市场"制约，承包风险主要落在承包商一方，如果承包商不能依据合同所赋予的索赔权利，有效保护本身的合同权益，最终只能被市场所淘汰。实践证明，有效的施工索赔已经成为承包商维护自己合同利益的关键。同时应注意到，我国对外开放的程度不断扩大，一大批外国承包商涌入我国建筑市场，由于这些承包商具有丰富的索赔知识，对我国的项目业主单位也带来了巨大的挑战，如何加强合同管理，反驳承包商索赔和进行业主索赔成为一项艰巨的任务。同时我国的监理工程师也急需加强索赔管理知识，提高索赔管理能力才能适应现代管理的需要。在工程实践中，不论是业主、施工单位，还是监理单位的从业人员，都迫切需要工程索赔的专业知识。

为了向高等院校工程管理专业和相关专业学生以及施工单位、业主单位、监理单位的广大从业人员提供系统、全面、结合实际、操作性强的索赔知识，特编写本书。本书编制主要依据 FIDIC《施工合同条件》1999 年版和我国现行《建设工程施工合同（示范文本）》（GF—2013—0201）来进行索赔分析，书中列举大量的教学案例和部分工程实例，以便读者更好地理解和理论联系实际；为了讲解清晰和便于学习的目的，对案例均做了一定修改。全书共分 9 章，从承包商、业主和监理工程师三个角度全面介绍了索赔的知识与技巧。

本书由哈尔滨工业大学杨晓林、冉立平担任主编。第 1、2、3 章由冉立平编写，第 4 章由冉立平、张红（哈尔滨工业大学）编写，第 5、6、7、8 章由杨晓林编写，第 9 章由杨晓林、陆媛（黑龙江东方学院）编写。全书由杨晓林统稿。

本书的编写过程中，参考了有关作者的论著和研究成果，并得到大量施工单位、监理单位的朋友和学生们的大力支持和帮助，在此深表谢意。

由于作者水平所限，本书难免有不足之处，诚挚地希望读者提出宝贵意见，以便再版时修订。

编　者

目 录

前言

第1章 工程索赔概论 ………… 1
1.1 工程索赔的基本概念 …………… 1
1.2 承包商索赔的意义与意识 ………… 5
1.3 索赔人员的素质要求 …………… 15
练习题 ……………………………… 17

第2章 承包商索赔概论 ………… 18
2.1 引起索赔的原因 ………………… 18
2.2 国际国内工程常用的施工合同条件 ……………………………… 22
2.3 索赔的主要依据 ………………… 45
2.4 承包商可引用的合同条款 ……… 52
2.5 承包商可索赔的主要情况 ……… 57
练习题 ……………………………… 68

第3章 索赔程序 …………………… 70
3.1 索赔的一般程序 ………………… 70
3.2 索赔文件的编写 ………………… 83
练习题 ……………………………… 89

第4章 索赔费用 …………………… 90
4.1 索赔费用的构成 ………………… 90
4.2 索赔费用的计算 ………………… 94
4.3 索赔费用的计算方法 …………… 99
练习题 ……………………………… 107

第5章 索赔分析 …………………… 109
5.1 经济索赔分析 …………………… 109

5.2 工期索赔分析 …………………… 133
练习题 ……………………………… 139

第6章 承包商的索赔策略与技巧 … 142
6.1 承包商索赔失败的原因分析 …… 142
6.2 承包商的索赔策略分析 ………… 147
6.3 承包商的索赔技巧 ……………… 149
练习题 ……………………………… 157

第7章 业主的索赔 ………………… 159
7.1 概述 ……………………………… 159
7.2 业主索赔的合同依据 …………… 160
7.3 业主索赔的程序 ………………… 163
7.4 业主索赔的内容 ………………… 164
7.5 业主的索赔组织与管理 ………… 170
练习题 ……………………………… 171

第8章 索赔的管理 ………………… 172
8.1 概述 ……………………………… 172
8.2 索赔的预防 ……………………… 172
8.3 索赔的反驳 ……………………… 175
8.4 索赔谈判 ………………………… 186
练习题 ……………………………… 189

第9章 监理工程师的索赔管理 …… 194
9.1 监理工程师的地位与作用 ……… 194
9.2 监理工程师的索赔管理工作 …… 196
9.3 监理工程师索赔管理的原则 …… 204
练习题 ……………………………… 207

参考文献 ……………………………… 208

第 1 章 工程索赔概论

1.1 工程索赔的基本概念

1.1.1 索赔的定义

索赔（Claim）的定义，在牛津词典中是指：要求承认其所有权或某种权利（assertion of a right; act of claim），或者根据保险合约所要求的赔款，如因损失、损坏等（sum of money demanded under an insurance agreement, for loss, damage, etc.）。索赔也就是指在合同的实施过程中，合同一方因对方不履行或未能履行合同所规定的义务而受到损失，向对方提出赔偿要求。

工程索赔（Construction Claim）是指当事人在合同实施过程中，根据法律、合同规定及惯例，对并非由于自己的过错，而是属于应由合同对方承担责任的情况造成的实际损失（包括工期延长和经济损失），向对方提出给予补偿的要求。索赔事件的发生，可以是一定行为造成，也可以由不可抗力引起；可以是合同当事人一方引起，也可以是任何第三方行为引起。索赔的性质属于经济补偿行为，而不是惩罚。索赔的损失结果与被索赔人的行为并不一定存在法律上的因果关系。它允许承包商获得由于非承包商的原因而造成的损失补偿，也允许业主获得由于承包商的原因而造成的损失补偿。对于工程承包施工来说，索赔是维护施工合同签约者合法利益的一项根本性管理措施。对于施工合同双方来说，索赔是维护双方合法利益的权利。它同合同条件中双方的合同责任一样，构成严密的合同制约关系。承包商可以向业主提出索赔，业主也可以向承包商提出索赔。在国际工程施工的实践中，习惯上将承包商向业主的索赔，直接称为承包商索赔，简称为"索赔"，而把业主向承包商的索赔称为业主的索赔，简称为"反索赔"。但在正式合同条件范本中一律用"索赔"二字。

在当前建筑市场激烈竞争的条件下，工程任务少，施工单位多，因此，工程施工中的绝大部分风险由承包商来承担，一旦失误，就可能遭受重大的经济损失。承包商在施工过程中必须加强施工索赔管理，对于实际施工过程中发生的事件，按照工程合同条款的规定，对合同价格进行适当的公正调整，以弥补承包商不应承担的损失，尽可能使工程合同的风险分担程度合理。

1.1.2 索赔的分类

1. 按索赔的起因分类

可以导致索赔的原因很多，归纳起来主要有以下几种。

（1）工程量变化索赔 承包商对工程量的增加或减少提出索赔要求。

（2）不可预见的自然条件或人为障碍索赔 如在施工期间，承包商在现场遇到的地质条件与业主提供的地质资料不同，如出现未预见到的软弱土层，或者有大块孤石等，这属于一个有经验的承包商也无法预见的自然条件或人为障碍，承包商因此提出索赔。

（3）加速施工索赔 当工程项目的施工遇到非承包商的原因引起的工程拖期，业主希望按时交付工程，因而要求承包商采取加速施工的措施。而采取加速施工则会增加工程成本，但可以使工程按计划工期建成。

(4) 工程拖期索赔　由于非承包商的原因，使工程拖期。承包商为了完成合同规定的工程花费了较原来计划更长的时间和更多的开支，承包商对此提出索赔。

(5) 工程变更索赔　由于业主或工程师指令变更设计、增加或减少或删除部分工程局部的实施计划、变更施工次序等，造成工期延长和费用增加。

(6) 合同文件错误索赔　由于合同文件错误、遗漏、含糊不清导致的索赔。

(7) 暂停施工或终止合同索赔　由于客观原因或违约而发生暂停施工或终止合同导致的索赔。

(8) 业主违约索赔　由于业主违约导致承包商的索赔。

(9) 业主风险索赔　由于施工中发生了应由业主承担的风险而导致承包商的索赔。

(10) 不可抗力索赔　由于战争、叛乱、罢工、放射性污染、自然灾害等人力不可抗拒原因导致的索赔。

(11) 承包商违约索赔　由于承包商违约导致业主的索赔。

(12) 缺陷责任索赔　由于承包商施工的质量未达到合同约定的标准导致业主的索赔。

(13) 其他索赔　如汇率变化、物价上涨、法令变更、业主拖延付款等引起的索赔。

2. 按索赔目的分类

按索赔目的划分，索赔有工期索赔和经济索赔两种。

(1) 工期索赔　承包商向业主要求延长工期，合理顺延合同工期。合理的工期延长，可以使承包商免于承担误期罚款（或误期损害赔偿金）。

(2) 经济索赔　经济索赔也称为"费用索赔"，承包商要求取得合理的经济补偿，即要求业主补偿不应该由承包商自己承担的经济损失或额外费用，或者业主向承包商要求因为承包商违约导致业主的经济损失补偿。

3. 按索赔的合同对象分类

索赔是在合同双方之间发生的，按合同对象的不同分为如下几种。

(1) 业主与承建商之间的索赔　这是施工过程中最常见的形式，也是本书主要探讨的内容（在我国的施工合同示范文本中也称是发包人向承包人索赔。本书在以后所称业主即为发包人，承包商即为承包人，以后不再一一说明）。

(2) 总承包商与分包商之间的索赔　总承包商向业主负责，分包商向总承包商负责。按照他们之间的合同，分包商只能向总承包商提出索赔要求，如果是属于业主方面的责任，再由总承包商向业主提出索赔；如果是总承包商的责任，则由总承包商和分包商协商解决。

(3) 与供货商之间的索赔　如果供货商违反供货合同的规定，如设备的规格、数量、质量标准、供货时间等，业主或承包商（按照合同关系）有权向供货商提出索赔要求；反之亦然。

(4) 向保险公司、运输公司的索赔　即业主或承包商基于运输合同与保险合同提出的索赔要求。

4. 按索赔的主体分类

合同的双方都可以提出索赔，从提出索赔的主体出发，将索赔分为以下两类。

（1）承包商索赔　这是指由承包商提出的向业主的索赔。

（2）业主索赔　这是指由业主提出的向承包商的索赔。

5. 按索赔的依据分类

（1）合同规定的索赔　合同规定的索赔也叫合同内的索赔，是指索赔事项所涉及的内容在合同文件中能够找到明确的依据，业主或承包商可以据此提出索赔要求。这些明文规定的条款常称之为"明示条款"。

（2）非合同规定的索赔　非合同规定的索赔也叫合同外的索赔，是指索赔事项所涉及的内容已经超过合同规定的范围，在合同文件中没有明确的文字描述，但可以根据合同条件中某些条款的含义，合理推论出有一定索赔权。这些隐含在合同条款中的要求，常称为"默示条款"。

6. 按索赔的处理方式分类

（1）单项索赔　单项索赔也叫一事一索赔，是指每一件索赔事项发生后，索赔管理人员就针对该事项，在规定的索赔有效期内向工程师提出索赔要求，提交索赔报告，要求单项解决支付，不与其他索赔事项混在一起。单项索赔通常原因单一，责任划分明确，分析处理比较简单。

（2）总索赔　总索赔又称为一揽子索赔，是指对整个工程中所发生的索赔事项，综合在一起进行索赔。这种方式的索赔，是在特定的情况下被迫采用的一种索赔方法。有时候施工过程受到非常严重的干扰，致使承包商的施工活动根本无法按照原来的计划进行，原来合同中规定的工作与变更后的工作相互混淆，承包商无法为索赔保持准确而详细的成本记录资料，无法分辨哪些费用是原定的，哪些费用是新增的。在这种条件下，承包商无法采用单项索赔的方式，也就是说，采用总索赔是一种无奈之举。如果承包必须采用总索赔的方式，必须事前征得工程师的同意，并且要能够提交以下证明材料。

1）承包商要证明自己的投标报价是合理的。

2）已经开支的实际总成本是合理的。

3）承包商对实际成本的增加没有任何责任。

4）由于索赔事项在施工过程中的特殊性，无法采用其他方法精确计算出实际的损失数额。

对于总索赔，因为在实际操作过程中涉及太多的争议因素，索赔的成功率并不高，在实际施工过程中应该尽量避免使用。

1.1.3　索赔的发生与发展

建筑产品同其他工业产品相比，无论是产品本身还是生产过程，以及建筑市场的经营方式，都有许多不同。首先，建筑工程的特点是工程量大、投资多，结构形式复杂多样，施工周期长。建筑工程本身和工程所处的环境有许多不确定性因素，在施工过程中都会有很大的变化，像地质条件的变化，建筑市场和建筑材料市场的变化，货币币值的变化，自然条件的变化等，都会对施工过程产生干扰，进而影响工程进度和成本。其次，工程承包合同的签订是基于对未来的预测，而对于如此复杂的工程和环境，合同中不可能对所有的问题都作出预先规定，也不能对所有的情况都作出准确说明。合同中的条款难免会有考虑不周，欠缺和不足，这就会导致在合同实施过程中合同双方对自己的责任、权利和义务的理解产生争议，这些争议一般都和工期、成本有关联。再次，由于工程参建单位多，各方面的技术和经济关系非常复杂，经常发生相互的干扰和影响。也许由于一方的管理上的失误或者过失，会影响到相邻的施工单位，给其造成一定的损失，导致索赔事项的发生。另外还有业主要求的变化导致的工程变更，或者合同双方中的某一方不履行合同责任等情况。因此在工程合同实施过程中，索赔是不可避免的。尤其是承包商一方，因为市场竞争的影响，更是承担了较多的风险，为了取得相应的经济效益，必须要重视对索赔问题的研究。

第二次世界大战以后，土木工程迅速发展，逐渐发展为国际性的工程承包事业。为了完善建筑市场，避免给承包商造成损失，1945年12月，制定并颁布了国际性土木建筑工程承包施工的通用标准合同条件，即由"国际咨询工程师联合会"牵头命名的《土木工程施工合同条件》的初版，在国际工程界称为FIDIC合同条件。在国际工程承包实践过程中，FIDIC合同条件不断充实修改，大致每隔十年左右即发布修正新版。从1957年发布第1版，到1999年的FIDIC新红皮书已经是第5版。由于国际工程承包界的有关各方逐渐地意识到索赔问题的重要意义，在FIDIC合同条件的第4版中，第一次把施工索赔作为一个独立的主题，"施工索赔程序"以5个分条款的篇幅详细规定了索赔的做法。其他几个有国际影响的合同条件，对索赔问题的规定也做了很多修正或补充。

国际工程承包业中的施工索赔工作，是在承包施工实践中产生出的一门独立的管理行为和专业知识。从20世纪70年代开始，由于建筑工程承包施工领域内竞争激烈，承包企业竞相压低报价以求中标，因而在施工过程中的亏损现象逐年增多，施工索赔便逐渐提到工程承包界的议事日程上来，并成为承包商施工必不可少的管理行为，成为承包企业保护其经济利益的基本管理行为。80年代以来，我国的许多对外工程公司，在国家对外技术经济政策的指导下，先后涉足国际工程承包市场，但由于缺乏施工索赔管理经验，曾失去了许多可以索赔的机会，蒙受了巨大的经济损失。通过十多年的努力，积累了丰富的经验，更进一步把索赔工作引入到国内工程施工中来。像国际上常用的FIDIC等合同条件一样，我国的《建设工程施工合同（示范文本）》也把索赔作为一项单独的条款，进行了明确的规定。随着中国加入WTO，中国的建筑市场与国际建筑市场接轨，必须尊重国际惯例，遵循国际上的对施工索赔的处理方法。

目前，国内外的基础设施建设规模日益扩大，土建工程的技术复杂性和质量要求不断提高，工程风险非常巨大，但对有经验的承包企业仍然能够提供有吸引力的机遇。近年来，承包商的纯利润率有逐年下降的趋势，施工索赔的案例每年却都在增加。为了在工程承包市场竞争中取胜，每个施工承包企业都应该认真提高企业的经营管理水平，培养一大批优秀的合同管理人才，尤其是索赔管理人才，以适应日益增强的市场竞争压力，提高企业的市场占有率。

1.1.4 工程索赔与工程签证

虽然目前国际上已经形成了相对完善的工程索赔的理论与方法，并积累了大量的工程索赔的经验和教训，但我国的建筑施工企业和项目经理在工程实践中，通常采用工程签证或者洽商函等方式与业主沟通。虽然大部分的施工合同中有关于索赔的合同条款，施工管理人员却不敢提出工程索赔，不善于工程索赔，有的甚至不懂工程索赔，不会工程索赔，许多合法的权益因此被疏忽或放弃了。这些工程管理人员迫切需要有关工程索赔的专业指导。在具体的工程实践上的问题在于：目前我国法律、法规对工程签证和工程索赔都还没有相应规定，处理索赔尚无明确的法律规定；而在实践中有关工程签证和索赔的案例又在大量发生。

工程索赔与工程签证都是行业惯例，也都是法律问题。工程索赔的发生通常源于未能成功办理工程签证。

工程签证是指工程承发包双方在施工过程中按合同约定对支付各种费用、顺延工期、赔偿损失所达成的双方意思表示一致的补充协议，互相书面确认的签证即成为工程结算或最终结算增减工程造价的凭据。签证的效果是承发包双方应该履行的补充协议，承发包双方不得擅自推翻。作为补充协议的工程签证主要有如下几个要件。

1) 主体。两方，即发包人代表或代理人与承包人代表。

2) 事项。增减价款、支付费用、顺延工期、承担违约责任和赔偿损失以及其他具有变动双方权利和义务关系的事项。

3) 形式。双方共同签字确认签证事项；如承包方提出申请，发包人不同意或部分同意，即不符合该形式；如发包方部分同意，则承包方无反对意见的，可视为符合该形式。

4) 内容。符合工程合同的约定，且工程合同未否定其最终约束力。

工程签证具有如下法律特征。

1) 工程签证是双方协商一致的结果，是双方的法律行为。

2) 工程签证涉及的利益已经确定，可直接作为工程结算的依据。

3) 工程签证是施工过程中的例行工作，一般不依赖于证据。

工程索赔不同于工程签证的法律特征是：

1) 工程索赔与工程签证双方的法律行为不同，工程索赔是单方主张权利的要求，是单方法律行为。

2) 工程签证涉及的利益已经确定，而工程索赔涉及的利益尚待确定，是一种期待权益。

3) 工程签证一般不依赖于其他证据，工程索赔要求未获确认的权利的单方主张必须依赖于证据。

1.2 承包商索赔的意义与意识

1.2.1 索赔的意义

施工过程中的索赔和反索赔，是合同赋予承包商和业主的合同权利，相互约束，成为施工索赔的两个组成部分。但随着建筑市场的逐步完善，面临着国际、国内日益激烈的市场竞争，各承包商为了中标，竞相压低投标报价。由于工程承包受"买方市场"原则制约，承包风险主要落在承包商一方。因此，施工索赔业务主要表现为承包商向业主的索赔，而业主对承包商的反索赔则相对较少。正是由于工程合同条件赋予承包商进行索赔的权利，使得承包商可以获得合理的经济损失补偿，从而有效地保护承包商的合同利益。如果善于利用合同条件进行施工索赔，其索赔款收入金额甚至要大于所投报价书中的利润款额。施工索赔已成为承包商维护自己合同利益的关键性途径。

由于工程承包行业的激烈竞争，工程承包公司为了中标，往往要降低报价以战胜竞争对手。在这种情况下，承包商如果不善于利用索赔来减少自己的损失，就可能无法生存下去。"中标靠低价，盈利靠索赔"这句话虽然片面，但也从一个侧面反映了索赔管理工作在企业经营管理中的重要地位。为了成功进行施工索赔，承包商必须具有先进的合同管理，尤其是索赔管理水平。索赔成功率的高低很大程度上反映了企业合同管理水平的高低。只有重视索赔，严格施工管理，科学控制工程开支，系统积累各种资料，正确编写索赔报告、策略，进行索赔谈判，通过这一系列细致的工作，才能逐步培养一批高水平的工程施工管理人员，才能成功地进行施工索赔，提高企业的经济效益，提高企业的经营管理水平。

随着我国加入WTO，对外开放的进程加快，越来越多的涉外工程，如小浪底水利枢纽工程等，这些工程通常项目规模大，技术复杂，这对于业主方如何应对具有丰富索赔经验的外国承包商的索赔，同时加强业主方索赔，也提出了严峻挑战。国内的大型施工企业也越来越多地参与到国际工程建设中去。多年来，国际工程市场被发达国家的一批大承包公司所垄断。这些海外工程项目绝大多数属于发展中国家，但它们的承包施工者则是美国、英国、德国、法国、意大利及日本等发达国家的大承包公司。其中美国公司占承包总合同额的50%左右。而英国、德国、法国、意大利、日本等国又占据40%左右的国际工程市场份额。在国际市场上承包工程建设，需要雄厚的经济实力、发达的科学技术、充足的机械设备以及先进的经营管理水平。从20世纪80年代起，我国的许多对外工程公司，在国家对外技术经济政策的指引下，先后涉足国际工程承包市场，通过几十年的拼搏奋斗，积累了丰富的经验和教训，培养了一些中坚力量，已经在国际工程市场上占据了一定的份额。国际工程承包施工的实践经验表明，要发展国际工程承包事业，在国际工程市场上逐渐占有一席之地，施工索赔是必不可少的业务，是决定承包施工经济效益的关键环节。为了稳步发展海外工程承包事业，必须切实提高工程项目的合同管理工作水平，尤其是具备国际水平的施工索赔工作经验。只有高水平的施工合同管理和施工索赔管理工作，才能保证我国的海外工程承包事业繁荣发展。

1.2.2 索赔的成立

索赔的成立是有条件的。承包商的索赔要求必须具备以下4个条件。

1) 与合同相比较，已经造成了实际的额外费用支出或工期损失。
2) 造成费用增加或工期损失的原因不是由于承包商的过失。
3) 按合同规定造成的费用增加或工期损失不是应由承包商承担的风险。
4) 承包商在事件发生后的规定时间内提出了索赔的书面意向通知。

索赔和律师打官司相似，一项索赔的成功，不仅在于事件本身的实际情况，而且在于能否找到有利于自己的书面证据，能否找到为自己辩护的法律条款或合同条款。但是，对于干扰事件造成的损失，承包商只有"索"，才可能"赔"，不"索"则一定不"赔"。如果承包商自己不会索赔，例如，没有索赔意识，不重视索赔，不懂索赔，或者不敢索赔，怕得罪业主，失去合作的机会，影响以后合作等，业主是不会主动提出赔偿的。因此，索赔完全在于承包商自己的主动性和积极性。

按照FIDIC合同条件和我国的施工合同条件的规定，承包商索赔不成立有以下几种情况。

1) 索赔事件是承包商的责任造成的。
2) 索赔事件是承包商承担的风险造成的。
3) 承包商没有发生实际损失。
4) 承包商没有采取有效措施而导致损失扩大的部分。

案例1-1　非承包商责任或风险原因造成的损失

承包商与某房地产开发商签订了项目施工合同。项目组成：A栋26层的框架剪力墙结构的高层住宅楼和B栋、C栋两座7层的砖混结构住宅楼。计划开工日期是当年的3月1日，B栋和C栋多层住宅的竣工日期要求为当年的11月末。A栋的竣工时期要求为次年的11月末。按工程师批准的计划，三栋住宅的基础同时开挖。但由于开发商负责的房屋动迁工作出现问题，致使C栋楼所处位置的原有的一处平房迟迟没有搬迁，造成C栋楼不能按原计划动工。当开发商解决完C栋楼平房的动迁问题时，已经是7月中旬。7月正是当地的多雨季节，C栋楼的基础土方刚开挖就赶上连续3天的大暴雨，虽然承包商现场采取了排水措施，但仍使基坑灌满了水。承包商只好用两台水泵来抽出基坑中的水。雨季造成C栋楼的施工进度缓慢。由于开发商没有按合同约定的时间给承包商提供施工场地，使承包商蒙受了经济损失和造成工期的延误。

从这个案例可以看出，工程拖期首先是由于开发商的房屋动迁出现问题，而使现场具备"三通一平"的施工条件是业主的责任。因为业主施工现场动迁延迟，导致基础土方工程施工推迟到雨季进行，遇到了暴雨，承包商因此增加了现场排水的费用并因为雨季造成施工进度缓慢，导致工期延长。应该指出，此案例中的雨季，并没有显现出是异常恶劣的气候条件，即使是正常的雨季，如果工程能够按原计划正常进行，承包商就不会受到这些影响，不会造成工程费用增加及工期延长。因此，在本案例中，前期的工期拖延和后期的施工受影响，都是非承包商的责任和风险。承包商可根据合同向业主提出索赔。

从司法实践中对现实案件的处理来看，从司法的角度对索赔成立的时间规定有所不同。

对于索赔成立条件中的第四条"承包商在事件发生后的规定时间内提出了索赔的书面意向通知"中的"规定时间"，不同的标准文本规定并不一样。我国施工合同示范文本中规定：承包商在知道或应当知道索赔事件发生后28天内，向监理人（工程师）递交索赔意向通知书，并说明发生索赔事件的事由。承包商如果未能在前述28天内向监理工程师发出索赔意向通知书的，则丧失要求追加付款和（或）延长工期的权利。《FIDIC施工合同条件》1999年版中也有相应的规定，约定如果超出合同规定的索赔时限，承包人就丧失了索赔的权利，这是一个值得探讨的问题。上海市高级人民法院的观点认为，有关索赔时限规定的法律性质并非索赔的时效期间。索赔对发包人和承包人而言，实质上是双方基于合同约定的某一事由所享有的补偿请求权。请求权的行使在法律上应受诉讼时效的限制。而诉讼时效期间在我国为法定的、强制性的，不容当事人任意延长或缩短。所以，合同文本中的索赔期限并非索赔的诉讼时效期间，虽超过此期限，但只要未过诉讼时效的，承包人可就索赔事项提起诉讼，要求发包人依合同约定予以补偿，发包人以超过合同规定的索赔时限为由进行抗辩不能成立。

但值得注意的是，一些标准合同及计价规范规定：承包人未在约定时间提出索赔的视为放弃索赔权利。当合同中明确约定索赔时限时，承包人应特别注意在规定的索赔时间内提出索赔要求，否则，发包人可能以"视承包人放弃索赔的权利"为由抗辩，从而拒绝给予承包人补偿。

此外，FIDIC合同条件中有相关规定，如果承包商在自己的最终结算单和竣工结算单中还没有提出索赔款（余额）的要求，则业主将不承担任何支付义务。我国《建设工程施工合同（示范文本）》中也规定了承包人按双方签订合同的约定接受了竣工付款证书后，应被认为已无权再提出在工程接收证书颁发前所发生的任何索赔了。从合同条款规定看，承包商如果没有在最终结算时提出自己的索赔要求，即认为承包商放弃了自己的最终索赔权。同样按相应法律的规定，如《中华人民共和国民法通则》第88条第二款和《中华人民共和国合同法》第62条第四款的规定，承包人随时有权提出索赔，但索赔时效受普通诉讼时效限制，为2年。根据《中华人民共和国民事诉讼法》第137条规定，诉讼时效期间从知道或者应当知道权利被侵害时起计算。但在建设工程领域，由于工程施工合同结算具有整体性，在工程款尚未结算之前不能就某一项费用请求单独计算诉讼时效，因此当竣工结算尚未确定时，双方的权利和义务尚不明确，诉讼时效期间不能起算。

案例1-2　索赔成立的条件

2001年4月28日，银海建设与北方置业签订施工合同约定：北方置业将其开发的住宅工程项目发包给银海建筑承建，工程内容为住宅楼及相应的配套设施。合同形式日期为2001年7月1日，竣工日期为2002年12月31日，工期总日历天数为540天。合同约定按每平方米建筑面积包干价1250元计算，暂定价9500万元。因发包人的原因不能按照协议书约定的开工日期开工，工程师应以书面形式通知乙方，推迟开工日期。发包人赔偿乙方因延期开工造成的损失，并相应顺延工期。承包人在工期延误的情况下14天内，就延误的工期以书面形式向工程师提出报告，逾期视为未发生工期延误。

2001年8月31日和12月19日，北方置业取得项目1~7号楼地上、地下部分的施工许可证。2001年12月21日，北方置业向银海建筑发出开工通知，告知1~7号楼地下建筑部分的施工许可证已于2001年12月20日取得，为此该工程开工前的报批手续已全部完成，具备开工条件，请银海建筑签发开工令，开工时间为2001年12月23日。

2001年12月23日，银海建筑正式开工，2003年8月1日，工程竣工验收合格。在结算过程中，银海建筑提出索赔窝工损失费128万元，遭到北方置业的拒绝，理由为工程进行过程中，银海建筑从未就工期问题向北方置业提出展延工期的要求。

按索赔成立的条件，本案例具备了上文条件中的前三项，但因未能在合同规定的时间内提出索赔要求，最后丧失了索赔权。在结算时，提出索赔的要求被工程师拒绝。

银海建筑随后提起诉讼。法院认为该索赔问题适用诉讼时效，也就是说即使承包人未在合同约定索赔期限内提出，在之后的诉讼中也可以提出来。而按照《中华人民共和国民事诉讼法》第137条规定，诉讼时效期间从知道或者应当知道权利被侵害时起计算，虽然从表面上看，承包人在工程正式开始时就知道自己受到窝工损失，但却在2年后才提起诉讼，已经过了诉讼时效，但法院"考虑到工程施工合同结算的整体性原则，在工程款尚未结算之前不应就某一项费用请求单独计算诉讼时效"的观点，承包人的窝工损失索赔诉讼时效应从工程价款结算之日起算，最后法院判决北方置业赔偿银海建筑窝工损失费人民币68万元。

从此案例中看出，在合同对索赔期限和程序有明确约定的情况下，承包人最好在索赔事项发生时，按照约定时限及时提出索赔意向通知，让另一方确认，为索赔的结算、支付提供依据。同时也要注意，即使未能按照约定提出索赔，也应该保留好与索赔相关的证据，包括索赔事项发生的证据，费用增加或工期延长的证据等，避免在诉讼时虽提出索赔，即因缺乏相关证据而使司法程序上的索赔不成立。

1.2.3 索赔成功的主要影响因素

1. 报价及签约管理水平

索赔的处理过程、解决方法、依据、索赔值的计算方法等都要按照合同规定进行。不同的合同形式对风险分担有不同的规定，对索赔的补偿范围、条件和办法都有具体的规定，同时还涉及工程合同适用法律的问题。因此合同签约阶段的工作对索赔成功与否具有重要作用。

一个有经验的承包商，它的合同管理人员，尤其是索赔管理人员，应该从投标准备阶段开始就研究探讨该合同项目的索赔问题。认真研究招标文件及施工图，深入进行拟投标施工项目的自然条件和政治经济条件的原始资料调查，寻找索赔机会。深入研究招标文件中涉及施工索赔的条款和规定；仔细分析可能存在的对业主的开脱性条款或免责条款；认真核对工程量，充分考虑项目可能存在的风险；详细研究竞争对手的情况；针对具体项目的实际情况作出自主报价。

2. 承包商的合同管理水平

承包商的合同管理工作在工程项目的实施过程中占重要地位，也是索赔成功的必要条件。合同管理的根本任务是指导承包商按合同文件的规定完成合同任务。施工合同管理工作是保证工程项目按照合同文件规定完成的重要手段。它的主要内容是进行施工进度控制、工程成本控制以及施工质量控制，并进行合同分析、合同纠纷处理以及工程款申报等项工作，实现承包商的经营目的。在施工合同管理中，施工索赔管理占有重要地位。索赔管理的根本任务是通过合同实施过程中对出现的计划外的事项，如工程变更、施工条件变化、施工干扰等因素的影响，导致承包商产生附加的成本开支向业主索取相应的补偿，以维护承包商的合理的经济利益。承包商的合同管理水平是影响索赔成功的主要因素。承包商合同管理水平的高低主要表现在以下几个方面。

1）是否熟悉工程项目的全部合同文件，是否能够从索赔的角度解释合同条款，而不失去任何应有的索赔机会。

2）是否能够从投标报价阶段开始就仔细分析和掌握全部合同文件，是否能全面了解合同中存在的各种隐蔽风险，是否能够有预见地避免一切可以防范的风险，最大限度地降低承包商承担的风险及风险损失。

3）是否对合同规定的工作了如指掌，是否能随时注意业主和工程师发布的变更指令或口头要求。一旦发现实际工程超出了合同规定的工作范围，是否能及时提出索赔要求。

4）在编写索赔报告文件和进行索赔谈判时，是否能熟练运用合同知识来解释和论证自己的索赔权，是否能运用正确的计价方法来提出自己应得的工期延长或经济补偿。

5）是否有一整套切实的合同管理程序，并能严格执行；是否有健全、有效的档案文件管理系统。

如果承包商重视合同管理，熟悉索赔业务，按合同要求进行施工，发生索赔事项时，严格按合同规定的要求和程序提出索赔，有丰富的索赔处理经验，注重索赔策略和方法的研究，就比较容易取得索赔的成功。

3. 按合同要求建好工程项目

要想索赔成功，承包商要认真按照合同要求建好实施工程项目，使施工质量合格，施工进度符合合同要求，并按规定的竣工日期完成工程项目建设，使业主和工程师满意。这就为索赔成功奠定了基础。为了建好工程项目，承包商应努力做好以下工作。

1) 按照施工技术规程的要求施工，工程质量符合合同规定的要求或标准。

2) 坚持约定的施工进度计划，尽可能保证工程项目按照原定的竣工日期竣工建成。如果因为业主或客观原因导致工程拖期，承包商要尽可能减少这些不利的影响可能给业主带来的损失，但可正当提出相应的索赔要求。

3) 按照业主和工程师的工程变更指令进行施工，对由此产生的额外开支提出正当的索赔要求。

在这里要注意一点，按合同要求，努力建好工程项目，并不等于无原则地一味迁就业主的无理要求。当业主的支付能力出现问题或者无故拖欠施工进度款时，承包商应该善于利用合同中相应的暂停施工甚至终止施工的合同条件来保障自己的经济利益，特别要注意避免大量垫资施工，以防止给自己带来不必要的经济损失。

4. 成本管理水平

施工项目的成本管理工作从投标阶段开始，贯穿整个施工阶段，在工程竣工投产后结束。一个有经验的承包商，深切地懂得要从招标文件中开始探索施工索赔的可能机会，并在报价书中写入将来进行施工索赔所必需的数据。

在施工阶段的成本管理工作中，通过定期的成本核算和成本分析工作进行成本控制，发现成本超支时立即分析原因。如果发现是属于计划外的成本支出，应及时提出索赔补偿要求。因此，成本管理人员应熟悉工程项目合同文本中的经济条款，并能够利用这些经济条款取得承包商应有的资金收入，维护自己合理的经济利益。为了做好施工索赔工作，工程项目成本管理应做好以下工作。

1) 及时编报索赔款申报表。在每月申报工程进度款的同时编报索赔款申报表，以免索赔款长期拖欠累计，数额巨大，增加索赔的难度。

2) 熟悉索赔款的计价方法，正确计算索赔款，熟悉索赔款的单价分析与价格调整方法，能够比较准确地确定索赔事项的施工新单价，使索赔计算具有说服力，不易被业主或工程师拒绝。

3) 成本管理人员要学会积累成本资料，定期进行成本核算和分析，这样既能满足成本控制的需要，又能满足索赔论证的需要。

5. 善于进行索赔处理

施工索赔工作通常要持续一个相当长的时间，并通过反复的协商和谈判才能得到解决。施工索赔人员谈判能力的高低，与索赔事项的成败关系很大。索赔谈判者必须熟悉合同，懂得工程技术，并有利用合同知识论证自己索赔要求的能力。

6. 合同双方的关系

合同双方关系密切，业主对承包商的工作和工程感到满意，则索赔易于解决；如果双方关系紧张，业主和承包商互不信任，甚至敌对，则索赔难以解决。

7. 业主、监理工程师的公正性和管理水平

如果业主和工程师能够公正地处理承包商的索赔要求，索赔问题就比较容易解决。如果不讲信誉，办事不公正，索赔问题就很难解决。承包商最后就只能采取仲裁或诉讼的方式来解决合同纠纷，对双方来说都是费时、费力、又费钱。同样，如果业主和监理工程师管理水平较高，又能公平、公正地处理问题，则索赔问题较易于解决。

1.2.4 索赔管理人员应具备的意识

虽然我国各工程承包公司逐步开展了施工索赔工作，但从全国的施工企业来看，我国各建筑施工企业在这些方面还普遍缺乏经验，一般公司还没有形成自己的索赔管理体系，没有自己的施工索赔方面的专家，有些管理人员对索赔的重要作用估计不足，对索赔业务了解不多。因此，有必要在广大工程施工管理人员中进行索赔知识的指导和培训，提高他们对索赔工作重要性的认识，树立正确的索赔工作的基本意识观念，提高我国工程承包施工合同管理和索赔管理工作的水平，向世界水平看齐，为索赔的成功打好基础。

为了正确认识索赔，必须要明确索赔是工程合同双方的权利，任何一方都有权主动提出索赔要求，来维护自己正当合理的经济利益。尤其是对于承包商来说，由于激烈的市场竞争，更需要通过索赔尽可能地减少承包风险、防止经济亏损。施工管理人员应该明确，索赔是一种经济补偿的性质，是基于自己的合法权利提出的要求而不是罚款。因此当一个索赔事项发生时，一定要认真对待，严格按照合同的规定处理。应该索赔的而不知道索赔，会使承包商丧失应得的经济利益，同时也说明其合同管理水平不高。索赔管理人员应该自觉地关心与索赔有关的任何事件，主动提出索赔要求，把施工索赔管理工作作为首要考虑的问题之一，及时发现索赔机会，及时提出索赔，避免形成合同争端。同时在处理索赔过程中，不要毫无道理地夸大索赔要求，而应该遵守合同，以合同为依据，有理、有利、有节地进行索赔。

为了提高施工管理人员的索赔意识，正确认识索赔，公司领导人员应该把施工索赔看做经营管理的重要组成部分，引导全体管理人员重视索赔工作，建立主管合同和索赔的部门，有针对性地培养索赔管理人才。项目负责人应把施工索赔视为自己的主要任务，组织项目组全体管理人员，熟练掌握工程的合同文件，识别每一个重要的索赔机会，认真、细致地做好索赔工作，争取索赔的成功。

作为一个索赔管理人员，要强化索赔意识，应该具备下面几方面的意识。

1. 合同法律意识

工程承包合同经过双方的法人代表签字，具有法律效力，对合同双方都有约束力。它要求合同双方都要遵守合同规定的义务和权利，保证合同的实施。索赔就是法律赋予承包商和业主的正当权利。树立法律意识，可以提高合同双方的自我保护意识，同时自觉地避免侵害他人利益。因此，树立法律意识，首先要自觉履行合同，按合同文件规定办事，任何长官意志或行政命令手段都是无效的，合同双方要通过合同法律意识提高自我保护能力，利用合同条件来保护自己的合法利益，使合同双方在履约过程中能遵守合同，互相协调，确保合同目标的实现。

作为索赔管理人员不但要具有合同意识，还要熟悉工程建设方面的相关法律法规，像《中华人民共和国建筑法》、《中华人民共和国招标投标法》等。此外，索赔管理人员除了树立法律意识外，还要明确工程项目合同文件的适用法律问题。按照国际惯例，一般是适用工程所在国的法律。因此作为海外工程的承包商，还应该对工程所在国的有关法律和规定进行深入地了解。

国际工程施工合同条件中，赋予"工程师"巨大的权力。这种管理形式对实施合同很有好处，对业主和承包商之间的问题和矛盾，可以进行良好的协调与沟通。作为施工合同的签署者，合同双方都应该支持、尊重"工程师"的工作，发挥"工程师"的作用，这也是合同意识的表现。我国政府明确规定在建设工程项目的施工中采用施工监理制度，要求监理工程师对工程项目施工进行质量、进度和投资方面的监理工作。这种施工监理制度，目前虽然在不断完善过程中，但基本上同国际工程咨询工程师的管理作用趋向一致。在国内工程施工过程中，施工单位同样要尊重监理工程师的工作。

2. 风险防范意识

在激烈竞争的建筑市场条件下，建筑工程的承发包充满了很高的风险，由于建筑工程规模大、工期长、产品固定、生产流动，受地质、气候、社会环境影响等特点，给承包商带来许多不可确定的风险。

（1）政治风险　政治风险是指因政治方面的原因或事件导致企业遭受损失的风险，如爆发战争、内乱，业主国遭受经济危机等。

（2）社会风险　社会风险是指企业所处的社会背景、秩序、宗教信仰、风俗习惯以及人际关系等形成的影响企业经营的各种束缚或不便所致的风险。

（3）经济风险　经济风险是指经济领域内的潜在或出现的各种可导致企业的经营遭受厄运的风险。如生产要素市场价格变动，金融市场因素，材料、设备供应，物价上涨，国家政策调整等。

（4）自然风险　自然风险是指因自然环境如气候、地理位置等因素导致的风险。如特别恶劣的气候条件，地质地基条件的变化，施工中遇到其他障碍或者文物等。

（5）技术风险　如施工准备不足，设计变更或施工图供应不及时，施工组织设计的缺陷和漏洞等。

（6）履行风险　如发包人履约能力差，分包商违约，或者发包人驻工地代表、监理工程师工作效率低，不能及时解决问题或付款，或发出错误指令等。

（7）合同风险　如合同条款不全面、不完善，存在比较严重的漏洞，过于苛刻的责权利不平等条款；合同内没有或不完善的转移风险的担保、索赔、保险等相应条款，合同内缺少因第三方影响造成工期延误或经济损失的补偿条款等。

（8）管理风险　管理风险是指在经营过程中，因管理策略、管理方法、管理手段等错误地使用，或对已发生事件处理欠妥而导致的风险。

（9）其他风险　除上述风险以外，可能发生的其他风险。

虽然对于合同双方来说风险都是存在的，但由于受"买方市场"经济规律的制约，工程合同中的风险分担并不是在业主和承包商之间平均分配的。事实上，风险主要是落在承包商一方。在 FIDIC 合同条件中明确指出了业主应承担的风险，即"雇主风险"和"特殊风险"，但在很多条款里都包含了承包商的风险。我国的《建设工程施工合同（示范文本）》也明确规定了"不可抗力"，但是"不可抗力"范围以外的风险，全部由承包商承担。这些风险有时候可能造成巨大的经济损失。这就需要承包商投标时认真进行风险分析，看看每个具体的工程项目合同条件中包含着哪些承包商的风险，注意风险的分担和回避，同时要善于进行索赔，以补偿施工过程中发生的实际损失。

要防范风险，首先在投标报价之前要认真研究业主所在国家的政治局势、经济状况、业主的工程款落实情况和支付信誉。熟悉和掌握有关工程施工阶段的法律法规，然后认真熟悉招标文件，及时掌握要素市场的价格动态，使报价准确、合理，减少风险的潜在因素。对招标文件中的对业主的开脱性条款进行深入研究，做好现场勘察，根据招标文件的要求，在投标报价中适当考虑风险因素，减少合同签订后的风险。如果中标了，在与业主商签合同的谈判时，要仔细推敲合同条款，对过于苛刻的合同条款提出修改要求，并双方签署使之生效。

合同签订后，在组织施工过程中要加强施工管理，控制成本支出；做好合同管理和索赔管理工作，及时识别索赔机会，按时提出索赔要求，认真编写索赔文件，并及时催请工程师处理索赔事项；通过分包工程使分包商承担部分风险，管好分包商，减少风险事件的发生等，此外，还可以通过保险来转移风险。总之，通过各种手段来使工程承包的风险降到最低。

3. 经济成本意识

索赔管理人员的经济成本意识首先要明确如何增强经济意识。作为一个承包商，承揽一个施工任务的最终目的就是获得盈利。如果缺乏明确的成本观念，就没有能力做好施工索赔工作。因此，一个工程管理人员必须具有明确的工程造价意识，索赔要求的提出和解决，都和工程造价紧密相关，是建立在成本控制的基础之上的。索赔也是为了得到相应的费用补偿或免于承担误期罚金（误期损害赔偿金）。

对工程造价的控制，首先要明确工程造价是由中标合同价和变动费用两部分构成。变动费用部分主要就是索赔款。施工索赔人员应该充分熟悉工程项目的工程范围以及工程成本的组成，对工程项目的各项主要开支做到心中有数，对超出合同项目工作范围的工作要及时发现，及时提出索赔要求。事实上，工程成本是经常处于变化之中的，直到工程建成之日，才形成一个确定的数值。而承包商既要完成合同规定的工作，又要完成按照合同合理推定出的工作，在施工过程中经常可能出现的工程量变更、设计变更、新增工程、不可预见的物质条件等情况，使其工作总量常常要大于招标文件中规定的工程数量，从而使最终结算的工程款超过中标合同价。《FIDIC 施工合同条件》中的相关条款明确规定了承包商的一般义务，指出承包商应按照合同及工程师的指示，设计（在合同规定的范围内）、实施和完成工程，并修补工程中的任何缺陷。这里"按照合同"工作，是指按照施工图，施工技术规程，工程量表及相关合同条件等所应该完成的工作；"按照工程师的指示"是指合同中虽然没有指明，但业主和工程师认为仍应由承包商完成的工作，因而发布指令，要求承包商完成的工作。我国《建设工程施工合同（示范文本）》中也有类似的规定：承包人应按合同约定以及监理人根据"竣工验收与工程试车"的条款作出的指示，实施、完成全部工程，并修补工程中的任何缺陷。

因为承包商要完成上述两部分工作，而承包商的报价可能是完全执照招标文件规定的工作范围内容作出的，所以承包商实际完成的工程量往往会大于招标文件中的工程量。作为管理人员要有经济观念，就是说，合同管理人员在进行成本控制过程中，要通过成本分析，将实际成本同预算成本相比较，找出施工中发生成本偏差的原因，及时发现索赔机会。如果是因工程量的不同而引起的成本差异，说明业主的工程量表不准确或是完成了计划外的工作，超出了合同的工作范围，承包商应立即提出索赔要求。

如果是因单价不同而引起的成本差异，则可能是承包商报价不准或为中标而压低的报价，承包商应立即采取必要的措施，降低工程成本。另外就是要尽量避免投亏本标。工程施工索赔的实践证明，期望低价中标后，再通过索赔挽回成本亏损的做法将带来很大的经济风险。从索赔的成立来看，只有因为非承包商的责任和非承包商承担的风险两类原因造成承包商的实际损失，承包商才有理由提出索赔要求。也就是说，工程师在决定任何索赔事项的可补偿的款额时，只考虑超出投标报价书中该工作项目单价的那一部分，即由于干扰或索赔事项引起的额外支出。承包商为了中标自主压低报价的部分，是由承包商自己承担的风险。而索赔事项的发生，是因为非承包商的原因造成的实际损失，这些损失本身也有成本的支出，有些项目可以按相对比较合理的单价获得一定的利润，但如果承包商投了亏本标，这部分利润未必能弥补压低报价的亏损。

4. 索赔时间意识

索赔事项的处理有明确的时间规定。施工索赔工作的时间意识具体体现在：及时进行索赔。错过时机或超过时限，往往意味着索赔的失效。因此，索赔管理对整个工程的索赔工作要有宏观上的索赔安排。

每一个工程项目实施过程中都有许多索赔事项。这些索赔事项的发生有先有后，应随着工程的进展，在宏观上做统一安排，避免混淆和耽误。每个具体的索赔事项都需要发现、申报、论证和讨论解决这样一个过程，需要相当长的时间处理。因此，承包商的索赔要求要及早提出，并抓紧时间解决，避免一旦工程建成，导致索赔要求落空。同时对每项索赔做出具体的时间安排，严格按照合同文件规定的时限，向业主和监理工程师递交索赔通知书，并按期报送索赔资料，谨防超过时效，失去索赔的权利。

《FIDIC施工合同条件》和我国《建设工程施工合同条件（示范文本）》对承包商索赔的时间有明确的规定，如果一个索赔事项发生，引起承包商的竣工时间的延长和（或）费用的增加，承包商应在察觉或者应该察觉该事件或情况后的28天内通知监理工程师。如果未能在规定时间发出索赔通知，则竣工时间不得延长，承包商无权获得追加付款而雇主应免除有关该索赔的全部责任。这就是说，如果承包商没有按时提出索赔要求，就意味着索赔的失效。提出索赔通知以后，还要按照监理工程师的要求定期向监理工程师提交阶段性的索赔资料，并在索赔事件或情况产生的影响结束后28天内或在承包商可能建议并经工程师认可的此类其他期限内，递交一份最终的索赔报告。因此作为一个工程索赔管理人员，一定要有明确的时间观念，使一切索赔活动严格地按照合同规定进行。

当工程接近建成时，如果仍有一些悬而未决的索赔事项，一定要坚持在竣工报表（FIDIC 14.10款）和最终报表（FIDIC 14.11款）中提出，因为在FIDIC 14.14条款"雇主责任的中止"中明确规定"除了承包商在最终报表和14.10款所述的竣工报表中，为合同或工程实施引发的或与之有关的任何问题或事项，明确提出款项要求以外，雇主应不再为之对承包商承担责任。"我国《建设工程施工合同条件（示范文本）》中也明确规定："承包人对发包人签认的竣工付款证书有异议的，对于有异议部分应在收到发包人签认的竣工付款证书后7天内提出异议，承包人逾期未提出异议的，视为认可发包人的审批结果"。同时还规定，承包人对发包人颁发的最终结清证书有异议的，按第20条有关争议解决的约定办理。

识别索赔机会从投标时就开始了，会延续至工程建成一半，甚至更长时间。在工程建成1/4到3/4的阶段是解决索赔问题的有利时期，应该尽量把大量的索赔事项争取在这一时段内解决。整个工程的索赔谈判和解决，应该集中在工程全部建成完工以前。最理想的安排是在竣工日的前夕解决所有索赔争端。

案例1-3 政治、经济风险引起的索赔

S公司在Z国以预期利润为负数的报价夺取了一项总价达2.27亿美元的大型建筑工程。合同工期长达4年。施工期间，该国发生了大规模政治动乱、工程所在地区为戒严地区。S

公司于是停工半个月，将其外籍雇员遣散回家。

S 公司利用该国的政治事件向业主提出了巨额索赔。索赔的动因是发生了不可抗力事件。索赔要价为 8 000 万美元，占合同总价的 35%。经过艰苦的讨价还价，历时半年，S 公司在免除了因误期罚款的前提下获得了 6 000 万美元的巨额赔偿。该金额占合同总价的 26.4%。

S 公司的成功经验可以概括为以下两个方面：

其一，及时抓住索赔机会。索赔的动因是不可抗力事件，它依据了合同中规定暴乱为不可抗力事件，而 Z 国政府明确宣布发生了暴乱。因此，临时停工和遣散外籍员工，保护施工现场，就成为理所当然的。由此而产生的费用的增加、时间的延长必然要向业主索赔。

其二，索赔报价利用了无国际惯例可循的机会，采用了高上限的报价，争取到了巨额赔偿。

1.3 索赔人员的素质要求

1.3.1 索赔管理人员应具备的知识

施工索赔是一门新兴的学科专业，索赔管理工作贯穿于工程实施的全过程和各个方面。索赔管理水平越高，索赔的成功率就越大，也就越能提高企业经营管理水平，提高企业的经济效益。为了能够成功地进行索赔，要求索赔管理人员具有多方面的专业知识。

1. 工程造价知识

作为一个索赔管理人员，应该知道价格学方面的基本知识，了解工程造价的构成，能够进行成本分析，懂得成本控制方法，掌握工程造价和索赔款的确定方法，能够采用适当的方法进行索赔款的计算。而工程造价方面的知识，还要求其必须具有一定的工程技术知识基础，如建筑材料、建筑结构、施工技术、施工组织等。

2. 合同及法律知识

索赔管理是合同管理的重要部分，索赔问题的解决主要是依据合同条款和相关法律法规等内容。因此作为一个索赔管理人员，应该熟悉国际国内普遍采用的一些标准合同条件的主要内容和基本特点，在国内的工程应该重点熟悉《FIDIC 施工合同条件》和我国的《建设工程施工合同（示范文本）》；同时应该熟悉相关的法律规定，如《中华人民共和国建筑法》、《中华人民共和国招标投标法》和《中华人民共和国合同法》等；应该能够熟练运用合同条款和法律手段处理施工索赔问题。

3. 谈判知识

在索赔处理过程中，监理工程师、业主或业主代表、承包商等各方面的负责人要经常打交道，要经常开会讨论各种问题，进行谈判。因此，索赔管理人员需要具备丰富的谈判经验。每次谈判之前，应该事先确定谈判原则、策略和具体做法，明确该问题处理的原则和能够作出的最大让步。谈判时要保持清醒的意识，明白自己想要达到的最终目的，在谈判时既要据理力争，也要在关键时刻适当让步。因此，作为一个索赔管理人员，除具备了工程造价知识和合同、法律知识之外，还需要具备一定的公关、谈判等社会科学领域的知识，以保证在索赔谈判中保持主动，确保索赔成功。

4. 工程管理知识

索赔工作涉及工程项目管理的各个方面，要想取得索赔的成功，必须提高整个工程项目的管理水平，进一步健全和完善管理机制。这就要求作为索赔管理人员，要具有相应的工程项目管理知识。在工程管理过程中，应有专人负责索赔管理工作，将索赔管理贯穿于工程项目全过程，以及工程实施的各个环节和各个阶段。事实上，索赔管理人员管理水平的高低，也反映了施工企业经营管理和工程项目管理水平的高低。

5. 风险管理知识

建设项目由于具有特殊的特点：单件性、体积大、生产周期长、价值高，以及易受社会、经济、自然灾害、地质、水文条件等影响，从而决定了建设项目面临的风险要大于一般项目面临的风险。从建设项目的实施过程来看，一方面，许多风险都是在项目的实施过程中由潜在威胁变成现实的。风险管理是在认真分析风险的基础上，拟订各种具体的风险转移、减轻等规避措施，减少这些潜在威胁发生的可能性。另一方面，风险管理还需要事先制订各种风险应对措施，一旦潜在威胁转变成现实时采用，以降低风险事故带来的损失。建设项目风险管理是一项复杂的综合管理活动，涉及建设项目的成本、进度、质量、安全、施工技术、信息沟通等多个方面，依靠单一的管理技术或措施是不能完成的，必须综合运用多种方法和手段，并需要管理科学、系统科学、工程技术、自然科学和社会科学等多种学科的知识。

1.3.2 索赔管理人员的素质培养

工程索赔管理工作是一门跨学科的工程技术经济方面的管理工作，对管理人员的素质要求很高。为了在索赔工作中取得成功，维护自己合理的经济利益，提高企业的经济效益，对索赔管理人员应该进行以下几方面的素质培养。

1. 培养索赔意识

为了做好施工索赔工作，必须对索赔工作的基本特点有深刻的了解，具备索赔工作所必需的一些基本意识，如索赔意识、法律意识、风险防范意识、成本意识和时间意识等。良好的意识是索赔管理人员素质培养的思想基础，尤其我国国内目前比较普遍对索赔缺乏正确认识，而国际的竞争却越来越紧迫，更应尽快树立索赔工作的基本意识，把索赔管理工作建立在正确的思想基础上，使我国的工程施工企业的合同管理和索赔管理工作尽快提高到国际水平，为索赔的成功打好基础。

2. 加强专业技术知识

施工索赔工作要求宽厚的技术经济专业知识基础，既要懂工程技术，又要懂工程造价和财务知识；无论是工期索赔或经济索赔，都要涉及大量的价格计算工作。没有技术或造价基础知识是做不好这项工作的。作为一个资深的施工索赔管理人员，首先应该是一名技术经济方面的专家，比如一名土木建筑工程师或工程技术经济师。如果能兼通两个方面的专业知识，基本上就可以胜任索赔管理工作。

3. 学习合同知识和公共关系知识

合同和相关法律是索赔问题的处理和解决的基本依据，作为工程索赔管理人员既要熟悉工程项目的施工合同条件和工程所在国的相关法律规定，还应该掌握工程的具体合同条件，掌握工程索赔工作的国际惯例和索赔的案例。

一个索赔事项发生了，仅有一个索赔的书面报告还是远远不够的。索赔问题的解决经常需要经过多次的会谈。索赔是以利益为原则，而不是以立场为原则，不以辨明是非为目的。承包商追求的是通过索赔使自己的损失得到补偿，获得合理的收益。在整个索赔的处理和解决过程中，承包商必须牢牢把握这个方向。由于索赔要求只有最终获得业主、监理工程师，或仲裁人的认可才有效，最终获得赔偿才算成功，所以索赔的技巧和策略极为重要。承包商应考虑采用不同的形式、手段，采取各种措施争取索赔的成功，同时既不损害对方的友谊，又不损害自己的声誉。因此，作为一个索赔管理人员，要学会利用谈判技巧，熟练地论述你的索赔理由，论证你的索赔要求是合理合法的，这就要求具备一定的谈判知识，掌握一定的谈判技巧，需要有公共关系方面的知识和经验。

4. 加强管理知识的培养

索赔管理作为工程项目管理的一部分，索赔管理人员必须具备相应的管理知识，如成本管理、进度管理、质量管理、风险管理等方面的知识和能力，这是一个管理人员的基本能力。只有具备相应的管理能力，才能把索赔工作做得更好，所以作为一个索赔管理人员，一定要加强自身管理素质的培养与提高，适应不断变化、不断发展进步的工程管理方面的要求。

5. 提高对外语的应用能力

中国的建筑市场最终会走向国际化，国际工程招投标和合同实施工作中均采用英语；国际建筑工程通用的 FIDIC 合同条件的法定语言也是英语。因此，从事工程施工索赔管理的人员，应该具备一定的用外语进行沟通和谈判的能力。"懂外语，不用翻译；会开车，不用司机；懂计算机，不用文秘。"这种现代化的管理人才，也在一定程度上说明了外语在现代管理中的重要性。

考虑国内国际建筑工程承包商市场的巨大规模和竞争风险，施工索赔的发生频率仍然可能逐年增加，施工索赔的难度将会加大。为了在国际工程承包商市场的竞争中取胜，每个建筑工程承包企业都应注意提高自己的经营管理水平，培养优秀的合同管理、索赔管理的人才。

~ 练 习 题 ~

思考题

1. 如何理解工程索赔？
2. 如何理解工程索赔的经济补偿性质？
3. 简要说明承包商进行工程索赔的意义。
4. 承包商索赔成立的条件有哪些？
5. 作为一个索赔管理人员，应具备哪些知识？
6. 索赔人员要进行哪些方面的素质培养？
7. 在什么情况下承包商的索赔事项才能够成立？
8. 在实际应用过程中，如何理解索赔的几种分类方式？

第 2 章 承包商索赔概论

2.1 引起索赔的原因

土木工程建设与一般工业产品的生产相比较，具有特殊的技术经济特点，具体表现为工期长、规模大、生产过程复杂、参与建设的单位多、建设的环节多等方面。因此，在建设工程项目施工过程中，由于水文地质条件变化、设计变更及各方面人为干扰等多种因素的影响，都会造成工程项目的实际工期和造价与计划的不一致，从而影响到合同各方的利益。这是由建筑产品及其生产过程、建筑产品市场的经营方式等方面的状况所决定的。因此，在土木工程建设施工过程中，索赔的现象是经常发生的。分析其原因，主要可归纳为以下 10 个方面。

1. 合同缺陷

由于建设工程承包合同是在工程开始建设前签订的，一般来说，是基于对未来情况的预测和历史经验做出的。而工程本身和工程环境有许多不确定性，合同不可能对所有问题作出预见和规定。同时合同中可能会出现一些考虑不周的条款、缺陷和不足之处，如合同措词不当，说明不清楚，二义性，构成合同文件的各部分文件规定不一致。这些合同文件中的错误、矛盾或遗漏，会导致合同履行过程中其中一方合同当事人的利益受到损害，从而引起支付工程款时的纠纷。按合同条件的惯例，当合同条件前后矛盾或含糊不清等情况发生时，都由工程师作出解释。承包商据此解释施工，引起成本增加或工期拖延，则属于业主方面的责任，承包商有权提出索赔。

案例 2-1 合同缺陷索赔

富毅建筑与振兴公司签订了某工业园区固定总价合同，合同价为 16 751 万元。合同约定，承包人在报价前应已充分理解设计图和文件，并对其报价的充分性和完整性负责。

工程在招投标时只有招标图样而无施工详图，合同技术规范也无相应说明。振兴公司规定投标人对标书（包括施工图设计、说明）不得作任何改动、补充或注释。在招标图中，沉井结构图标明井壁用 C25 混凝土浇筑，无配筋图，此外工作量表中也未提供钢筋参考用量，因此，富毅建筑按 C25 混凝土报价（报价中未含钢筋用量）。后来振兴公司补充提供了施工详图，详图中标明井壁为 C25 混凝土，并有配筋详图。富毅建筑按照施工详图进行了施工。之后，富毅建筑向振兴公司申报沉井钢筋工程价格，要求追加钢筋工程的价款。振兴公司不予认可，并认为富毅建筑未报钢筋价格是其报价失误，钢筋价款应当由富毅建筑自行承担。双方多次就该问题协商未果，富毅建筑提请仲裁。

《建设工程施工合同（示范文本）》中相关条款规定，发包人风险包括由发包人人员或发包人对其负责的其他人员所做的工程任何部分的设计。《FIDIC 施工合同条件》1999 年版第 17.3 款规定："由雇主人员或雇主对其负责的其他人员所做的工程的任何部分的设计"

造成的损失可以向雇主索赔。本案中发包人没有明确要求承包人投标时进行细化设计，并根据细化设计后的施工图进行报价。在此情况下，承包人按照发包人提供的施工图报价即可，无义务为发包人提供配筋图设计，并据以报价。同时振兴公司规定投标人对标书（包括设计图、说明）不得作任何改动、补充或注释。因此，振兴公司应当承担相应责任。但同时，作为经验丰富的承包人，如果发现图样有错误、瑕疵，应该负有提醒发包人的义务，未履行提醒义务也应该承担部分责任。

2. 合同理解差异

由于合同文件复杂，分析困难，合同双方的立场和角度不同，以及工程经验，尤其在国际工程承包中，由于合同双方可能来自不同的国家，使用不同的语言，采用不同的工程习惯，以及有不同的法律体系约束，有时合同双方对合同理解会产生差异，造成工程实施行为的失调，从而引起索赔。在工程投标报价中，承包商则可能会由于对合同理解的差异，使自己报价过低，因为误解而造成承包商以低报价中标，从而在施工过程中遭受损失。为此承包商往往通过索赔，申明己方对合同理解的合理性，从而要求弥补损失。

3. 业主或承包商违约

合同中规定了合同当事人双方的权利、义务和责任，由于合同当事人双方中的一方违约，造成合同的另一方损失，则其可以向违约方要求赔偿，即索赔。如业主未按规定时限向承包商支付工程款，工程师未按规定时间提供施工图等，承包商有权就这些业主方的原因而引起的施工费用增加或工期延长向业主提出索赔；反之，如果承包商未按合同约定的质量或工期交付工程等情况，则业主可以向承包商提出索赔。

4. 风险分担不均

土木工程建设市场在相当长的时期内一直是"买方市场"，虽然施工的风险相对于施工合同的双方都是存在的，但是业主和承包商承担的合同风险并不均等，承包商承担着更大的风险。这是工程承包行业受"买方市场"规律制约所决定的。承包商经常通过施工索赔，弥补因风险引起的损失。因此在工程施工索赔方面，承包商的索赔数量远远超过业主反索赔的数量。

5. 工程变更

在土木工程施工中，经常会发现许多招标文件中没有考虑或估算不准确的工程量，或者由于一些客观原因，不得不改变施工项目或增减工程。当工程师发现设计、质量标准或施工顺序等方面的问题时，通常会进行工程变更，指示增加新工作，暂停施工或加速施工，改变材料或工程质量等，这些变更指令往往会导致工程费用增加或工期拖延，使承包商蒙受损失。因此，承包商提出索赔要求以弥补自己不该承担的损失。FIDIC合同条件中对于施工时实际完成的工程量超过或少于工程量表中所列工程量的15%~20%以上时，都作了相应的规定。

6. 施工条件变化

由于土木工程承包施工工期长，受环境影响大。在招投标阶段，业主不可能将极其准确的施工条件，如工程地质条件资料提供给承包商。土建工程对基础地质条件的要求很高，而这些土壤地质条件，如地下水、地质断层、熔岩孔洞、地下文物遗址等，根据业主在投票文件所提供的资料以及承包商在招标前的现场勘查，都不可能准确无误地发现。况且还有很多的自然条件和技术经济条件，不是人力所能控制的，因此，即使有经验的承包商也不可能预见所有施工条件的变化情况。施工现场条件的变化对工期和造价的影响很大，由于不利的自然条件及人为障碍，经常导致设计变更、工期延长和工程成本大幅度增加，而由于施工现场条件的变化，往往会导致设计变更、暂停施工或工程成本的大幅度上升，从而使承包商蒙受损失。因此，承包商只有通过索赔来弥补自己不应承担的损失。

案例2-2　地质条件变化导致设计变更的索赔

某大型水电站左坝肩上部的上坝公路开挖。承包商施工计划组织为自上而下沿设计轮廓线开挖，边挖边按设计要求对边坡进行喷锚支护。该公路段边坡高度约60m，公路开挖后，随即进行左坝肩的开挖。该部位施工处于承包商施工进度计划的关键线路上。

当该路段边坡开挖出露上部20m高度（简称A部分）时，被保留边坡的自然节理裂隙发育。承包商建议修改设计边坡线，挖至完整岩石边坡约增加开挖400m^3。设计工程师认为：尽管有不利节理组合，但是属于原地质勘测预料之中的，可以通过设计的喷锚支护使该边坡稳定，故决定不修改设计边坡线。

当该边坡开挖出露中部20m高度（简称B部分）时，发现出露一条含夹泥缓倾角的顺边坡断层，该断层对边坡的稳定性极为不利，地质工程师表明：此断层是原勘探中未发现的。设计工程师反复论证和对边坡的稳定性进行核算后确认：B部分可能不稳定，相应导致B+A部分也不稳定，必须补充边坡的加固设计。经计算需补加十多根大吨位的预应力深锚索和混凝土锚索梁。

为了锚索施工以及该边坡施工安全的需要，承包商被迫暂不开挖下部C部分的边坡岩体，并在A+B部分增设脚手架，进行耗时、工序繁多的锚索施工，致使该路段工期延误几个月。

为了不使该段公路的延误继续影响左坝肩的关键施工，承包商在该公路下部的1号坝段上修筑一道临时性的钢丝笼，作为施工的安全平台。形成了公路边坡施工和左坝肩下挖双层作业的条件。至此，承包商向业主提出正式索赔，要求延长合同工期和费用补偿。

经工程师评价，该项属于由于设计变化而导致的索赔，建议通过变更处理。在不改变合同工期的条件下，给予承包商合理的补偿。要求承包商提交具体计算数据，确定该项索赔的工期延长时限和费用补偿数额。

7. 工程拖期

在土木工程施工中，由于受到气候、水文地质等自然条件和设计图等原因的影响，经常造成工程不能按原计划进行，严重时造成工程竣工时间拖延。如果发生工期延误，合同双方在分析延误原因、明确延误责任时，往往产生分歧，使承包商实际支出的计划外的施工费用得不到补偿，这样势必引起索赔事项的发生。如果拖延的责任应该由业主承担，则承包商有权就工期和费用的损失提出索赔；如果拖延的责任在承包商一方，而且造成在合同规定的完工日期工程项目不能按期建成，则业主有权向承包商提出索赔，即由承包商承担误期损害赔偿费。

8. 工程所在国家的法令法规变化

工程所在国家的法律、法令和法规等发生变更时，如外汇管制、税率提高、提出更严格的强制性质量标准等，这些情况都可能使施工成本发生变化。如果法令、法规的变化是在承包商投标报价前规定时间发生的，则认为此种变化已经在投标时考虑了。若此种变化在此时间之后发生，则按国际惯例，允许调整合同价格。这个变更的时间标准在《FIDIC 施工合同条件》中规定是投标截止日（一般均为开标日期）前的第 28 天开始，如果工程所在国家的法律或政策的变更导致承包商施工费用增加，则业主应向承包商补偿所增加的费用；如果导致施工费用减少，则应由业主受益，相应减少对承包商的支付款额。

9. 土木工程特殊的技术经济特点

由于土木工程本身具有工期长、技术结构复杂、露天作业、投资巨大、材料设备需求量大、工程环节多、影响工程本身和其环境的因素多等特殊的技术经济特点，使工程施工中经常会出现工程本身发生变化，如设计变更，或者工程环境发生变化，如自然条件变化（如不可抗拒的天灾），或建筑市场物价变化等，这些变化均造成工程费用的变化，因此，都可能引起索赔。

案例 2-3　由于设计错误引起的索赔

某闸站枢纽工程位于该地区三港交叉汇集处，属该地区城市防洪骨干工程，其主要功能是抵挡城外东南侧洪水来袭，并将城区洪水及时向外排出。本工程沿垂直河道中心线方向，整个工程分为 3 个相对独立部分，每两个独立部分之间设有 90mm 宽沉降缝，新闸部分位于中央，单孔水闸净宽 120m。闸体两翼各设有 3 台 1200ZLB 轴流泵的排涝泵站，共安装 6 台 1200ZLB 轴流泵，装机 1 260kW，排涝流量 27m^3/s。本枢纽工程结构形式为新开河河床型，闸站上下游进出水池设计成扩散状，以利于改善进出水流态。泵室底板沿水流向长 143m，闸室底板沿水流向长 133m，建筑物沿垂直水流向总宽为 6 216m，上游铺盖兼出水池长为 85m，上游渐缩段长度为 20m，上游河渠护底长约 70m，下游铺盖兼进水前池长为 100m，下游撇段长度为 190m，下游防冲海漫护堤长约 80m。水闸闸室结构为两侧箱型闸墩悬臂底板加中间双绞式小底板型。泵室结构为连续 U 形隔墩式，上下游翼墙（进出水池范围）采用轻型 U 形挡墙结构，新开河两岸挡墙采用混凝土重力式挡墙形式，上部闸门启闭室及泵房结构采用现浇肋梁板混凝土框架结构。工程按《（GF—2000—0208）合同条件》签订合同。

该工程闸室深层搅拌桩基础由于设计提出地基重新计算并做第二次成桩试验，闸、泵室工期拖延 20 天，泵、闸室工程为该防洪工程总进度计划网络关键线路的主控工程，直接关系闸门和水泵安装及上部闸门启闭室及泵房结构施工的工期，使该工程总进度计划和施工组织设计发生实质性的变化，总工期延误 2 个月。为此，该工程承包人根据通用合同条款的相关规定提出了索赔意向，包括人工误工、机械停置、周转材料停置、基础增加排水、工期延误进入冬季掺加防冻剂等损失费用 15 万元。另外，该工程水下工程，发包人要求 2001 年汛期前水下工程具备通水条件，即要求承包人加速施工。发包人因此支付了该工程承包人加速施工抢回延误 2 个月的工期而采取各种措施所需多支出的费用达 20 万元。

该工程工期为 15 个月，总计划安排大体积混凝土基础及墩墙混凝土于 11 月施工，由于设计原因，内港挡墙地基加固灌浆工程的质量达不到规范要求，地基承载强度抽样鉴定后，设计单位提出了地基补强措施的变更要求，根据通用合同条款的相应规定，该承包人提出了地基补强工期与费用的索赔，同时要求业主补偿间接影响项目基础混凝土及墩墙混凝土添加防冻剂费用，因地基的补强造成承包人大体积基础及墩墙混凝土工程施工滞后一个月，12 月天气转冷，为保证质量大体积混凝土施工应有防冻措施。

此外，该工程原投标价为 1 766 万元，由于业主投资规模的缩小，竣工结算时工程造价为1 430万元，比合同价减少336万元，即降15%，承包人有权根据《FIDIC合同条件》中相应条款向发包人索取自己蒙受的额外损失而调整合同价格。该承包人提出补偿多支出的现场经费及间接费10万元。

10. 工程参与单位多，关系复杂

由于土木工程项目建设过程中，参与的单位多，除了主承包商与业主之外，可能还有其他承包商、分包商、材料、设备供应商，还有设计单位。在工程施工过程中，可能由于某一个单位的工作出现失误，就会造成一系列的连锁反应，从而造成其他方面的损失，引起索赔。

案例2-4 承包商之间相互干扰索赔

某变电站工程电气安装与调试工程，自2007年11月开始。在项目实施过程中，因为电缆沟是由土建施工队进行施工的，电气进场时土建施工尚在进行中，使电气设备安装与调试工作中的机械进场受到很大影响，吊车入厂被推迟，同时土建工程施工基础时，电气正在进行构支架安装，使施工速度受到影响同时，影响了主变结构支架安装工作按时进行，工期拖延15天。接地网工作进展受土建工程电缆沟的施工影响，比计划进度慢了23天。

电缆支架与桥架施工过程中，因与施工电缆沟的土建工作队配合施工，受土建影响，施工速度明显变慢。经过分析，预计会拖期18天左右，这同时会影响后续电缆二次敷设及二次接线。

施工单位就主变结构支架安装、接地网施工和电缆支架与桥架施工三项工作向工程师提出索赔工期56天，并提出施工降效及管理费等项费用索赔共计24 856元。

工程师经分析认为，从施工进度计划网络图中可以看出，主变结构支架安装工作和接地网工作这两项工程都有足够的时差，不会对总工期产生影响，但从成本上来讲，因为产生一定窝工，同时尤其受冬季施工的影响，施工成本有所上升。

电缆支架与桥架施工这两项工作也有足够的总时差可以使用，所以不必对进度计划进行调整，直接将工作顺延，不会影响总工期。

同时工程师也同意交叉施工确实造成了施工单位许多效率降低，引起施工直接成本增加。但因为不影响总工期，所以，不会造成管理费等各项费用增加。经双方协商，工程师同意补偿因施工单位施工效率降低而造成的成本增加及利润共计17 800元。

2.2 国际国内工程常用的施工合同条件

2.2.1 国际工程常用的施工合同条件

1. 国际通用的FIDIC土木工程施工合同条件

（1）FIDIC土木工程施工合同条件简介　FIDIC土木工程施工合同条件是由"国际咨询工程师联合会"（Federation Internationale Des Ingenieurs Conseils，简称为FIDIC）制定并推荐使用的《土木工程施工合同条件》（Conditions of Contract for Works of Civil Engineering Construction）。《FIDIC土木工程施工合同条件》于1957年首次出版，在此之前还没有专门编制的适用于国际工程的合同条件。FIDIC条件的第1版由于其标题长且封面为红色，故以"红皮书"为众人所知。第1版是以当时正在英国使用的合同格式为蓝本，因而反映的传统和法律制度具有英国特色。第 2 版于 20 世纪 60 年代中期发行，第 3 版于 1977 年出版并做了全面修订。其后在 1987 年出版了第 4 版，1988 年又做了一些文字修订，通常称为 1988 年第 4 版，以后又经过一些修订。1999 年菲迪克出版了 4 本新的合同标准格式第 1 版。《施工合同条件》（Conditions of Contract for Construction）1999 年第 1 版，相对于 1988 年第 4 版来说，对合同条件的结构、布局和措辞等方面做了重大修改，并对全文进行了重新编写，统一了条款、定义和措辞，条款的数目也统一为 20 条。《FIDIC 施工合同条件》是国际土木工程在项目招投标、签订工程施工合同，以及施工索赔、费用支付、工程变更、价格调整等方面被国际工程承包界公认的具有国际权威的通用标准。

《FIDIC 施工合同条件》（用于由雇主设计的建筑和工程）1999 年第 1 版，由两部分组成。第一部分是通用条件（General Conditions），包括 20 个条款（Clauses），下设 119 个分条款（Sub-Clause）。通用条件全面规定了合同双方的责任、权利和义务，工程师的职责与权限，以及合同管理的内容及做法，它包括了每个工程项目施工合同条件中应有的条款，并按照通常的做法给出规定。这部分内容始终包括在招标文件中，并且这些文件的印刷格式要像 FIDIC 颁发的格式一样，这样承包商就能确切知道文件中包含什么。第二部分是专用条件（Conditions of Particular Application）。它的条款编号与通用条件的各条款相对应，它是对通用条件各相应条款的补充、修改或进一步明确。对通用条件的任何增加、删减或变动只能在专用条件中对应编号的条款中进行。通用条件和专用条件是一个整体，互相补充形成完整的合同条件。

（2）《FIDIC 施工合同条件》适用范围

1）FIDIC 合同属于固定单价合同（Fixed Unite Price Contract），工程量清单（Bill of Quantity）是合同的主要附件之一。投标时，承包商根据业主在招标文件中提供的工程量清单，逐项填报单价并以此作为项目实施时付款的计价基础。工程结算时用签订合同时的工程量清单中的单价乘以实际发生的经工程师计量的工程量。不过，当发生施工条件变化、工程变更或加速施工等情况时，通常可重新议定单价，此时会发生索赔。对于总价合同（Lump Sum Contract）和成本加酬金合同（Cost Plus Fee Contract）则不适用 FIDIC 合同条件。

2）FIDIC 合同条件认为，业主应采用竞争性招标方式选择承包商。并且 FIDIC 还出版了题为"招标程序"的文件，对选择投标者和评标提出了一套系统的做法。由于采用公开招标的方式选择承包商，从而可以尽可能地缩短工期、保证质量和减少投资。

3）FIDIC 合同的使用条件是业主必须雇佣咨询工程师（建筑师、监理工程师），通常简称为工程师（Engineer），作为中间人，负责管理合同。FIDIC 合同条件是针对独立工作的工程师负责项目的施工监理而编写的，在合同中的许多条款涉及工程师的作用、职责和责任，如向承包商发布信息和指示，评价承包商对工作的建议，保证材料和工艺符合规定，对已完工程计量并签发付款证书等。工程师在 FIDIC 合同条件中占有举足轻重的地位。

4）合同条件中关于索赔的规定。《FIDIC 施工合同条件》1999 年第 1 版第 2 条，是关于雇主的条款，其中第 2.5 分条款就是关于雇主索赔的条款，由 4 段内容所构成，就雇主的索赔权利、索赔程序和索赔款的收回方法等进行了规定。

《FIDIC 施工合同条件》1999 年第 1 版第 20 条，是关于索赔、争端和仲裁的条款。其中的第 20.1 分条款就是关于承包商索赔的条款，由 9 段内容所构成，分别对索赔通知、索赔期限、索赔证据、同期记录、索赔报告和工程师索赔处理，以及未遵守索赔条款要求时对承包商权利的限制等方面进行了规定。

此外，由于 FIDIC 合同条件在国际法系属于普通法体系范畴。而普通法系在诉讼中注重口头辩护和证据，在判决时采取"以案例为基础判案"的原则，对类似的诉讼案一般按照已有案例进行判决。因此，在采用 FIDIC 施工合同条件的项目，施工索赔工作经常按已有案例进行判决。

2. 世界银行推荐采用的施工合同条件

世界银行（The World Bank）是国际性的金融组织，在工程项目招标承包方面发布《工程采购招标文件样本》，详细规定了国际竞争性招标的做法和条款，包括一整套的工程承包合同文件及附表格式。凡是接受世界银行贷款的工程项目，必须采用此套合同条件或经其同意的其他合同条件。

世界银行制定的招标文件样本具有如下一些特点：

1）参照 FIDIC 土木工程施工合同条件，制订招标程序，并建议全文采用 FIDIC 合同条件作为施工承包合同条件的第一部分。

2）对于工程所在国的承包商以及由工程所在国承包公司控股的承包联营体，如果符合投标资格时，在评标时可享受 7.5% 的优惠待遇。

3）在招标文件的专用条件中，对一些重要合同条款给出了较详细的建议，如对物价上涨调价公式提出了具体公式和系数。

4）在履约保函格式示范中指出，当承包商违约时，保证人将立即对违约事项进行补救，并提出 3 种补救措施，但未列入"见索即付"的无条件担保字样。

案例 2-5　世界银行贷款项目索赔案例

江垭大坝位于湖南省慈利县澧水支流娄水的中游，是一座高 131m、坝顶长 336m 的碾压混凝土重力坝，混凝土总量为 136 万 m^3。项目业主为澧水流域水电综合开发公司，该工程利用世行贷款，以 FIDIC《施工合同条件》为基本合同条件，采取国际竞争招标，长江水利委员会江垭工程建设监理总站实施监理。1995 年 4 月 30 日，业主向由辽宁水利水电工程局和意大利孔多特公司组成的联营体发出中标通知，1995 年 5 月 2 日承包商进场，5 月 8 日业主与承包商签订了江垭大坝施工合同，监理于签订合同当日发布开工令。该工程在施工过程中发生了许多索赔事项，下面列举几个典型例子。

1）开工令迟发及未能及时提供场地占用权。合同规定，工程师将于 1995 年 4 月 5 日发布开工令，由于左岸上坝公路开挖引起较大规模的滑坡，开工令推迟到 5 月 8 日才签发，尽管开工令签发了，但左岸上坝公路和右岸上坝公路仍有较多工作尚在进行中，大坝承包商无法进行左右岸坝肩开挖，左右岸直到 7 月 2 日和 7 月 25 日，由其他承包商承担的上述工作才基本完成，大坝承包商才在与其他承包商主体交叉的情况下开始进行坝肩开挖项目施工。因此，大坝承包商提出延长工期索赔，并对该段时间内实际发生的人员设备窝工损失提出索赔。

2）索水采石场于 1996 年汛后开挖，施工中发现地质条件与招标文件相差甚大，剥离层厚，且岩石结理裂隙发育，溶洞漏斗较多，实际剥采比达到 40%，严重影响了骨料生产和混凝土浇筑的进度安排，且大幅度提高了石料的开采成本。因此，大坝承包商对由此增加的费用提出索赔。

3）坝基开挖及灌浆洞设计变更索赔。坝基开挖招标工程量为 32.6 万 m^3，在开挖过程中，由于地质原因曾几次对开挖进行设计变更，工程量增加到 46.6 万 m^3，超过工程量清单的 43%，左右岸灌浆洞招标设计为平洞，施工时修改成斜洞，长度加长，施工难度明显增大，开挖及衬砌工程量大幅度增加。对此，承包商提出了单价调整和工期延长的索赔。

4）左岸上坝公路占用拌和场地。由于上坝公路开挖引起较大规模滑坡，不得不对其改线，因而占用了与之毗邻的混凝土拌和场的位置。江垭工程地处深山峡谷，施工辅助企业可利用的场地极为有限。有限拌和场地被占用后，整个拌和系统及其附属设施（原材料储存、输送设施、制冷厂等）的位置、结构形式及基地处理等都需相应改变，对于因此增加的费用，承包商提出索赔。

5）1996 年 4 月 6 日混凝土开始浇筑后，发现业主指定供应厂商的粉煤灰不能满足需要，后经双方进行市场调查和质量检测，最终确定粉煤灰由 4 省（湖南省、湖北省、河南省、山西省）的 9 个厂商提供，但因此改变了供货厂家和运输方式，对此，承包商向业主提出了经济补偿的要求。

水电工程建筑行业是索赔多发的行业，这是由水电工程本身特点决定的，即大型水利水电工程工期长、工程量大、复杂多变，且难以预测，如社会、政治、经济、环境的变化、工程地质及水文气象条件的变化等；一项工程，往往分成几个合同，由多个承包商施工，各承包商及他们所承担的工作之间存在着千丝万缕的联系，水电工程的这些特点是引起索赔事项较多发生的主要原因。江垭大坝工程是世界银行贷款、国际招标项目，工程管理参照国际惯例，合同的执行具有一定的严肃性。面对该工程施工任务紧、合同报价低、施工条件复杂的实际情况，要避免遭受承包亏损风险，保证工程建设的顺利进行，实现一定的经济效益，就必须加强施工索赔管理。江垭大坝工程自 1995 年开工以来，许多客观条件与签约时的合同条件相比，发生了明显变化，针对这些变化，承包商以合同条件为基础，向业主提出成本和（或）工期索赔，并获得了对损失的相应补偿。

3. AIA 合同条件

美国建筑师协会（American Institute of Architects，简称 AIA）为美国建筑界最具权威性的组织，总部位于华盛顿哥伦比亚特区。AIA 创建于 1857 年，协会成立的初衷是建立一个有助于提升成员的设计和科学水平的建筑师组织，从而推动建筑行业的进步。AIA 的宗旨是提高建筑师的道德、地位及素质。自创建以来 AIA 就已经成为联合建筑师、专业人士和相关同盟者的业内领航组织。目前 AIA 会员约 8 万人，共有 300 个州级及地方分会，其分支遍及美国，并拓展到欧洲和中国香港等地。AIA 还参与全美建筑教育评估委员会（简称 NAAB）及全美建筑师注册委员会（简称 NCARB）的活动，对提高建筑教育及其职业水准发挥了重要作用。

AIA 的主要活动包括建筑师的继续教育，制定行业标准与合同文件，出版及建设专业刊物与网站，进行市场调研和分析，每年举办 AIA 全国代表大会和设计博览会以及评选颁发 AIA 金奖等。

AIA 编制的标准合同范本涵盖面非常广，包括合同协议书、合同条件以及招投标、资质审查、合同签订、项目管理等各阶段所需要的各种附件、保险和担保等文书，还包括建筑师在日常项目管理中需要的各种表格，基本涵盖了工程项目的方方面面。

按照 AIA 公布的官方标准，其出版的所有合同范本按照"系列"（series），即适用该合同范本的合同双方的关系进行分类，共可分为 A、B、C、D、E、G6 个系列。

A 系列，用于业主与承包商之间的协议书和合同条件，还包括承包商资格申报表，保证标准格式。

B 系列，用于业主与建筑师之间的协议书和合同条件，还包括专门用于建筑设计、室内装修工程等特定情况的标准合同文件。

C 系列，用于建筑师与其他专业咨询人员之间的协议书和合同条件。

D 系列，建筑师内部使用的文件。

E 系列，范例文件。

G 系列，建筑师企业及项目管理中使用的各种表格和文件。

其中 E 系列是 AIA 于 2007 年最新加入的内容，现在 E 系列仅包含一个文件，即 E201-2007——电子数据协议范例。

AIA 系列合同文件的核心是"通用条件"（A201 等）。采用不同的工程项目管理模式及不同的计价方式时，只需选用不同的"协议书格式"与"通用条件"。AIA 为包括 CM 方式在内的各种工程项目管理模式专门制订了各种协议书格式。AIA 系列标准合同文件一览表见表 2-1，各种标准合同文件之间的关系见表 2-2、表 2-3 和表 2-4。

表 2-1 AIA 系列标准合同文件一览表

编号	名称
A101	业主与承包商协议书格式——总价
A101/CMa	业主与承包商协议书格式——总价——CMa 版
A105 A205	业主与承包商协议书标准格式——用于小型项目 施工合同的一般条件——用于小型项目（与 A105 配售）
A107	业主与承包商协议书简要格式——总价——用于限定范围项目
A111	业主与承包商协议书格式——成本补偿（可采用最大成本保证）
A121/CMc	业主与 CM 经理协议书格式（CM 经理负责施工），AGC565[①]
A131/CMc	业主与 CM 经理协议书格式（CM 经理负责施工），成本补偿（无最大成本保证），AGC566[①]
A171	业主与承包商协议书格式——总价——用于装饰工程
A177	业主与承包商协议书简要格式——总价——用于装饰工程
A181	业主与建筑师协议书标准格式——用于房屋服务
A188	业主与建筑师协议书标准格式——限定在房屋项目的建筑服务
A191	业主与设计建造承包商协议
A201	施工合同一般条件
A201/CMa	施工合同一般条件——CMa 版
A271	施工合同一般条件——用于装饰工程
A401	承包商与分包商协议书标准格式
A491	设计建造承包商与承包商协议书
B141	业主与建筑师协议书标准格式
B151	业主与建筑师协议书简要格式
B155	业主与建筑师协议书标准格式——用于小型项目

(续)

编号	名称
B163	业主与建筑师协议书标准格式——用于指定服务
B171	业主与建筑师协议书标准格式——用于室内设计服务
B177	业主与建筑师协议书简要格式——用于室内设计服务
B352	建筑师的项目代表的责任、义务与权限
B727	业主与建筑师协议书标准格式——用于特殊服务
B801/CMa	业主与CM经理协议书标准格式——CMa版
B901	设计建造承包商与建筑师协议书标准格式
C141	建筑师与专业咨询人员协议书标准格式
C142	建筑师与专业咨询人员协议书简要格式
C727	建筑师与专业咨询人员协议书标准格式——用于特殊服务

① AGC系列合同对应编号。AGC指美国总承包商会（The Associated General Contractors of America）。

表 2-2 AIA系列合同文件关系——传统模式

工程规模	业主与承包商协议书	核心文件	业主与建筑师协议书	建筑师与项目代表或专业咨询机构协议书	承包商与分包商协议
普通工程	A101（A111）①	A201	B141	B352，C141	A401
限定范围工程	A107②	略③	B151		
小型工程	A105	A205	B155		
普通装饰工程	A171	A271	B171		
简单装饰工程	A177	略③			

① A101用于总价合同，A111用于成本补偿合同。
② A107用于总价合同。
③ 协议书与核心文件被简化为一个协议书的形式。

表 2-3 AIA系列合同文件关系——DB模式

业主与设计—建造承包商协议书	设计—建造承包商与建筑师协议书	设计—建造承包商与承包商协议书
A191	B901	A491

表 2-4 AIA系列合同文件关系——CM模式

类型		业主与CM经理协议书	业主与承包商协议书	核心文件	业主与建筑师协议书
代理型	独立CM	B801/CMa	A101/CMa	A201/CMa	
	建筑师兼任	CM经理即建筑师	A101（A111）①	A201/CMa	
风险型		CM经理即承包商	A121/CMc（A131/CMc）②	A201	B141

① A101用于总价合同，A111用于成本补偿合同。
② A121/CMc用于最高限定价格合同的情况，A131/CMc用于成本补偿合同。

AIA合同文件的计价方式主要有总价、成本补偿合同及最高限定价格法。由于小型项目情况比较简单，AIA专门编制用于小型项目的合同条件。

（1）几个主要的AIA标准合同文件

1）A201"施工合同一般条件"。该文件是施工合同的实质性部分，规定了业主、承包商之间的权利、义务及建筑师的职责和权限。该文件通常与其他 AIA 文件共同使用，如业主—建筑师协议书，业主—承包商协议书，业主—分包商协议书等。因此，该文件通常称为"核心文件"。本节下文将重点介绍。

2) A101 "业主与承包商协议书标准格式—固定总价"。该协议书标准格式用于以固定总价方式支付的情况。该文件应与 AIA 文件 A201（详见下文）一同使用，构成完整的法律性文件。二者结合适用大部分的工程项目。

对于限定范围的项目，为了简单起见，可不必采用 A101 与 A201 一同使用的做法，而直接使用 AIA 文件 A107，"业主与承包商协议书简要格式—固定总价—用于限定范围的项目"。该文件包含以 A201 为基础的简要通用条件，适用于业主和承包商在该项目之前已经建立了联系或项目比较简单且工期较短的情况。

在有 CM 经理（代理型）参与工程建设时，可以使用专门的 A101/CMa 版本。该版本应与 A201 的特殊版本 A201/CMa 一同使用，用于 CM 经理仅作为咨询人员的情况。A101/CMa 适用于已经通过招标或谈判确定了工程成本的情况。

3) A111 "业主与承包商协议书标准格式—成本补偿（可采用最高限定价格）"。该协议书的标准格式用于以成本补偿方式支付的情况。此时，间接费和利润可以是固定费用，也可是比例费，还可指定最高限定价格。该文件应与 A201 一同使用，构成完整的法律性文件。二者结合适用于大部分工程项目。

4) A121/CMc "业主与 CM 经理协议书（CM 经理负责工程施工）"。该文件是 AIA 与 AGC 合作的产物，又称为 AGC565。该文件适用于风险型 CM 经理的情况。CM 经理向业主提出最高限定价格的建议书。业主可予以接受、拒绝或就此开始谈判。业主接受该建议书后，CM 经理开始准备工程实施。该文件将 CM 经理的服务分为施工前阶段与施工阶段两部分。为了加快工程进度，某些部分可同时进行。A121/CMc 应与 A201 及 B141 同时使用。

为了使业主能够随时监控工程成本，也可采用成本补偿而非最高限定价格的方法签订合同。但此时应采用 A131/CMc，即"业主与 CM 经理协议书（CM 经理负责工程施工）—成本补偿"。该文件也应与 A201 配合使用。

5) A191 "业主与设计建造承包商协议书"。该文件包含按顺序使用的两份协议书，用于业主从同一实体处得到设计与施工服务的情况。第一份协议书涉及初步设计和概算服务，第二份协议则用于最终的设计与施工。虽然期望业主与设计建造承包商在完成第一份协议之后能够签订第二份协议，但双方都不受此约束。在第一份协议的内容完成之后，双方的关系可能结束，也可能继续实施第二份协议。

6) A401 "承包商与分包商协议书标准格式"。该文件适用于承包商与分包商之间建立合同关系。同 A201 类似，该文件也说明了各方的权利和各自的责任。留出的空白处可由各方填入其协议的细节。可对 A401 进行适当修改用于分包商与其下级分包商的合同。

7) B141 "业主与建筑师协议书标准格式"。该文件是业主与建筑师之间最基本的协议书。该文件规定的 5 个阶段代表了按传统习惯划分的从项目概念设计开始直至合同管理服务的建筑师的专业服务。B141 所述的施工阶段的服务是与 A201 中建筑师的责任与义务相对应的。

（2）A201 "施工合同通用条件" 前已述及，A201 是"核心文件"。A201 通用条款共 14 章 83 条。其主要内容如下：

1) 业主。业主是指协议书中明确指明的个人或实体。业主须书面任命委派一名代表，全权负责业主方有关审批或授权的各项事宜。

在接到承包商书面请求15天内，业主须向承包商提供必要的、真实的、有关项目现场情况的资料，以便承包商评估、关注或实施机械设备留置权。业主应及时向承包商提供证据，证明业主已经做好了履行业主合同责任的财务安排。业主应提供勘察报告，说明现场的物理特性、法定界限、设施位置等。如果承包商未能更正工程的缺陷或不能坚持按合同要求施工，业主可通过签署书面命令停止工程实施，直到问题得到解决。业主不承担由此造成的损失。

2) 承包商。承包商是指协议中明确指明的个人或实体。"承包商"一词是指承包商或承包商授权的代表。承包商必须依据合同文件的规定要求进行施工。任何人（包括建筑师）均不得解除合同文件中规定的承包商的义务。

承包商的主要义务包括：仔细审查合同文件及场地条件；独立管理控制施工方法、施工技术、工作程序等，并依照合同协调工程各部分的施工；承包商须对施工现场的安全作出评估并负责；承包商应为工程的正常实施与竣工提供人工、材料、设备、工具、施工设备与机械、公司设施、交通及其他设施与服务；承包商应负责缴纳在中标时或谈判结束后法律规定的各种税款。授予合同后，承包商应立即编制施工进度计划并提交给业主和建筑师。施工进度计划应满足合同文件规定的工期，并根据项目进展情况每隔适当时间予以修改，以便工程高效、顺利进行；承包商应支付产权使用费及许可证费用，应负责处理与侵犯专利权有关的诉讼与索赔并使业主和建筑师免受损失。

3) 建筑师与建筑师的合同管理。建筑师是指协议明确说明的可合法从事建筑专业工作的个人或实体。

建筑师在施工期间每隔一段时间访问一次工地，以便检查工程进度及质量，使业主随时了解工程进度。建筑师应根据对承包商支付申请的审阅与核对，向承包商发出支付证书。建筑师应及时审阅批准承包商的上报材料是否符合已有资料及合同的设计。建筑师负责编制变更命令及施工变更指示、工程的次要变更。根据业主或承包商的书面要求，建筑师应就与工程实施有关的事宜作出解释与决定。建筑师应保持公正。建筑师对外观的美观方面的决定如果与合同内容相一致，那么将具有最终效力。

4) 分包商。分包商是指与承包商订立合同，完成部分工程的实体或个人。

承包商应在接受合同之后尽快通过建筑师告知业主工程各主要部分的分包商推荐名单。如业主或建筑师及时提出正当理由拒绝接受推荐的分包商，则承包商不得与之签订合同。承包人不得将整个合同全部分包出去，除非合同另有规定，承包人不应在未征得工程师的同意前将合同的任何部分分包出去。如果由于承包商违约等原因终止了合同，承包商应将工程的全部分包合同转让给业主，但只有在业主表示接受且书面通知分包商和承包商时，该转让才有效。

5) 索赔与争端的解决。索赔是由某一方为维护其权利而提出的要求或主张，以期对合同条款进行调整或进一步的解释，以达到增加付款、延长工期或对有关合同条款的争端得到解决。

索赔应以书面通知的形式提出。提出索赔的一方有责任为索赔提供证据。各方必须在索赔事件出现21日内或索赔人意识到导致索赔的情况21日内提出（取较迟者）。在索赔最终解决之前，承包商应努力地执行合同，而业主应根据合同文件继续支付。如果承包商的索赔包含增加合同总价的内容，那么应在开始实施该工程之前发出书面通知（对于危及生命与财产安全的紧急情况所导致的索赔不必事先通知）。如果承包商的索赔包含增加工期的内容，那么应发出书面通知。索赔应包括成本估算及工程进度延误可能导致的后果。原定的工程量因为发出"变更单"或"工程变更指令"而发生了根本变化，则原定的单价（若有的话）应予以合理、公平的调整。

一切索赔（不包括承包商因危险材料停工或处理危险材料而提起的索赔）首先提交建筑师，待建筑师作出初步决定后才可进行调解、仲裁或起诉。接到索赔文件10天内，建筑师应通过审核决定行动。评估索赔文件时，建筑师可向任一方或有关专业人员进行咨询或索取资料。任一方都应在10天内对建筑师的请求提供证据或给予答复。建筑师根据答复作出全部或部分拒绝索赔或批准索赔的书面决定，在决定中应说明理由，并通知各方对合同总价和工期作出调整。此决定对双方均有约束力。若各方接到此决定后30天内未提出仲裁要求，则此决定成为最终决定。

在建筑师对索赔作出初步决定之后，或向建筑师提出索赔30天之后，可以提请仲裁。仲裁前，应尽量通过调解解决争端，如果调解未能解决问题，再提交仲裁。要求仲裁的一方应在其要求中说明当前所有要求仲裁的索赔事项。仲裁人的裁决书具有最终效力。

6) 工程变更。合同开始执行之后，可在不违反合同的前提下，通过变更命令（Change Order）、施工变更指示（Construction Change Directive）或次要工程变更命令（Order for a Minor Change in the Work）的形式，在合同规定的范围内提出工程变更。变更命令应基于业主、承包商及建筑师之间的协议；施工变更指示则需要业主与建筑师达成协议而不需承包商同意；次要工程变更可由建筑师自行发出。

7) 合同工期。合同工期是指包括有效的调整在内的合同规定的工程实质性竣工所需的时间。开工日期是指协议中规定的日期。实质性竣工日期是指建筑师按合同规定出具证书证明的日期。

承包商终止合同。如果不是由于承包商或分包商、下级分包商及前述各方的代理人、雇员或其他与承包商直接或间接有关的施工人员的过失，而是因为规定的任一原因使工程停止30日以上，承包商可终止合同。

在下列情况下，业主可终止合同：承包商一直或多次拒绝或不能提供足够的技术合格的人员或材料；承包商未能根据承包商与分包商的协议对分包商进行支付；承包商无视法律、规章、制度及有管辖权的公共当局的规定或命令；承包商有其他破坏合同的行为。

8) 支付。在第一次支付申请之前，承包商应按照建筑师要求的格式向建筑师提交反映工程各部分之间价值分配状况的价值一览表（Schedule of Values）。在每次进度支付日至少10日之前，承包商应根据价值一览表就已完成的施工向建筑师提交支付申请书。

在收到承包商的支付申请7日内，建筑师或者按照到期应支付额向业主发出支付证书，并将副本送交承包商，或者书面通知承包商和业主建筑师全部或部分拒绝发出证书的原因。建筑师须合理地维护业主的利益，如果建筑师认为无法作出上述说明，则可以决定全部或部分地拒绝签发支付证书，并按规定通知承包商与业主。

建筑师签发支付证书之后，业主应按合同规定的方式与时间期限进行支付并通知建筑师。收到业主的支付后，承包商应立即按适当比例对各分包商进行支付。承包商应通过与分包商的协议要求各分包商以同样方式对其下级分包商进行支付。收到准备好最终视察的书面通知及最终支付申请书之后，建筑师将立即进行视察。如发现合同已得到完全执行并可接收工程，建筑师将立即颁发最终支付证书。

9) 保险与保函。承包商应购买并持有相应的保险以使承包商免于如下索赔：与工程实施有关的对工人的补偿、伤残抚恤金及其他类似的雇员权益的索赔；对雇员的身体损伤、职业疾病或死亡的索赔；对于除承包商雇员之外的其他人员的身体损伤、职业疾病或死亡提出的索赔；对于因承包商雇员的过失所造成的损失所提出的索赔，对有形财产的损坏提出的索赔；占有、维护、使用汽车所造成的人员伤亡或财产破坏的索赔；因进行操作而造成的人身伤害或财产损害、与承包商意外有关的合同责任保险的索赔。无论此类索赔是由承包商、分包商，还是他们的雇员的行为引起的。

应在工程开工之前将业主接受的保险证书送交业主备案。业主应负责购买并持有业主的一般责任保险。业主可以要求承包商购买并保持"项目管理防护责任险"，此险种担负业主、承包商及建筑师三方在按照合同施工过程中的基本责任风险。业主应按照最初的合同总价以及随后合同修改的价格以及由他人提供材料或安装设备的费用投保并持有财产保险。

履约担保与支付担保。业主有权要求承包商提供履约担保，保证承包商根据招标文件要求或合同规定正常履行合同以及承担可能出现的支付义务。当任何担保受益个人或团体要求时，承包商应及时提供担保的副本或允许制作副本。

10) 工程检查与改正。如果承包商违背建筑师的要求或合同的明确规定隐蔽了工程的某一部分，则必须按照建筑师的书面要求将该部分剥露供建筑师检查后再复原，费用由承包商承担且不得改变合同工期。承包商应对建筑师拒收的或不满足合同要求的工程立即进行返修。承包商应承担返修费用，包括额外的检验与视察费用及建筑师的服务与其他费用。

工程实质性竣工之后一年内，或合同规定的保修期开始之日起一年内，若发现工程中有任何不符合合同要求之处，一旦收到业主的书面通知，承包商应立即对其进行返修，除非业主书面通知愿意接受此缺陷。

11) 其他条款。合同应受项目所在地法律的约束。合同文件要求的责任与义务及由此产生的权利和补偿是对法律有关内容的补充而不是限制。

根据合同到期而未支付的款项应从到期之日起计算利息。应遵照各方书面协议的利率或在无此类协议时，遵照项目所在地现行合法利率计算。

4. ICE 合同条件

ICE（The Institution of Civil Engineers）是指英国土木工程师协会。该学会 1818 年创立于英国，目前已经成为世界公认的学术中心、资质评定组织及专业代表机构。ICE 的目标为推进土木工程的知识技能与专业实践的发展，促进全球土木工程师对可持续经济发展与职业道德标准在更大范围内作出更多有价值的贡献，并吸引更多相关行业的人士加入协会。

ICE 代表全世界 80 000 多个具备专业资格的土木工程师，其中不乏拥有极高专业造诣的资深工程专业人士。ICE 的会员来自英国、中国、俄罗斯、印度及其他 150 个国家，专业从事建筑领域中常见的桥梁、道路、运河、医院、学校、机场、电站及铁路等的设计、项目管理与建造工作。ICE 的会员不论身处何方都时刻谨遵协会的专业行为准则，以此确保对职业道德与专业主义至高标准的维护。

ICE 在土木工程建设合同方面具有高度的权威性，它编制的土木工程合同条件在土木工程中具有广泛的应用。实际上，ICE 合同是 FIDIC 合同的鼻祖，FIDIC 合同是从 ICE 合同演变来的，香港特别行政区房屋和土木工程建筑业其实也是采用 ICE 合同的变形，或者可以说是 ICE 合同的当地化。

ICE 出版了两套合同条件。

一是《ICE 合同条件》。由英国土木工程师协会、咨询工程师协会、土木工程承包商联合会共同设立的合同条件常设联合委员会制定，适用于英国本土的土木工程施工。由于其形成较早、会员分布广泛，所以也具有强大的国际影响力。FIDIC 红皮书的最早版本就是以《ICE 合同条件》为蓝本的。《ICE 合同条件》属于单价合同格式，同 FIDIC 红皮书一样是以实际完成的工程量和投标书中的单价来控制工程项目的总造价。ICE 也为设计建造模式制定了专门的合同条件。同 ICE 合同条件配套使用的还有一份《ICE 分包合同标准格式》，规定了总承包商与分包商签订分包合同时采用的标准格式。

二是 NEC（New Engineering Contract，新工程合同）。总之，NEC 意在为业主、设计师、承包商和项目经理提供一个最新的方法，使他们更加一致地协同工作，完成各自的工程目标，为业主减少成本、工程超期和不良管理的风险，为承包商、分包商和供应商增加实现利润的可能性。

《ICE 合同条件（土木工程施工）》介绍 1991 年 1 月第 6 版《ICE 合同条件（土木工程施工）》共计 71 条 109 款，主要内容包括：工程师及工程师代表，转让与分包，合同文件，承包商的一般义务，保险，工艺与材料质量的检查，开工、延期与暂停，变更、增加与删除，材料及承包商设备的所有权，计量；证书与支付，争端的解决，特殊用途条款，投标书格式。此外 IEC 合同条件的最后也附有投标书格式、投标书格式附件、协议书格式、履约保证等文件。

（1）工程师及工程师代表 工程师应按照合同的规定行使权力，通常情况下无权修改合同，也无权解除承包所应承担的义务。工程师应在合同规定的权限内对有关事务作出公正处理。

工程师代表应由工程师任命并向工程师负责，并履行和行使由工程师赋予他的职责和权力。工程师随时可将自己的权力授权给工程师代表，也可以随时收回其授权。任何这种授权或收回其授权均应以书面形式，并且只有在业主和承包人收到这一授权通知副本后方可生效。

由工程师发出的指令应为书面形式。但是，如果由于某种原因工程师认为有必要以口头形式发出指令，承包人应遵照执行。

（2）转让与分包 对分包商的管理和控制是合同管理的重要内容。英国的指定分包制度是其合同管理的特色之一。

业主和承包商均可将合同或合同的某一部分或权益转让出去，但这种转让必须得到另一方的书面同意。合同中特别指出，不得无故拒绝转让。

事先未得到业主同意时，承包商不得将整个工程分包出去。合同要求承包商在其分包商进入现场或进行委托的设计之前将分包商的名称及地址通知工程师，但并不要求得到工程师的批准。如果分包商只提供劳务，承包商则不必将其名称及地址通知工程师。

指定的分包商是指按照合同或工程师的命令要求承包商雇佣的分包商。合同中指定的发包商通常负责完成主要成本的工程项目或采购等。工程师确定的指定分包商实施的工程或采购等行为通常由暂定金额支付。

（3）合同文件　构成合同的各种文件的含义应一致。在出现歧义的情况下，工程师应对其进行解释，并向承包商发出书面指示。

在授予合同时，应免费向承包商提供：4份合同条件、规范和工程量表，投标书格式附件中写明份数和种类的施工图。对于由承包商负责设计的永久工程，承包商应将4套施工图、规范等文件交给工程师。由业主或工程师提供的全部图样、规范和工程量表的版权不属于承包商。而承包商提供的全部文件的版权则属于承包商。

工程师对承包商设计的部分永久工程等文件的批准并不解除承包商的任何责任。工程师将对承包商的设计与工程其他部分的结合与配套负责。

（4）承包商的一般义务　承包人应根据合同的各项规定，以应有的细心和勤勉，设计（其范围在合同中规定）、施工并完成工程和修复缺陷，承包人应根据合同规定或由合同合理推知，提供所有为设计、施工、完成工程并修复缺陷所必需的（无论是临时性的或经常性的）监督管理、劳务、材料、机具、承包人的设备及其他物品。

承包人应对现场操作和施工方法的适用性、稳定性和安全性全面负责。

履约保证采用本条件所附的担保书格式。承包人应在收到中标通知书后28天内获得保证并向业主提供相当于投标书附录中规定金额的保证金。

在承包人提交投标书前，业主应提供给承包人由业主或业主代表根据有关该项工程的调查所取得的水文及地表以下条款的资料，承包人应自己对这些资料的解释负责。

在授予合同后21日内，承包商应编制一份准备实施的进度计划，并提交给工程师批准。如果工程师不批准，则承包商应在21日内提交经修订后的进度计划。如果在21天内，工程师未表态，则可认为工程师已经接受了所提交的进度计划。如果工程师发现工程实际进度与已批准的进度计划不符，可以要求承包商提交一份经修订的进度计划。

承包商应遵守规章与法律的规定。如果工程实施涉及议会法案、当地或其他立法当局的规章、任何有关公共团体和公司的规则和规章，承包商应当根据要求发出通知并支付全部费用。承包商有责任了解上述法律与规定，从而使业主不必因违反此类法律与规定而被罚款或承担任何责任。承包人应保护和保障业主免于承担由于工程上使用的或有关的或准备采用的任何承包人的设备、材料或工程设备的专利权、设计商标或名称及其他保护权利的行为而引起的所有索赔和诉讼费用，并保护和保障业主免于承担由此导致或与此有关的损坏赔偿、诉讼费、指控费和其他开支。

在合同条款中存在一个工程师满意的概念。与业主签订合同的工程师肩负着监督合同执行的责任。承包商应严格执行合同并应遵守工程师的指示（无论合同是否规定）直到工程师满意。

（5）保险　工程保险是合同条件中规定的承包商的重要责任之一。承包商应以承包商与业主的联合名义，以全部重置成本加10%的附加金额对工程、材料和工程设备进行保险，以弥补各种损害所产生的费用。

业主应保障承包人免予承担属于规定情况下的所有索赔、诉讼、损害赔偿、诉讼费、指控费及其他开支。

承包人应在不限于规定的承包人或业主的义务和责任的条款下，以承包人及业主的共同名义进行人身伤亡（规定例外的情况除外）保险及财产（除工程外）损失或损害保险。

承包人应在工程开工前向业主提供根据合同要求的保险生效的证明，并在开工后 84 天内向业主提交保险单。

（6）工艺与材料质量的检查 该部分条款与 FIDIC 相关条款相同，不再赘述。

（7）开工、延期与暂停 工程的开工日期定义为投标书格式附件中规定的日期。如果未作规定，则为授予合同后 28 日内由工程师书面通知的一个日期，或双方同意的其他日期。承包商确定在工程开工日期后应尽快开工。

工程师应在收到承包商实质性竣工报告后，向承包商颁发实质性竣工证书（Certificate of Substantial Completion）。

所有应按投标书附录中规定时间完工的工程，或所要求完工的部分工程，应按规定在从开工日起计算的投标书附录中规定的时间内完成，或考虑规定的延期在内的相应时间内完成。

未经工程师同意，任何工程均不得在夜间或当地公休日时间内进行施工，但不包括为抢救生命财产或为工程安全而不可避免地、或绝对需要在上述时间内施工的情况。在承包人无任何理由要求延长工期的情况下，如工程师认为，本工程或其任何部分在任何时候的施工进度太慢，而不能按预定的工程竣工期限竣工时，则工程师应将此情况通知承包人，而承包人应据此采取工程师同意的必要措施，以加快施工进度，使工程能在预定的工期内竣工。承包人无权要求对采取这些措施支付任何附加费用。如果业主或工程师要求承包商比原定的竣工时间（或已批准延长后的竣工时间）提前竣工，称为加速竣工。如果承包商也同意，则在行动之前，合同双方应就有关支付条款等达成协议。

（8）变更、增加与删除 工程师如认为有必要时，可以对工程或其任何部分的形式、质量或数量作出任何变更，并为此目的或他认为适当的任何其他理由，适宜作出变更时，他有权指令承包人执行。

任何上述变更均不应以任何方式使合同作废或无效，但变更的影响应按规定估价。但是，如果变更指令是由于承包人过错、违约引起的或应由其负责的，则变更的额外费用应由承包人承担。

无工程师的指令，承包人不得进行任何上述变更。但是，若工程量的增加或减少并非由于执行本条款规定发出指令的结果，而是由于工程数量超过或少于工程量清单中所规定者，则该项增加或减少不需要任何指令。

（9）材料及承包商设备的所有权 由承包人提供的一切机械设备、临时工程和材料，在运至现场后，即被视为专门供本工程施工使用，承包人除将上述物品在现场之间转移外，若无工程师的同意，不应将上述物品或其中一部分运出现场。

业主无论何时均不对任何上述承包人的设备、临时工程或材料的损失或损坏承担任何责任，但有关条款明确提到的例外情况除外。

为尽早得到支付，承包商在投标书格式附件中所列的物品和材料运至现场后，可将所有权转移给业主，但是这些物品和材料必须是为工程安装而准备的并且是承包商的财产。在工程竣工前，如果由于某种原因终止了对承包商的雇佣，承包商应当将所有权归属业主的物品或材料送交业主。

（10）计量 工程量清单开列的工程量，是该工程的估算工程量，它们不能作为承包人履行合同规定义务过程中应予以完成的工程的实际的和准确的工程量。当以计日工为基础实施工程时，承包商应根据计日工表列出的费率和价格得到支付。

（11）证书与支付　月报表与 FIDIC 相关条款基本相同，但规定应当在证书中单独列出与证明和指定分包合同有关的金额。在颁发缺陷改正证书（Defects Correction Certificate）3个月内，承包商应向工程师提交一份最终账目（Final Account）说明和证明文件，详细说明已完成的永久工程的价值，以及承包商认为他还应得到支付的金额。在收到最终账目及证明资料后3个月内，工程师应该颁发一份证书，在确认已支付的金额及业主有权得到的金额后，说明他认为在颁发缺陷改正证书之日，业主与承包商哪一方应得到支付。

关于保留金的支付与 FIDIC 相关条款规定相同。如果工程师未能及时对月支付、最终账目或保留金的支付作出证明或业主未能及时支付，业主应当按照月复利向承包商支付每日的利息。对已证明的支付，业主应按投标书格式附件中规定的在每年的银行基本贷款利率基础上加2%的利率进行支付。

（12）争端的解决　将争端首先提交工程师解决。如果工程师已经对上述争端作出了决定或者没有在规定的时间内作出决定而且双方未提出仲裁要求，则双方都可以要求根据《土木工程师调解程序规定》（1988）解决此争端。

在尚未发出整个工程的实质性竣工证书的情况下，如果符合规定情况，则可以将此争端提交各方同意的仲裁人进行仲裁，并向另一方发出书面通知。

如果双方未能在发出书面协商通知一个月内指定一位仲裁人，那么将由土木工程师协会主席负责指定。

（13）特殊用途条款　如果在合同执行过程中战争爆发，英国在其领地内进行全民总动员，承包商仍应从动员令发布之日的 28 日内尽已所能实施工程。如果在上述的期限内工程未能竣工，业主有权在上述 28 日期满后通知承包商终止合同。在得到通知后，承包商应立即终止合同，并应尽快从现场撤离所有承包商的设备。

对位于苏格兰的工程，合同作了一些特殊规定以适应苏格兰的法律。

工程量表中的费率和价格应考虑投标书返还之日的税、征集税、捐赠、保险金或退款的水平。如果在投标后，任何上述税款等的水平有变动，承包商应通知工程师，将在计算合同价格时予以考虑。

由于战争或双方不能控制的事件使合同被迫终止时，业主对承包商已完成工程的支付与由于战争而终止合同时的支付规定相同。

5. NEC 合同条件

NEC（New Engineering Contract，新工程合同）合同条件是英国土木工程师协会（ICE）于 1993 年制定的适用于工程领域的合同条件。在此之前，1945 年第 1 版并经 6 次修订的 ICE 合同条件统治了英国土木工程领域的管理实践活动，几乎一直作为该领域所有合同的基础。FIDIC 合同条件是参照 ICE 合同制定而成，并最终通过不断完善成为国际通行的标准合同条件格式。

随着实践的发展，新的合同形式在增加，业主希望得到的项目更完善，工程师希望其管理技能得到更好的发挥，承包商则希望能节约成本，更大获利。另外，各方均希望能够改善彼此的对立关系，在一种良性关系的基础上共同获利。

NEC 合同条件正是顺应这些要求而产生的。它以促进良好的工程管理作为合同的重要目标，建立起了一种合作即受益、不合作即受罚的约束机制，使业主和承包商在问题产生伊始即为找出解决问题的路径而积极协作，而非互相指责对方的过错，避免通过索要额外付款而获利。这无疑对项目本身是有益的。

1985年9月，英国土木工程师协会（The Institute of Civil Engineers, ICE）理事会批准了法律事务委员会的一个建议：为了更深入地了解工程实践的需要，对土木工程设计和施工的合同策略进行基础性评估。1986年7月，Martin Barnes博士等人开始了新型合同格式说明书的准备。该说明书于1986年12月提交给法律事务委员会。经修改后，于1987年分发给一定范围内的读者征求意见。1988年6月，理事会决定由协会会员中来自承包商、咨询工程师和业主的代表组成一个工作小组，起草一份新型的合同格式。

新型工程合同（New Engineering Contract, NEC）的征求意见版于1991年1月出版，共售出2500多份。在此期间，进行了一个问卷调查。对于来自业主、承包商、咨询工程师、测量师和律师的215份详细反馈，在报告会、学术会及与各种组织进行了讨论。该版本还在英国、南非、比利时和中国香港等国家和地区的一些不同合同类型的工程中使用过，获得了有价值的反馈。在研究了所有收到的建议和评论的基础上，起草小组对征求意见版进行了全面修改。1993年，经ICE理事会批准出版了NEC的第1版，并开始用于其设计的各种工程和施工项目。

1995年出版了第2版。2005年7月出版了第3版，简称NEC3。NEC3得到了英国商务部的推荐和支持，推荐在英国所有的公共项目上使用。

(1) NEC的主要特征　与现有的其他标准合同条件相比，NEC合同条件具有如下特征：

1) 灵活性。设计责任不是固定由业主或者承包商承担，可根据项目的具体情况由业主或承包商按一定的比例承担责任。NEC可以用于包括土木、电气、机械和房屋建筑在内的各类工程的设计和施工。6种工程款支付方式和15种次要条款可以根据需要自行选择。从这个意义上讲，NEC的灵活性体现了自助餐式的合同条件，适用范围广泛，并且可以减少争端。

2) 便于良好的管理。随着新的项目采购方式的应用和项目管理模式的发展和变化，现有的合同条件不能为项目的参与各方提供令人满意的服务。NEC基于这样一种认识：参与各方有远见的、相互合作的管理能在工程内部减少风险。每个程序都专门设计，有助于工程的有效管理。NEC强调沟通、合作与协调，通过对合同条款和各种信息清晰的定义，旨在促进对项目目标进行有效的控制。

3) 简明清晰。NEC合同立足于工程实践，主要条款都用非技术语言编写，避免特殊的专业术语和法律术语。NEC的合同语言简明清晰，合同语句言简意赅。NEC的安排和结构能帮助人们熟悉其内容，更重要的是，NEC对各参与方的行为有准确的定义。

(2) NEC的体系结构　NEC体系包括4部分：工程与施工主合同，工程与施工从合同，职业服务合同和争端裁定合同。

NEC体系包括：6种工程款的支付方式，业主可从中作出选择；9项核心条款；14项细节条款，业主可以从中选择适合自己项目的特定条款；附加条款。

1) 主要选择（6种工程款支付方式的选择）

① 总价合同。

② 单价合同。

③ 目标总价合同。

④ 目标单价合同。
⑤ 成本加酬金合同。
⑥ 工程管理合同。

在上述 6 种支付方式中，工程管理合同不包括 CM（Construction Management）模式，总价合同不包括设计建造及交钥匙工程（Design/ Building and delivery key）模式。对业主而言，工程造价不确定性的风险按①~⑥的顺序逐渐增加。业主（或由咨询工程师协助）选择合适的支付方式对项目的成功是非常重要的。若业主以工程造价作为主要因素则应选择总价合同；若以工期或质量为首要因素，则应选择其他合同形式。

2) 核心条款。NEC 的核心条款包括如下 9 部分：
① 总则。
② 承包商的主要职责。
③ 工期。
④ 检验与缺陷。
⑤ 支付。
⑥ 补偿。
⑦ 权利。
⑧ 风险与保险。
⑨ 争端与终止。

关于支付，业主可根据自己的需求，从上述 6 种支付方式中选择一种。NEC 可以提供总价合同、单价合同、成本加酬金合同、目标成本合同和工程管理合同。因此，NEC 不是某种标准的合同条件，而是内涵广泛的系列合同条件。

3) 次要选择。NEC 含有 15 项次要选择，它们包括：
① 完工保证。
② 总公司担保。
③ 工程预付款。
④ 结算币种（多币种结算）。
⑤ 部分完工。
⑥ 设计责任。
⑦ 价格波动。
⑧ 保留（留置）。
⑨ 提前完工奖励。
⑩ 工期延误赔偿。
⑪ 工程质量。
⑫ 法律变更。
⑬ 特殊条件。
⑭ 责任赔偿。
⑮ 附加条款。

其中，④仅适用于总价合同和单价合同；⑦不适用于成本补偿合同和工程管理合同；⑧不适用于工程管理合同。业主可根据工程的特点和要求从上述条款（①~⑮）中作出选择。

若选择⑮（附加条款），应尽可能按 NEC 的风格编写附加条款。

（3）NEC 合同风险管理的特点　与传统的合同相比，NEC 合同的风险管理具有如下特点：

1）风险范围定义更准确。与传统合同规定不同，NEC 合同将"不利气候条件"、"不利现场条件"等不确定的定性描述定量化。如在合同的第 60.1（13）中对于不利气候条件作了定量描述，即"气象资料为现场各日历月份、重现期为 10 年以上，经选择的有关气候条件的数据"。若出现更为不利的气候条件，费用与时间风险由业主承担。若气象资料表明气候条件为 10 年内可能出现的，风险由承包商承担。此处有关风险范围的界定就十分明确。

2）风险责任定义更明确。NEC 合同执行严格责任原则，即在违约发生后确定违约当事人的责任时，遵循不考虑当事人主观上有无故意或过失，只考虑违约结果是否因当事人的行为造成的归责原则。NEC 合同约定，工程管理者（项目经理、工程师）对所有的不批准或不认可的理由为"该设计不符工程要求或该设计不符合适用法律"。若项目经理不是因上述理由不认可，则形成补偿事件，由业主承担后果。NEC 合同规定，不能指定分包。由此消除了由指定分包所造成的责任不清问题。这样不仅减少了争议，还能鼓励承包商认真履行职责。对于需要指定分包的部分，NEC 合同鼓励雇主直接与该承包商签订施工合同。

3）强化了施工进度计划。NEC 合同在第 31、32 条施工进度计划中详细规定了施工进度计划的具体内容和修订方式。要求承包商在施工进度计划中说明：开工日、现场占有日和竣工日；每一项工作计划使用的设备、资源、施工方法、各项施工作业；工程信息中规定的雇主和其他方的工作次序和时间安排、备用时间、风险机动时间、健康和安全要求及合同中提出的施工工序；在现场占有日之后，开工部分的工地现场的占有日期、施工进度计划的认可日期、由雇主供应的设备和材料及其他物品的进场日期；工程信息中规定的其他内容。

承包商提交与补偿事件有关的报价时，应提交修订的施工进度计划。此规定有助于预测补偿事件的发生及其性质，有助于界定补偿事件的影响和合同双方的责任，使双方做到心中有数，进而互相配合以确保工程顺利实施。

4）风险管理强调事前控制。NEC 合同规定的预警程序及工程变更前预估价程序，是事前控制的具体体现。NEC 合同第 16 条规定：一旦发现可能发生价款增加、竣工推迟、使用功能削弱的情况时，承包商或项目经理应向对方发出警告；警告方可要求对方出席会议，讨论解决方案并采取行动；承包商未发出一个有经验的承包商应发出的预警，则项目经理将未发出早期警告的情况通知承包商，并且按已发出过早期预警的情形计价。

该预警程序将事前控制作为合同双方的义务，提高风险管理的积极性。

5）风险后果计量统一。NEC 合同明确规定了对风险事件、工程变更先行计划的原则。合同第 63 条详细规定了各类风险事件的费用计算方法。对工程变更合同规定：项目经理决定变更或指示变更时应指示报价，承包商应在接到报价指示 3 周内提交报价。项目经理在收到报价后 2 周内答复或解释理由后指示修改；项目经理就变更指令要求承包商提交多方案报价；变更可按预计成本的变化进行估价。该规定要求工程管理者不得随意发出工程变更指令，以利于降低工程成本，减少补偿事件的发生，并且也使承包商承担了合理风险，从而确保工程的顺利实施。

6）风险分配考虑公平原则。对于工程款，NEC 合同在要求承包商提交预付款保函、履约保函的同时，要求业主设立信托基金，确保各个层次的分包商在其上一层的分包商破产时均可直接通过信托基金获得应得款项。该基金不用于保护工程款的延迟支付。但由此增加了业主重复支付同一款项的风险。例如，当供应链的一方通过正常合同渠道收到一笔款项，在其将所欠相应分包商的款项支付之前破产，其分包商可直接从信托基金中获得该款项。此时，业主就为同一工程支付了两次款项。NEC合同赋予业主因任何理由终止合同的权力，但此时的应付款项除了包括一般合同规定的款项外，还包括承包商未完工程的间接费。对于未完工程的计价，按预估价在终止付款时予以减除，而不是在新的承包商完成工程并确定价款后才支付，使承包商避免了承担未完工程投资失控的风险。

7）风险分配考虑工程整体效益原则。NEC合同确定了缺陷认可的条款。合同第44条对于那些修复代价远远大于修复后为业主增加的收益的缺陷，规定了认可程序。对于因承包商违约业主终止合同的情况，NEC合同给承包商4周时间，使其有机会改正错误。这从工程整体效益出发，避免了不必要的浪费，同时也可保证工程按期交工，业主及早获得收益。

8）强调书面联系。NEC合同要求每一指令、证书、提交件、建议、记录、通知、答复函，均应以可读和可记录的形式进行联系，并用合同语言书写。通知与其他函件分开传递，并且对函件规定了答复期，若在答复期内未答复则视为违约。此规定避免了重要事项的遗漏和口头指令事后未被确认的风险，有利于合同管理、跟踪控制及索赔的解决。

（4）争端解决方式　NEC合同条件以促进良好的工程管理作为合同的重要目标，建立起了一种合作即受益，不合作即受罚的约束机制，使业主和承包商在问题产生伊始即为找出解决问题的路径而积极协作，而非互相指责对方的过错，避免通过索要额外付款而获利。这无疑对项目本身是有益的。NEC合同条件引入了早期警告程序、补偿事件程序及裁决人程序，作为解决双方分歧和争端的主要方式。

1）早期警告程序（Early Warning）。一经发现可能出现诸如增加合同价款、推迟竣工、工程使用功能降低等问题，业主或承包商均应向对方发出早期警告。双方或合同他方共同召开早期警告会议，以期合作提出并研究解决措施以避免或降低该问题的影响，寻求对受影响的所有各方均有利的解决办法并决定最终应采取的措施。这就是NEC合同条件所强调的早期警告程序。其目的在于尽早、尽快地将可能影响工程成本、竣工时间、工程质量的事件挖掘出来，从而寻求能够满足业主及承包商利益的最佳路径。解决问题的方法可分别从各自的责任中找到，其中首先考虑的是技术问题，而非一味考虑合同后果对己方可能产生的不利影响。其宗旨是尽可能使所采取的行为和作出的决定能够避免或减轻失误对费用、质量和工期所造成的影响。

发出早期警告的范围是宽泛的。首先，业主的项目经理和承包商均有权发出早期警告，且每方均可在对方同意后要求其他人员参加早期警告会议，以便更清晰地阐明问题，寻求解决问题的最佳方案。其次，早期警告在任何时间均可发出。一旦发现问题，无论何时，双方都可以并且应当尽早地发出早期警告。再次，对任何问题，凡是可能影响成本、工期及工程质量的，均可发出早期警告。这类事件很多，包括所有已发生或潜在的问题。例如，发现意外的地质条件、主要材料或设备供货延误、恶劣气候条件出现、分包商未履约、政府行为对工程造成影响等。

如果按照惯常的经验，承包商应当发出早期警告而实际上未发出（即不作为），则按照已发出早期警告的情形对补偿事件进行计价。由于发出早期警告而采取行动有可能减少费用并节约时间，未发出早期警告的结果就是减少或丧失补偿费用。

2) 补偿事件程序（Compensation Events）。NEC 中的补偿事件是指并非因承包商的过失而引起的事件，承包商有权根据事件对合同价款及工期的影响要求补偿，包括获得额外的付款和延长工期。NEC 合同中列出数十种属于补偿事件的情形，通常由以下原因引起：业主要求改变工程信息，某方（承包商除外）未能适时、适当地完成任务，出现业主和承包商难以控制的情况。

补偿事件的处理程序为：

① 由项目经理通知的补偿事件。若项目经理发出工程变更指令信息或项目经理发现补偿事件产生时，即时通知承包商，指令承包商提交报价，承包商应将该变更指令付诸实施（拟变更的指令不必实施），承包商在三周内按照合同条件规定的计价原则提交报价，项目经理在收到报价两周内给予答复（答复的情形有：要求承包商修改报价、对该报价认可、收回工程变更指令或自行计价）。项目经理将已认可的报价或自行计价的结果通知承包商，对补偿事件的处理。

② 由承包商通知的补偿事件。承包商认为补偿事件确已出现或将出现时，应在两周内通知项目经理，项目经理对承包商的通知作出判断，如认为不构成补偿事件，则不产生程序，如认为构成补偿事件，则在一周内通知承包商或指令承包商提交报价，承包商在三周内按照合同条件规定的计价原则提交报价，项目经理在收到报价两周内给予答复（答复的情形有：要求承包商修改报价、对该报价认可、收回工程变更指令或自行计价）。项目经理将已认可的报价或自行计价的结果通知承包商，对补偿事件的处理。

补偿事件是承包商多获得工程款及延长工期的方式。该规定对承包商有利的方面，例如，除非合同另有说明或者该补偿事件工程变更外，由于补偿事件导致实际成本总额减少的，合同价款不予减少。但是，补偿事件的规定对承包商是很苛刻的。这表现在两个方面：一是项目经理有对补偿事件的最终确认权；二是项目经理有对补偿事件处理结果（包括是否变更工程信息、对报价是否认定）的最终决定权。这就导致承包商可能对补偿事件的处理产生异议。

3) 裁决人程序（The Adjudication）。通过 NEC 的早期警告和补偿事件程序，争端还会产生。NEC 引入了一种裁决机制，作为一种快捷、经济和公正的方式来解决争端。

① 裁决人是双方共同指定的独立于双方之外的人。人选由业主或承包商提出，取得对方的认可。指定人选需考察其相关经验、资历和能力。在英国，许多机构（例如，土木工程师协会）都提供专业的裁决人名单。它提供的裁决人均经过严格训练，能够公正地解决争端。

② 裁决时间有严格限制。从将争端提交裁决人到最终作出裁决，各个环节均有 2~4 周的严格时间限制，促进迅速解决争端，减少对现场施工的影响。

③ 裁决人的报酬由双方平摊，与裁决结果无关。这与仲裁或诉讼不同，体现了以项目为本，减少双方的对立性。裁决人酬金按照裁决所耗时间以小时为单位计算，远比旷日持久的仲裁或诉讼费用低廉。

④ 裁决是解决争端的必经程序。依照合同，争端必须首先提交裁决人。裁决结果除非另经仲裁或诉讼修正，否则将是最终的并且具有约束力。

⑤ 若裁决人未在规定期限内作出决定或当事一方对裁决结果有异议，另一方可在 4 周内提起仲裁或诉讼，其效力将高于裁决人裁决。仲裁或诉讼程序须在工程竣工后或合同提前

终止后方可开始。

⑥ 尽管争端提交裁决人,但不给予任何一方停工的权利。即使争端产生,双方仍应按合同继续工作,保障工程进度的正常进行。

6. 英国皇家建筑师学会的 JCT 合同条件

英国皇家建筑师协会 RIBA(The Royal Institute of British Architects)是在房屋建筑领域具有高度权威的组织,由其编制的《建筑合同条件标准格式》,即 RIBA 合同条件,是英国第一部建筑业合同条件,后由合同审定委员会 JCT 修订出版,称为 JCT 合同。后经过多次修订,目前应用最广泛的是 1991 的第 5 版。

JCT 合同条件分为 4 个部分:总论(第 1 条~第 34 条),指定分包商及供货商(第 35 和 36 条),价格调整(第 37~40 条),仲裁(第 41 条)。同时附有 4 个标准格式:投标书格式,合同协议书,指定分包商合同,指定分包商标准格式。

同 ICE 合同条件相比较,JCT 合同条件具有以下特点:

1)对建筑师(相当于 ICE 合同条件中的工程师)的授权较少。合同中建筑师仅定期进行现场监督,日常的监督工作由承包商和业主负责进行。

2)合同形式为总价合同。若某项工作的实际完成工程量较原合同有增减时,视为工程变更来相应调整总合同价。

3)合同条件中包括一个"增值税补充协议书",对税收进行详细规定。

案例 2-6 采用 JCT 合同条件签订合同索赔

1980 年,开发商与承包商按 JCT63 条件签约改造 128 幢房屋。在施工过程中,有一幢房子发生火灾被烧毁,双方就谁该对火灾损失负责发生索赔纠纷。按苏格兰法律程序认定,火灾是因承包商的疏忽引起的。承包商上诉到苏格兰最高民事法院,提出属于特殊承包情况,要求按照合同第 18(2)款和第 20(c)款判定上诉人是否应对火灾损失负责。最高民事法院裁定,上诉人应该负责。承包商于 1986 年向英国上议院提出上诉。

裁决:按照合同的正确解释,第 18(2)款规定的承包商的责任是以第 20(c)款的规定为条件的,该条规定业主独自承担现存建筑物及其内部财产的火灾和其他危险造成损害的全部风险。第 20(c)款并没有划分这种火灾是因承包商的疏忽造成的还是其他原因造成的。因此不应按照第 18(2)款对由于承包商的疏忽造成的火灾要求其自负其责。裁定上诉人承包商对损失不负责任。

案例分析:在 JCT 标准合同文本中与本案直接有关的规定有第 18(1)款、第 18(2)款、第 19(1)a 和第 20(c)款。具体条款内容如下:

第 18(1)款:承包商有责任承担施工过程中发生的或施工所造成的任何人员伤亡的一切责任、损失、索赔或按成文法或普通法提出的诉讼,并向业主赔偿,除非这些伤害是业主或业主应负有责任人员的行为或疏忽造成的。

第 18(2)款:除按照本条件第 20(c)款规定属于业主承担的风险的那些损失或损害之外,承包商有责任承担因风暴、洪水、水箱设备或管道破裂或溢洪、地震、飞机和其他飞行装置或物体的坠落、暴乱和民众骚乱所造成的一切开支、责任、损失、索赔或诉讼(不包括电离辐射或核燃料或核废料、放射性有毒爆炸物或其他有爆炸性危险的核装置或核组件的放射性污染,以音速或超音速飞行的飞机或其他飞行器产生的冲击波造成的一切损失或损害），并向业主赔偿，业主要保证这些风险已给于足够的保险。如果工程或工程的一部分或未安装的材料或货物造成的损失或损害是由一个或多个上述偶然事件引起的，那么一旦发现上述的损失或损害，承包商应立即向建筑师或监理人员和业主发出关于事故范围、性质和位置的书面通知。

在计算按合同应向承包商支付的金额时不应考虑这部分损失或损害。

如果未提供终止通知，未按上述要求提交仲裁，或仲裁人作出了与终止通知相反的决定，那么：

（1）承包商应努力弥补或修复这些损失或损害，继续施工并完成这项工程。

（2）建筑师或监理人员可以发出指示要求承包商移开、处置一切障碍物。

（3）弥补或修复在施工过程中或由于施工造成的人身伤害或财产损失，只要这些损失或损害是由于承包商、他的雇员或其代理人或分包商及其雇员或代理人的疏忽、失职或过失造成的。

第19（1）a款：为避免按本条件之第18款承担责任赔偿业主损失，承包商本人及其所有分包商投保必要的保险以履行承包商或分包商在施工过程中发生的或因施工造成的人员伤亡（业主或业主负责人员的行为或疏忽不包括在内），以及在施工过程中发生的或因施工造成的或因为承包商及其雇员或代理人或分包商、分包商的雇员或代理人的疏忽、失职或过失造成的人身伤害或财产损失应负的责任。

第20（c）款：业主拥有的或负责的原有建筑及其内部物品、工程，以及准备用于工程的物资（不包括承包商或分包商拥有的或租赁的临时建筑、机械、工具和设备）因火灾、雷电、爆炸、风暴造成的损失或损害均由业主承担所有风险。对障碍物的必要移动和处理将被认为是建筑师或监理人员要求的变更。

根据第18（2）款开始部分结合第20（c）款可清楚判定承包商对于自身或分包商或他们应负责人员的疏忽造成财产损失责任属于例外。第19（1）a款系关于承包商保险的义务，但不包括对火灾责任的保险。而第20（c）款却明确指出火灾损害是由业主承担风险的，至于火灾是由承包商的疏忽还是由其他原因引起没有任何区别。

当然，如果采用《FIDIC施工合同条件》签订合同，结论可能就不一样了。所以，判断索赔事件的责任要依据所采用的合同条件。

2.2.2 国内工程常用的施工合同条件

《建设工程施工合同（示范文本）》（GF—2013—0201，以下称2013年版施工合同）于2013年7月1日开始施行。2013年版施工合同延续了1999年版的合同体例，由合同协议书、通用合同条款以及专用合同条款三部分组成。其中，合同协议书约定了合同的最主要内容，如工期、质量标准、合同价格形式等；通用合同条款共20条。新版合同条件的特点集中体现在如下几方面：

1. 确立了八项新的合同管理制度

（1）双向担保制度　为降低承包人被拖欠工程款的风险，有效解决拖欠工程款、拖欠农民工工资的问题，2013年版施工合同第2.5款规定发包人应向承包人提供能够按照合同约定支付合同价款的相应资金来源证明以及支付担保，同时该款还明确规定："除专用合同条款另有约定外，发包人要求承包人提供履约担保的，发包人应当向承包人提供支付担保……"。与支付担保相对应，为促使承包人根据合同全面正确履行己方义务，2013年版施工合同第 3.7 款规定了承包人的履约担保。双向担保制度有利于引导承发包双方合理设置担保以减轻工程款支付风险及履约风险。

（2）合理调价制度 2013 年版施工合同确立了承发包双方各自承担合理风险的原则，基于此项原则，对于市场价格波动所引发的风险，该合同通用条款第 11.1 款规定，如果价格波动在合同当事人双方约定的范围之内，合同价格不予调整，价格波动超过当事人约定的范围的，承包人可以要求对合同价格进行调整，合理调价制度是民法公平原则的体现。

（3）责任期制度 2013 年版施工合同通用条款第 15 条引入了缺陷责任与保修制度，明确缺陷责任期是指"承包人按照合同约定承担缺陷修复义务，且发包人预留质量保证金的期限，自工程实际竣工日期起计算"。根据该条规定，缺陷责任期最长不超过 24 个月，缺陷责任期满后，发包人就应向承包人返还保修金。

（4）保险制度 2013 年版施工合同较大地充实和丰富了"保险"的内容，在该合同通用条款第 18 条中分别规定了工程保险、工伤保险、其他保险、持续保险、保险凭证、未按约定投保的补救、通知义务共 7 项内容。保险条款的设置对于分担工程建设领域常见多发事故造成的损失具有较大的作用，而且该条规定完善了我国工程保险制度，对今后可能会推行的工程保修保险等制度预留了执行的空间。

（5）商定或确定制度 工程施工合同由于履行期限一般较长，而且涉及的主体较多、内容相对繁杂，在履约过程中承发包双方难免发生争议或分歧。2013 年版施工合同在借鉴 FIDIC 合同与《标准施工招标文件》的做法的基础上，在通用合同条款第 4.4 款中引入了"商定或确定"制度，明确由总监理工程师承担商定与确定的组织和实施责任，并明确了该项制度启动的前提条件。"商定或确定"制度有利于及时化解履约过程中的争议、矛盾，从而有利于推进工程施工的顺利开展。

（6）逾期索赔失权制度 国外众多施工合同和《标准施工招标文件》都规定了索赔期限，如果合同当事人超过索赔期限未提出索赔的，索赔权利丧失。此项规定有利于督促合同当事人及时行使索赔权利，也有利于降低施工合同纠纷的处理难度。2013 年版施工合同通用条款第 19 条中规定将承发包双方的索赔期限都规定为 28 天，并明确规定，如当事人未在 28 天内对索赔事项提出书面的索赔通知，视为该项索赔的权利已经丧失。

（7）双倍赔偿制度 为有效解决发包人拖欠工程款的问题，督促发包人及时足额地向承包人偿还工程款，2013 年版施工合同通用合同条款第 14.4 款明确规定了逾期支付工程款，按照中国人民银行发布的同期同类贷款基准利率的两倍支付违约金的制度，违约金支付标准的提高有利于引导发包人及时支付工程款，避免工程款支付纠纷的发生。

（8）争议评审解决制度 借鉴 FIDIC 施工合同条件中的争端裁决委员会裁决制度以及《标准施工招标文件》的相关规定，2013 年版施工合同规定了争议评审解决制度，该合同通用合同条款第 20.3 款中对于争议评审机制的启动程序、时限、评审决定的作出及效力等问题作出了明确细致的规定。争议评审制度可以极大地消化工程合同履行中的分歧，减少合同履行困难，防止合同履行障碍，以确保工程建设项目的整体经济效益和社会效益。

2. 完善了合同价格类型

2013 年版施工合同将合同价格形式确定为单价合同、总价合同及其他价格形式三类。"其他价格形式"条款的设置为合同当事人选择不同于单价合同、总价合同的价格形式提供了空间，合同当事人可以根据实际情况选择成本加酬金或者定额计价等方式计取工程价款。

3. 建立了以监理人为施工管理和文件传递核心的合同管理体系

1999年版施工合同未加区分地将发包人代表和监理人的现场工程师均列于工程师名下，此种规定造成了权利的不清晰、不明确，当发包人代表和监理人同时存在的时候，难以分清各自的权限，容易导致施工管理的混乱，还使得监理人独立地位难以保证。鉴于此，2013年版施工合同明确区分了监理人和发包人，并通过多款规定确立了监理人作为合同履行文件传递中心的地位，发包人和承包人之间的文件往来均应通过监理人来中转，以确保监理人能够全面了解合同履行、变更情况，以完成其法定义务和约定义务。

4. 新增承诺条款、完善合同备案条款

为解决阴阳合同、违法分包、转包、挂靠等违法违规行为，2013年版施工合同的合同协议书中引入了宣誓性条款，根据该条规定，承包人应承诺不进行转包、违法分包，承发包双方承诺不签订背离中标合同实质性内容的合同。此外，在通用合同条款中，通过增加限定新增承包人项目经理及主要施工管理人员条款、限定专业分包人及劳务分包人主要施工管理人员条款、承包人擅自更换项目经理及主要施工人员违约责任、工程款支付账户约定等内容，保证承包人实际施工管理人员与投标文件中载明的人员名单保持一致，有利于解决承包人违法分包、转包和挂靠等违法违规行为。

案例2-7 依据《建设工程施工合同（示范文本）》索赔

某施工单位通过投标与某建设单位于2013年7月按照我国《建设工程施工合同（示范文本）》签订了某大厦的施工合同。在施工过程中，由于土建工程部分设计变更，使雨水斗位置发生变更。工程师签发变更指令，将5处雨水斗位置都平移600mm。因此，承包商不得不将已安装完的排水管拆除8m，增加铸铁管3m，屋面楼板打眼5个。

《建设工程施工合同（示范文本）》规定：施工中发包人需对原工程设计变更，应提前14天以书面形式向承包人发出变更通知。承包人按照工程师发出的变更通知及有关要求，进行所要求的变更。因变更导致合同价款的增减及造成的承包人损失，由发包人承担，延误的工期相应顺延。

为此，施工单位按照合同通用条件相关条款规定的时间，就此项变更向监理工程师提出索赔要求如下：

已安装完排水管拆除费用	1工日×53元/工日=53元
重新安装排水管费用	0.8m×817.6元/m=654.08元
楼板打眼费用	5个×50元/个=250元
增加铸铁管费用	0.3m×817.6元/m=245.28元
以上各项合计	1202.36元
间接费及利润等费用	1202.36元×43.5%=523.03元
索赔费用合计	1725.39元

工期：拆除排水管，楼板打眼，重新安装铸铁管共计用时2工日。

监理工程师经审查认可施工单位索赔费用计算。施工工期延长的请求，因为不在关键线路上，且未超出线路总时差，对总工期无影响，监理工程师未批准。

由此案例可以看出，当承包商的利益由于非承包商的原因遭受了损失时，承包商就应当根据自己与业主所签订合同中的规定，向业主提出索赔的要求。

2.3 索赔的主要依据

为了达到索赔成功的目的，承包商必须进行索赔论证工作，以大量的证据来证明自己拥有索赔的权利、应得的索赔款额和索赔工期。对于业主来说，业主的索赔也必须有切实的依据证明自己有权进行索赔。因此，在进行施工索赔时，承包商和业主均应善于从合同文件和施工记录等资料中寻找索赔的依据，在提出索赔要求或反驳对方的索赔要求的同时，提出必要的依据资料。可以作为索赔依据的主要有招投标文件、合同、现场的施工记录等资料。

2.3.1 招标文件、合同文本及附件

招标文件中所包括的合同文本如《FIDIC施工合同条件》中的通用条件和专用条件以及我国《建设工程施工合同（示范文本）》中的通用条款和专用条款，施工技术规范，工程范围说明，现场水文地质资料和工程量表等资料，标前会议和澄清会议资料等，不仅是承包商投标报价的依据和构成工程合同文件的基础，而且是施工索赔时计算索赔费用的依据。

工程范围说明中所规定的工程范围是承包商报价的范围，当实际施工中工程师或业主要求承包商实施此范围以外的工作时，就构成了额外工程。承包商可依据招标文件中的工程范围说明向业主提出工程范围变更的索赔。

施工技术规范是承包商在报价时考虑施工方案的主要依据之一，如果施工技术规范发生变化，就会带来工程成本的增加或降低，因此，施工技术规范也就成为索赔确认或计算索赔额的依据。

招标文件中所提供的现场水文地质资料是承包商工程报价时所依据的重要资料。虽然合同中规定承包商应当对此资料的解释负责，但如果发生"一个有经验的承包商也无法预见到的"地质条件变化，承包商仍有权索赔。

工程量表中给出的工程量虽然是估算工程量，只供报价时使用，但是许多合同条件中都规定当实际工程量变化很大时，如超过±15%，允许对单价进行调整。这种情况下所发生的索赔，当然要将实际工程量同工程量表中给出的工程量进行比较。

施工合同文本中的通用条件（款）和专用条件（款），是索赔的最直接依据。与索赔有关的条款可分为明示条款和默示条款两种。明示条款是指形成合同文件的所有的文字叙述部分中明文写出的各项条款或规定。当合同的一方违反了此条款即构成违约，另一方就可依据此条款进行索赔。默示条款是指在合同的明文条款中没有写入但符合合同双方签约时的设想愿望和当时的环境条件的一切条款。默示条款一般是依据实践惯例、法律法规、客观事实等所形成的。当出现合同中规定由对方负责或应当承担风险的原因而造成己方损失时，就可以依据合同条款向对方提出索赔。

2.3.2 施工合同协议书及附属文件

施工合同协议书，合同双方在签约前就中标价格、施工计划、合同条件等问题进行的各种讨论纪要文件，以及其他各种签约的备忘录和修正案等资料，都可以作为承包商索赔计价的依据。例如，在我国现行的《建设工程施工合同（示范文本）》中，协议书中主要包括工程概况、工程承包范围、合同工期、质量标准、合同价款、组成合同的文件以及承包人向发包人承诺按照合同约定进行施工、竣工并在质量保修期内承担工程质量保修责任、发包人向承包人承诺按照合同约定的期限和方式支付合同价款及其他应当支付的款项和合同生效等。

如果实际工期超出合同工期，根据造成原因的不同，就会发生承包商索赔或业主索赔。如果承包商的施工质量没有达到协议书中规定的质量标准，就会发生质量缺陷索赔等。因此，施工合同协议书是索赔的重要依据。

2.3.3 投标文件和中标通知书

在投标文件中，承包商提出主要分部、分项工程的施工方案，按照工程量清单进行施工单价分析计算，对施工效率和施工进度进行分析，对施工所需的材料与设备列出数量和单价，从而成为承包商编标报价的成果文件，最终以此中标。中标后，投标文件就成为合同文件的组成部分，也就成为施工索赔依据之一。当采用单价合同时，如《FIDIC施工合同条件》，业主按照实际工程量与承包商在投标文件中所报单价的乘积来支付工程款。投标文件中的单价就成为索赔时索赔费用计算的一个重要依据。

索赔的处理首先以合同为依据。工程合同行政管制多，合同文件多，文件规范多，交易习惯多。工程合同应该整体解释，探究合同整体的真实意思。也就是把全部合同的各项条款以及各个构成部分作为一个完整的整体，根据各个条款以及各个部分的相互关联性，争议的条款与整个合同的关系，在合同中所处的地位等各方面因素进行考虑，以确定所争议的合同条款的含义。

上述三类索赔依据资料，根据我国有关规定，合同文件能互相解释、互为说明，除合同另有约定外，其组成和优先解释顺序如下：

（1）合同协议书
（2）中标通知书
（3）投标书及其附件
（4）本合同专用条款
（5）本合同通用条款
（6）标准、规范及有关技术文件
（7）设计图
（8）已标价工程量清单
（9）其他合同文件

2.3.4 往来的书面文件

在合同实施过程中，会有大量的业主、承包商、工程师之间的来往书面文件。如业主的各种确认函、通知单；工程师或业主发出的各种指令，如工程变更令、加速施工令等；以及对承包商提出问题的书面回答和口头指令的确认信等。这些信函（包括电传、传真资料等）都将成为索赔的证据。索赔成立的条件之一就是要有证据证明索赔事项确实发生，造成实际的损失，而且其产生的原因是应由对方负责的事项或对方承担的风险。因此，来往的信件一定要留存，自己的回复也要留底。同时，承包商要注意对工程师的口头指令及时进行书面确认。在索赔事项发生时，可以及时提供这些书面资料作为证据。

2.3.5 会议纪要

标前会议和决标前的澄清会议纪要，在合同实施过程中，业主、工程师和承包商定期和不定期的工地会议，如施工协调会议、施工进度变更会议、施工技术讨论会议等，在这些会议上研究实际情况作出决议或决定形成的会议纪要，均构成索赔的依据。但应注意这些记录若想成为证据，必须经参会各方签署才具有法律效力。因此，对于会议的程序应建立审阅制度，即由做纪要的一方写好纪要稿，送交参会各方传阅核签，如果有不同意见须在规定期限内提出或直接修改，若不提出意见则视为同意（这个程序需要由参会各方在项目开始前商定）。

2.3.6 经批准的施工进度计划和调整计划，以及实际进度记录

经过业主或工程师批准的施工进度计划和修改计划，实际进度记录和月进度报表，都是进行索赔的重要证据。进度计划中不仅指明工作间施工顺序和工作计划持续时间，而且还直接影响到劳动力、材料、施工机械和设备的计划安排，如果由于非承包商原因或风险使承包商的实际进度落后于计划进度或发生工程变更，则这类资料对承包商索赔能否成功起到极其重要的作用。因为在计算工期延长的索赔时，必须依经工程师批准的施工进度计划进行工期影响分析，判断总工期的变化幅度。同时，应注意在实际施工中，施工进度计划不是一成不变的，它是随着工程的进展不断进行调整和修订的。每次工期影响分析，都是在经工程师批准的最新调整后的施工进度计划基础上进行的。因此，经过监理工程师批准的施工进度计划和调整计划是工期分析的基础，也是工期索赔的主要依据。

2.3.7 施工现场工程文件

施工现场工程文件包括现场施工记录、施工备忘录、各种施工台账、工时记录、质量检查记录、施工设备使用记录、建筑材料进场和使用记录、工长或检查员以及技术人员的工作日志、监理工程师填写的施工记录和各种签证，各种工程统计资料如周报、月报，工地的各种交接记录如施工图交接记录、施工场地交接记录、工程中停电记录等资料。这些资料构成工程实际状态的证据，是工程索赔时必不可少的依据。但需要注意，各种记录应由负责人签字，工作日志等资料不得缺页，不得补写等。

2.3.8 工程照片、录像资料

工程照片和录像资料作为索赔证据最为直观，并且在照片上最好注明日期。其内容可以包括：工程进度照片和录像、隐蔽工程覆盖前的照片和录像、业主责任或风险造成的返工或工程损坏的照片和录像等。这些资料反映的损失真实可信，因此，对于重大的索赔事项一定要有照片或录像。

2.3.9 检查验收报告和技术鉴定报告

在工程中的各种检查验收报告如隐蔽工程验收报告、材料试验报告、试桩报告、材料设备开箱验收报告、工程验收报告以及事故鉴定报告等，这些报告构成对承包商工程质量的证明文件，因此成为工程索赔的重要依据。

2.3.10 工程财务记录文件

工程财务记录文件包括工人劳动计时卡和工资单、工资报表、工程款账单、各种收付款原始凭证、总分类账、管理费用报表、工程成本报表、材料和零配件采购单、付款收据等财务记录文件，它是对工程成本的开支和工程款的历次收入所做的详细记录，是工程索赔中必不可少的索赔款额计算的依据。

2.3.11 现场气象记录

工程水文气象条件变化，经常引起工程施工的中断或工效降低，甚至造成在建工程的破损，从而引起工期索赔或费用索赔。尤其是遇到恶劣的天气，一定要做好记录，并且请工程师签字。这方面的记录内容通常包括：每月降水量、风力、气温、河水水位、河水流量、洪水水位、洪水流量、施工基坑地下水状况等，对地震、海啸和台风等特殊自然灾害更要随时

做好记录。

2.3.12 市场行情信息资料

市场行情信息资料包括市场价格、官方公布的物价指数、工资指数、中央银行的外汇比率等资料。土木工程施工通常工期较长，一些大中型土木工程施工期可以长达数年，对物价变动等报道资料应该系统搜集整理。它们可以作为计算人工费、物价上涨的损失、进行工程款调价计算、工人工资调整、计算汇兑损失等的重要基础数据，是索赔费用计算的重要依据。

2.3.13 政策法规文件

1. 法律法规规章

法律法规规章主要有《中华人民共和国民法通则》《中华人民共和国合同法》《中华人民共和国招标投标法》《中华人民共和国建筑法》《建设工程质量管理条例》《建筑业企业资质管理规定》《房屋建筑工程质量保修办法》《房屋建筑和市政基础设施工程施工分包管理办法》《建筑工程施工发包与承包计价管理办法》和《建筑工程价值结算暂行办法》等。还有一些政府文件，如货币汇兑限制指令、外汇兑换率的决定、调整工资的决定、税收变更指令、工程仲裁规则等。这些文件直接影响到承包商的收益，因此，这些文件对工程结算和索赔具有重要的影响，承包商必须高度重视。例如，我国施工合同签订时，往往在合同中规定，物价变动的影响按当地工程造价管理部门颁布的工程造价结算文件规定的方式执行。一旦这些规定发生变化，就会带来工程造价的变动，因此，由此变动带来的索赔主要依据就是这些政策法规文件。

2. 规范性文件

工程经济管理规范主要有《建设工程工程量清单计价规范》（GB 50500—2013）、《建设工程项目管理规范》（GB/T 50326—2014）、《建设工程监理规范》（GB 50319—2013）、《建设工程施工质量验收统一标准》（GB 50300—2013）和《建设工程文件归档整理规范》（GB/T 50328—2014）等。施工过程中要按照相关规范的规定完成施工项目。这些规范中对建设工期和工程质量都有相关规定，会对工程结算和索赔具有重要影响，应该引起承包商高度重视。尤其清单计价规范中对于工程价款的确定，计量与支付，索赔与现场签证，工程价款调整，竣工结算，工程计价争议的处理等问题也有相关规定，承包商在施工过程中要综合清单计价规范和相应通用专用合同条款的规定，来处理施工过程中关于进度及造价等方面的问题。

3. 法院观点及司法解释

法院观点及司法解释主要包括近年来最高法院及地方法院工程合同方面的书籍文章，以及最高法院工程合同司法解释及各地高院的意见，例如，《最高人民法院建设工程施工合同司法解释的理解与适用》（2004年11月第1版，人民法院出版社），《最高人民法院关于审理建设工程施工合同纠纷案件适用法律问题的解释》（法释［2004］14号文件）等。在处理工程索赔纠纷时，这些法院观点和司法解释都可以作为有益的指导和参考。

案例2-8 政策法规文件等做依据索赔

1994年4月9日，双方当事人签订了《建筑安装工程协议书》，约定：宏泰公司将宏泰花园小区A、B两座综合楼发包给济南一建公司建设施工。承包方式为包工包料。承建范围包括土建及给水、电照、采暖、安装工程。1994年9月,双方为完善合同又签订了一份《建设工程施工合同协议条款》及《合同附件》,约定:工程总造价暂按1 800万元计,待审定预算后调整。A座于1994年4月22日开工,竣工日期为1995年1月25日,工期为278天;B座于1994年9月15日开工,竣工日期为1995年6月30日,工期为289天。双方还约定:一建公司每月的28日向宏泰公司报送工程月进度表及下月施工进度计划,如一建公司按计划100%完成当月进度,经发包方查验复核工程量并批准下月进度后,3日内支付当月工程进度款;工程竣工时,宏泰公司付款应达到工程总造价的95%,余5%作为保证金,一年后的第一个月付清,施工过程中,有的月份资金难以满足,但也要达到当月应付款的70%;属宏泰公司负责供应的三大材、四小材,宏泰公司委托一建公司代办供应,价格要征得宏泰公司的同意,宏泰公司按商定的时间拨款。另外,宏泰公司先预付40万元备料款。工程每提前一天,奖励承包方工程总造价的0.05%;每迟延一天,罚工程总造价的0.1%。宏泰公司不按时付款则按中国人民银行公布的贷款利率计息。

合同履行中,一建公司未按合同约定逐月向宏泰公司报送工程进度表和下月施工进度计划,而是有时报送工程进度表,有时报送下月施工进度计划。1995年12月31日,A座楼竣工验收,延迟竣工341天;1996年6月2日,B座楼竣工验收,延迟竣工359天。经济南市建筑工程质量监督站核验,A、B两座楼均为合格工程。工程竣工时,宏泰公司付款未达到合同约定的95%。该工程项目因为工程款纠纷诉诸法院。一审期间,双方共同确定的工程总价款为27 581 324.09元,宏泰公司欠一建公司工程款8 742 317.42元。

经过一审二审,最后最高人民法院依法组成合议庭审理认为:

双方当事人签订的《建筑安装工程协议》、《建设工程施工合同协议条款》及《合同附件》合法有效。一建公司迟延交付工程,应承担违约责任。一建公司在施工期间并未因宏泰公司欠款而向其发出催款通知或停工报告,其提出的工期延误是宏泰公司拖欠巨额工程款造成的主张,不予支持。其主张根据双方签证的延误工日顺延工期139天,因计算方法缺乏依据,不予认可。宏泰公司在工程竣工时,付款未达到合同约定的95%。在收到结算报告后,未及时向一建公司支付所欠工程款,也应承担违约责任。宏泰公司提出应以实际工程总造价款作为基数计算一建公司应付违约金的请求,不符合双方约定,不予以支持。一建公司提出合同中有关工期每迟延一天,按工程总价款0.1%处罚的约定,与双方约定适用的地方规章相悖,应当予以调整的上诉请求,予以支持。宏泰公司请求依照合同约定,按银行贷款利率承担违约责任,予以支持。一审法院在认定事实和适用法律上均有不妥之处,应予纠正。

根据《中华人民共和国经济合同法》第二十九条第一款、第三十一条,《中华人民共和国民事诉讼法》第一百五十三条第一款第(二)、(三)项之规定,1998年1月19日,最高人民法院以(1997)民终字第95号民事判决书,判决如下:

1)一建公司于本判决生效后30日内向宏泰公司支付违约金3 117 000元(按每日0.5‰计算)。

2)宏泰公司于本判决生效后30日内向一建公司支付所欠工程款8 742 317.42元,并按中国建设银行同期同类贷款利率给付利息(自1996年7月24日起至本判决确定的给付之日止)。

3)驳回宏泰公司要求一建公司赔偿其他经济损失的请求。

该案件审理过程中,一建公司向最高法院上诉时提出了几条理由,如业主宏泰公司拖欠巨额工程款，变更水电安装设计，备料款未按期到位，其他公司在现场施工不能按时开工，冬季施工等。这些理由大部分看起来都是充分的，但大部分都没有被最高法院采纳。最高法院的判决理由是："一建公司在施工期间并未因宏泰公司欠款而向其发出催款通知或停工报告，其提出的工期延误是宏泰公司拖欠巨额工程款造成的主张，不予支持。其主张根据双方签证的延误工日顺延工期139天，因计算方法缺乏依据，不予认可。"这里应该深刻意识到索赔证据的有效性问题的重要性，索赔工作必须要符合索赔的程序。索赔管理人员要具备相应的索赔的法律合同意识观念。

对于一建公司提出的上述理由，如果在事件发生后，能够在规定的时间内提出索赔要求，能够定期报送资料，问题的处理可能就完全不同。即使不能得到业主方的批准，在诉讼过程中也能作为合法、有效的证据资料供法院判决时使用。

另外在本案中，在认定违约金数额的基数时对法院的判决有些异议。法院审理认为："宏泰公司提出应以实际工程总造价款作为基数计算一建公司应付违约金的请求，不符合双方约定，不予以支持。"但合同中明确"工程总造价暂按1 800万元计，待审定预算后调整"，"工程每提前一天，奖励承包方工程总造价的0.05%；每迟延一天，罚工程总造价的0.1%。"这里工程总造价的概念，应该认为是实际造价，而不是合同中暂时约定的造价（即1 800万元）。这是由建筑产品本身的特点决定的，作为一种特殊的商品，建筑产品与其他商品相比，有着明显的特点，比如，产品的固定性，生产的流动性，生产的单件性，影响因素多等，它的造价的确定也是"多次预估"的，一般很难在开始就能明确、严格地确定出建筑产品的价格，只有等工程竣工之后，才能真正确定工程的实际造价。所以不能按照其他商品的买卖购销合同认定违约金和奖金，同样也不能按照合同约定的价款扣留保修金（如本案中5%的保修金就不能按1 800万元来扣留，如果这样扣留，业主方也一定不会同意）。

在本案中还有一点是要引起索赔人员注意的，就是关于误期罚金的比例。本案诉争合同对提前竣工和延期竣工约定了不同的奖罚比例，最高法院没有支持。参与审判的法官在其后的评析中指出："双方约定工期每迟延一天，按工程总价款的0.1%处罚，工期每提前一天，按工程总价款的0.05%奖励，可见双方约定的提前奖与迟延工期罚款的标准不一致，违反了公平原则。应当本着奖罚一致的原则，一建公司按0.05%的比例，支付违约金。"这种公平的原则无疑是正确的，但是对于最终的违约罚金的判决，按照山东省人民政府《关于建设工程实行提前竣工奖的暂行规定》第五条第二款规定："工程提前（或拖期）一天竣工奖（罚）金额按工程预算造价的0.02%～0.04%计取……奖罚数额的比例要对等，但总额不得超过工程预算造价的3%。"而且双方所签合同第三条约定的适用法律的范围，明确包括地方政府的有关规章。按照上述规定，违约金总额不应超过工程预算造价的3%，也就是一审期间，双方共同确定的工程总价款为27 581 324.09元的3%，那么应该是827 439.72元，而实际判决一建公司支付违约金3 117 000元，达到了工程总价款的11.3%，这个比例是比山东省的地方规章高了将近3倍。

2.3.14 案例和国际惯例

在国际工程承包市场上所采用的标准合同条件，如《FIDIC施工合同条件》、英国的ICE或JCT合同条件，以及美国的AIA合同条件等均属于普通法体系。其特点是以案例为基础判案，即"按例裁决"。因此，对于某些在合同文件中没有索赔依据的事项，如果有可靠的先例为证，仍然有可能索赔成功。

国际惯例是指国际工程承包界公认的一些原则和习惯做法，如斯匹林学说、同类规则、摩考克原则、可推定学说等。这些规则经常被咨询工程师或仲裁员所引用来解决承包商和业主之间的索赔争议。

斯匹林学说是用来解释合同中有关保证条款责任问题的一种国际惯例。其含义是，在解释合同文件的有关"默示条款"的规则中，有两个重要的原则：一个是签约双方均有积极配合使合同顺利完成的责任；另一个是提出的工程设计和施工技术规程必须具备足够的准确性。根据斯匹林学说，业主提供的工程规划设计和技术规程应保证其适用性和完备性。否则，由此引起的工期延误、工程变更、额外工程、施工干扰等问题所造成承包商的损失，承包商均有权提出索赔。

同类规则是指处理合同争议时有关事态类别归属的国际惯例。具体来讲，就是在判断事件的性质时，如果同时发现数个不同的事件具有共同的性质，则可将这数个事件归为同一类别或同一等级，按同类进行判断处理。

摩考克原则的含义是，由于合同某一方的潜在责任，造成另一方损失时，应向另一方承担损失赔偿。这一原则常用来解释默示条款的合同责任。

可推定学说一般在处理工程变更、加速施工或暂停施工等方面的合同争议时采用。其基本含义是，合同双方均知晓并已形成事实的合同行为，如果在形成事实过程中，合同的另一方目睹其过程但未提出任何反对意见，则视为认可，可推定为符合合同条款的规定。如工程师默认的但未正式签发工程变更令的工程变更。

案例 2-9　索赔证据的提供

某承包商通过竞争性投标中标承建一写字楼工程。合同中标价为 980 000 美元。采用《FIDIC 施工合同条件》签订合同。在工程施工过程中，由于地基出现问题，而被迫修改设计，造成多项变更，修改的图样总是延误，并且多次发生已施工完毕的部分又发生变更，被业主指令拆除。因此，承包商提出工期索赔和经济索赔的要求，并提供索赔证据以证明索赔的合理性。

承包商提供的索赔证据有：合同文本，地基出现问题时工程师签发的暂停施工指令和复工指令，经工程师批准的施工进度计划和修改计划，承包商的施工记录，工程师签发的变更指令；承包商签收图样的记录，拆除时的用工量记录，工地会议的记录，实际进度的记录，投标报价单，实际工效记录，施工机械进场记录和租赁费单据等。

应当注意，索赔证据提供的目的有两个，一个是证明自己有权索赔，另一个就是证明自己的索赔计算合理。因此，在提供证据时，就应当从这两个方面来进行考虑。

案例 2-10　索赔依据优先顺序

2004 年 2 月，长岸置业经邀请招标，确定中宜建筑为其长岸花园项目的中标人。10 日，双方签订建设工程施工总承包合同，约定承包内容为设计图样标明的该工程的全部土建、安装、装饰、绿化工程等；合同价款暂定为 3 142 万元（不包括指定分包商），采用固定价格合同方式确定。关于合同价的其他调整因素，则载明工程的合同结算总价均按上海定额站发布的市场指导价平均价下浮 2%，经长岸置业核准后计算。

2004年3月双方签订了补充协议，约定工程合同价暂定为4 150万元，合同总价采用可调价格合同方式确定，工程结算总价按上海市93定额下浮4%结算。

中宜建筑自2004年2月17日开始领取该工程建筑总图，给水排水总图各8套，直到2005年7月陆续领取施工图。

3月20日，工程开工。2005年5月3日，工程竣工。之后的竣工结算中，双方因是究竟按固定价格结算还是按定额结算发生争议，中宜建筑诉至法院。

这个案例，一种观点认为，合同虽然约定工程价为暂定价，但同时约定采用固定价格合同方式。之后双方签订的按定额结算的补充协议属于实质性变更了合同约定，不应作为结算依据。因此应按固定价格结算工程款。另一种观点认为，合同虽然约定采用固定价格合同方式，但同时约定了合同价暂定，以及工程结算总价按定额下浮，之后签订的补充协议也约定了按定额结算，因此应按定额结算工程款。

依据《合同法》第125条："当事人对合同条款的理解有争议的，应当按照合同所使用的词句，合同的有关条款、合同的目的以及诚实信用原则，确定该条款的真实意思"的规定，该项目合同的过程，首先承包人和发包人签订的合同并未特别明确是闭口包干价，虽然有固定价格合同的表述，但也有暂定价的表述。特别是有相关套用定额，适用价格消息的约定。而且按照建设工程交易习惯，通常承包商已经取得全部施工图，有明确的承包范围的情况下，才会适用于闭口包干价。本工程显然在施工过程中设计图还在陆续交付。这种情况并不适用于闭口包干价。

从合同和补充协议发生的时间上看，先签订暂定价的合同，后来又签订补充协议，通常当合同文件前后不一致的情况下，后发生的优于先发生的。从这点上也更倾向于认为，补充协议应该更有效力。

该案件最后法院判决工程价应按定额结算。

2.4 承包商可引用的合同条款

2.4.1 FIDIC合同条件下承包商可引用的合同条款

在进行施工索赔时，承包商应按照合同条款论述自己的索赔权和进行索赔额计算。在实际中，往往一个索赔事项涉及几个合同条款，此时，索赔人员应认真研究合同文件，引用合同文件中对自己最有利，最具有说服力的条款，来进行论证。在第4版的FIDIC《土木工程施工合同条件》中，凡承包商可引用的合同条款，在FIDIC总部编写的关于第4版的摘要中作了全面论述，并分别列出承包商和业主可引用的索赔条款，与此同时，还提出在每个不同的索赔内容时可以得到哪些方面的补偿。FIDIC《土木工程施工合同条件》1988年第4版承包商可引用的索赔条款见表2-5和《FIDIC施工合同条件》1999年第1版承包商可引用的索赔条款见表2-6。其中C表示附加成本开支，P表示可索赔的利润，T表示相应的工期延长。

表2-5 FIDIC《土木工程施工合同条件》1988年第4版承包商可引用的索赔条款

序号	合同条款号	条款主要内容	可调整事项
1	5.2	合同论述含糊	工期调整T+成本调整C

(续)

序号	合同条款号	条款主要内容	可调整事项
2	6.3~6.4	施工图拖期交付	T+C
3	12.2	不利的自然条件	T+C
4	17.1	因工程师数据差错，放线错误	C+利润调整P
5	18.1	工程师指令钻孔勘探	C+P
6	20.3	业主的风险及修复	C+P
7	27.1	发现化石、古迹等建筑物	T+C
8	31.2	为其他承包商提供服务	C+P
9	36.5	进行试验	T+C
10	38.2	指示剥露或凿开	C
11	40.2	中途暂停施工	T+C
12	42.2	业主未能提供现场	T+C
13	49.3	要求进行修理	C+P
14	50.1	要求检查缺陷	C
15	51.1	工程变更	C+P
16	52.1~52.2	变更指令付款	C+P
17	52.3	合同额增减超过15%	±C
18	65.3	特殊风险引起的工程破坏	C+P
19	65.5	特殊风险引起其他开支	C
20	65.8	终止合同	C+P
21	69	业主违约	T+C
22	70.1	成本的增减	按调价公式±C
23	70.2	法规变化	±C
24	71	货币及汇率变化	C+P

注：引自《FIDIC digest》，P77。

表 2-6 《FIDIC 施工合同条件》1999 年第 1 版承包商可引用的索赔条款

序号	合同条款号	条款主要内容	可调整事项
1	1.9	延误的施工图或指示	T+C+P
2	1.13	遵守法律，取得许可	T+C
3	2.1	未及时提供现场进入权	T+C+P
4	4.2	履约担保	C
5	4.7	因雇主提供基准数据差错，放线错误	T+C
6	4.12	不可预见的物质条件	T+C
7	4.20	雇主免费供应材料问题	T+C
8	4.24	发现化石、文物和古迹等	T+C
9	7.4	进行试验	T+C+P
10	8.4	竣工时间的延长	T

(续)

序号	合同条款号	条款主要内容	可调整事项
11	8.5	当局造成的延误	T
12	8.9	暂停的后果	T + C
13	8.10	暂停时对生产设备和材料的付款	C
14	10.2	部分工程的接收	C + P
15	10.3	对竣工试验的干扰	T + C + P
16	11.8	承包商调查	C + P
17	12.3	估价	C + P
18	13.2	价值工程	（合同价值减少额-雇主价值减少额）/2
19	13.5	暂列金额	C + P
20	13.7	因法律改变的调整	T + C
21	13.8	因成本改变的调整	按调价公式 ± C
22	14.7	延误的付款	利息
23	16.1	承包商暂停工作的权利	T + C + P
24	16.4	终止时的付款	C + P
25	17.4	雇主风险的后果	T + C + P
26	17.5	知识产权和工业产权	C
27	18.1	有关保险的一般要求	保险费
28	19.4	不可抗力的后果	T + C
29	19.7	根据法律解除履约	C + P

在表中只列出了与经济补偿相关的合同条款。但是要注意，有些情况只可以得到工期延长，但不可以得到经济补偿，即"可原谅但不给予补偿"的工程拖期索赔。

案例 2-11　索赔事项合同条款的引用

某大型商业中心大楼的建设工程，中标合同价为 2 850 万元，工期 32 个月，合同文件采用《FIDIC 施工合同条件》。施工中发生以下事件：

事件 1：承包商按合同提交了按期完工的进度计划，同时，标出了工程师应在各工序施工前提供相关图样的时间。但在施工时，工程师未能按时提供施工图，因此造成整个工程误期。

事件 2：在开挖地基过程中，发现原地面以下 8.10m 处存在一软弱层，严重影响到大楼地基的稳固性，而这一软弱层在招标文件中没有任何反映，而由于这一施工现场条件变化，必须增加打桩以加固大厦基础，从而增加了额外工作量。

事件 3：工程所需的塑钢窗是由雇主负责供货，塑钢窗运抵施工单位工地仓库，并经入库验收。施工过程中进行质量检验时，发现其中 10 个塑钢窗有较大变形，工程师要求承包商拆除，经检查原因属于塑钢窗使用材料不符合要求。

承包商就以上事件提出如下索赔：

事件 1：根据合同条款 1.9，工程师有义务按期提供承包商所需要的施工图，据此，承包商提出了因停工等待图样造成的经济损失和顺延工期。

事件 2：根据 4.12 条款，此事件属于一个有经验的承包商不可预见的自然条件，因此提出要求延长工期和补偿成本超支。

事件 3：根据 4.20 条款，雇主供料中质量缺陷，拆除返工费用雇主负责，承包商提出了顺延工期和补偿费用的要求。

2.4.2 我国《建设工程施工合同（示范文本）》中承包商可引用的合同条款

我国在《建设工程施工合同（示范文本）》（1999 年版）内提供了多项合同索赔机会，为承包企业开展索赔工作创造了有利的条件和基础。总结《建设工程施工合同（示范文本）》1999 年版承包商可引用的合同条款，见表 2-7。表中用 T 代表延长的工期，C 代表增加的费用。总结我国《建设工程施工合同（示范文本）》2013 年版承包商可引用的合同条款见表 2-8。

表 2-7 《建设工程施工合同（示范文本）》1999 年版承包商可引用的合同条款

序号	条款号	条款主要内容	可调事项
1	3.3	适用标准、规范	C
2	4.1	发包人要求承包人需要特殊保密的措施费	C
3	6.2	工程师指令错误	T+C
4	6.3	工程师未按合同约定履行义务	T+C
5	7.3	因发包人原因，承包人在施工中采取紧急措施	T+C
6	8.3	发包人未能完成 8.1 款的各项义务	T+C
7	11.2	因发包人原因不能按约定日期开工	T+C
8	12	因发包人原因暂停施工	T+C
9	13	工期延误条款（7 种情况）	T+C
10	15	工程质量因发包人原因达不到约定条件	T+C
11	16.3	工程师检查影响施工正常进行，检验为合格	C
12	16.4	因工程师不正确纠正或其他承包人原因造成返工或修改	C
13	18	工程师要求重新检验，如工程合格	T+C
14	19.5	因设计原因试车达不到验收要求，发包人负责修改设计	T+C
		因设备制造原因试车达不到验收要求，设备为发包人采购	
15	20.2	因发包人原因导致安全事故	T+C
16	23.3	合同价款调整条款（4 种情况）	C
17	24	发包人不按约定支付预付款	利息
18	26.3	发包人不按约定支付工程款	利息
19	27.4	发包人供材料、设备延误或不合格	T
20	39.3	不可抗力	T
21	43.2	工程施工发现地下障碍和文物而采取保护措施	T+C

表 2-8 我国《建设工程施工合同（示范文本）》2012 年版承包商可引用的合同条款

序号	合同条款	条款主要内容	可调整事项
1	1.6.1	施工图延误	T + C + P
2	1.9	发现化石、文物和古迹等	T + C
3	1.11.3	知识产权	C
4	2.4	未及时提供现场进入权	T + C + P
5	2.1	遵守法律，取得许可	T + C
6	7.2	非承包人原因修改施工组织设计	T + C + P
7	8.1	发包人供应材料问题	T + C
8	7.4	因发包人提供基准数据差错，错误	T + C + P
9	7.5.1	发包人原因导致工期延长	T + C + P
10	7.6	不利的物质条件	T + C + P
11	7.8.1	暂停施工	T + C
12	7.9	提前竣工	C
13	13.2.5	部分工程的接收	T + C + P
14	10.4	变更引起的价格调整	C + P
15	10.8	暂列金额	C + P
16	11.1	市场价格波动的调整	按调价公式增减 C 或按管理机构规定调整
17	11.2	因法律改变的调整	T + C
18	10.5	合理化建议	（发包人支付的合同价款的减少或效益的确定性增加–承包人利润的减少的补偿额）/2
19	12.2.1	延误预付款	T + 利息
20	12.4.4	延误的付款	利息
21	15.3	质量保证金	利息
22	5.3.3	监理人重新检查	T + C
23	13.3.2	工程试车中的责任	T + C
24	17.3	不可抗力的后果	T + C
25	18.1	有关保险的一般要求	保险费
26	16.1.1	承包商暂停工作的权利	T + C + P
27	17.4	终止时的付款	C + P

从上述各不同合同条件中列出的索赔条款中，可以看出：承包商拥有索赔权的事项原因可能是多种多样的：有属于工程变更的，有属于业主风险或不可抗力的，有属于法规变化的，有属于业主违约的等。但从表中列出的可调整事项中可以看到，有些事项可以得到成本调整和工期调整，但不能获得利润，有的事项只能获得成本补偿。有些事项能够获得成本的

补偿但不能得到工期的调整。总体来讲是获得利润补偿的机会相对较少。

2.5 承包商可索赔的主要情况

在2.4节中，表2-5～表2-8只列出了合同中明示的索赔条款，当发生索赔事项时，承包商可以依据表中所列条款号，及时进行索赔。归纳起来，承包商的索赔内容主要包括以下几个方面。

2.5.1 工程变更的索赔

工程变更在工程实施过程中经常发生。不论是国际上通用的《FIDIC施工合同条件》，还是我国《建设工程施工合同（示范文本）》以及其他合同文件中，通常均有对工程变更的明确规定，而且这些变更往往会引起工程价款的变化和工期的变化，因此，常常伴随着索赔发生。

在进行工程变更索赔时，一定要注意确定具有工程变更价款的索赔权。当工程变更是由非承包商原因造成且由业主或其授权代表工程师发出变更指令以后进行的，承包商才具有对工程变更价格的索赔权。如果承包商按照其他人的指示进行工程变更，则将失去得到此项变更的经济补偿的权利。而且在我国，按照我国现行《建设工程施工合同（示范文本）》通用条款相关条款的规定，如果承包商在双方确定变更后14天内不向工程师提出变更工程价款报告时，视为该项变更不涉及合同价款的变更。

在实际工程实施过程中，经常会出现工程师提出口头变更指示的情况，这时承包商应当注意向工程师发出书面的口头指令确认函，从而获得索赔权。

案例2-12　工程变更的索赔情况

厦门海沧大桥总投资为人民币28.79亿元，全桥主线长5 927m，其中东航道主桥为230m+648m+230m三跨连续钢箱梁悬索桥，在世界同类型悬索桥中排名第二。施工工期自1996年12月18日—1999年9月30日，被列为国家重点工程。在海沧大桥西塔基础工程实施时，承包人以地质条件较差等原因为由，提出改变西塔基础施工方案，由钢管桩围堰改为有底钢套箱，并要求增加费用。

监理工程师在收到承包人上报的"变更意向申报表"后，立即着手进行了大量的资料收集工作，并对照有关合同条款：

1) "厦门海沧大桥施工图"第三册"索塔构造"第一分册"西塔塔身及基础构造"中关于西塔基础的施工要点：西塔在平均高潮时水深为6.5～11.5m，海底淤泥层厚度为3～19m，基础施工建议采用锁口钢管桩围堰，施工钻孔灌注桩后，对围堰内淤泥进行换填压实，回填石方，浇筑封底混凝土，承台施工。

2) 业主在"招标文件"中的技术规范中，将施工图建议的施工方案列入工程量清单中，并对此方案的计量、支付内容进行了具体说明，分别以回填土石方，钢管、板桩围堰，工作平台，封底混凝土作为支付项，请承包人报价。且在"关于海沧大桥C2，D2标投标单位就招标文件的所提问题的复函"中对"C2标段西塔承台的施工是否一定要采用钢管桩围堰的施工方法"的回答是"不一定"。

3) 承包人在"投标书"中，西塔基础的施工采用有底钢套箱的方案：主要是考虑海沧大桥西塔位置的水深、淤泥层较厚等情况，此方案已成功地在其他桥使用过，认为有底钢套箱是比较经济可行、把握性较大的方案，承包人并就此进行了单价分析，且将费用分摊入由业主提供的工程量清单中的细目中。

审核确定：

1) 此变更为承包人提出的重大变更。

2) 承包人在投标时对地质条件进行了充分理解，考虑了地质条件的影响，并以有底钢套箱施工方案进行了报价。只是由于工程量清单中的细目为钢管桩围堰，计量、支付条款也是按钢管桩围堰进行规定的。

3) 考虑到此方案有利于加快工程进度，且能保证工程质量，风险系数相对较小，故同意承包人按有底钢套箱方案进行施工。

4) 工程变更费用则采用工程量清单中相关细目综合相抵的原则，即按清单中该项目总额进行支付，不再增加费用。采用有底钢套箱方案，节省了钢管桩围堰、换填压实及近 2 000m³ 封底混凝土的施工费用，这部分费用仍然全额支付给承包人，以平衡新方案的相关费用，如悬挂系统、套箱底板等。

在取得业主同意后，由驻地办下发了工程变更令。实践证明，此施工方案变更保证了西塔基础施工工期和施工质量，对全桥的工期起促进作用，而且实际费用没有增加。

沧海大桥西引道一号桥原设计为 4×25m 硅连续梁桥。由于施工时发现地形与设计出入较大，业主在与设计单位协商后，决定取消此工程，改为道路工程，以节约投资。

由于此项目是业主方提出的重大变更，监理工程师在下发变更指令的同时，明确了此变更工程的费用处理原则：取消原工程量清单中该桥的所有费用，新增道路工程的费用。由于工程量清单中没有新增道路工程的费用，按费用评估程序重新编审。

承包人在按照变更设计图施工的同时，按实际情况进行了费用申报，由两级监理按照职责分工进行审核，层层把关，最后审核结果得到业主的批准，由驻地办下发工程变更令。本变更项目共减少清单内费用 588 万元，新增道路工程费用 301 万元。

承包人在执行过程中条理清晰，在该项工程完成时，支付也基本完成，未遗留任何费用问题，业主、承包人双方均表示满意，真正达到了节省费用的目的。

2.5.2 工程延误的索赔

在施工中，常常由于各种原因而导致工程的实际进度落后于计划进度，如果延误的责任在业主方面或应由业主方承担风险，则承包商有权就此延误提出索赔要求。其索赔的要求通常包括两个方面：一是承包商要求偿付由于非承包商原因或其风险而导致工程延误而造成的损失；二是承包商要求延长工期。但是，如果工期延误是由于承包商自己的原因所造成的，不仅不能进行索赔，还要自费赶工，以避免承担误期损害赔偿费。一般这两方面的索赔不一定同时成立，所以承包商应分别提出工期索赔和费用索赔报告。

案例 2-13　非承包商原因的工程延误索赔情况

某承包商按照《FIDIC 施工合同条件》与一房地产开发商签订了某写字楼的施工合同。在施工过程中由于开发商负责订货的设备比计划进场时间晚 15 天，致使实际进度落后于计划进度，并且按进度计划，该设备安装工程处于整个施工进程的后期，承包商安装人员无法全部安排其他工作，造成承包商安装人员窝工达 10 个工日，从而承包商提出如下索赔：

1）根据施工进度计划，设备安装的总时差有3天，设备比计划进场时间总共晚15天，去掉3天总时差，因此要求延长工期12天。（实际造成的工期延长为10天）

2）现场窝工期间，部分工人安排进行一些其他零星工作，但工作效率明显降低，还有一些安装人员无法安排其他工作，各项窝工共计80个工日，按30元/工日窝工费用计算人工费，延长工期造成的管理费按原管理费总额折算成日费率计算。

故承包商提出经济索赔如下：

人工费　　　　　　　　　80×30元/工日=2 400元
管理费　　　　　　　　　12天×254元/天=3 048元
合计　　　　　　　　　　2 400+3 048=5 448元

2.5.3 现场物质条件变化的索赔

现场物质条件是指承包商在现场施工时遇到的自然物质条件、人为的障碍和其他物质障碍和污染物，包括地质条件和水文条件，但不包括气候条件。由于物质条件比招标文件中所描述的更为困难和恶劣，是一个有经验的承包商也无法预见到的，从而增加了施工的难度，导致承包商的成本增加和工程拖期，就此情况承包商可提出工期索赔和费用索赔。

案例2-14 现场物质条件变化的索赔情况

某承包商按照《FIDIC施工合同条件》与一雇主签订了某大桥的施工合同，该桥所在河段水深一般多于5m，河床淤泥层较深。中标合同金额为7 800万美元，工期为24个月。施工过程中发生以下事件：在桥墩基础开挖时，发现地质情况远较招标文件中提供的地质情况复杂，其中淤泥深度比招标文件资料中所给数据大很多，基岩高程较设计图降低4m。雇主与设计单位洽商修改基础设计，而且推迟交付施工图。由于地质条件的变化，造成施工困难，并且造成设计变更。事件发生后承包商及时通知工程师，认为这是一个有经验的承包商也无法预见的情况，并就此提出要求延长工期和费用索赔。

1）在承包商的报价中清理淤泥一项费用为200万美元，共需30个工日，现实际完成清淤工作用了50个工日，因此项工作为关键线路上的工作，故承包商提出延长工期20天，因原报价中已含管理费、利润，故费用补偿只按平均每天工作量计算补偿费用：

平均每天清淤费用：200万美元/30=6.7万美元

清理淤泥增加的费用：6.7万美元×20=134万美元

2）基岩高程降低，根据工程师提供的变更施工图，修改基础造成混凝土工程量增加1 500m^3，原工程量清单中混凝土工程报价为58美元/m^3，由于工程师推迟交付施工图15天，按原施工进度计划，此项导致工程延期10天，故要求延长工期10天，窝工费按每天2 100美元计算，设备闲置补偿按每天350美元计算，费用补偿计算如下：

增加的混凝土工程量费用：　1 500×58=87 000美元
窝工费：　　　　　　　　　2 100×10=21 000美元
设备闲置费：　　　　　　　350×10=3 500美元
补偿直接费合计：　　　　　87 000美元+21 000美元+3 500美元=111 500美元
管理费（费率按10%）：　　11 150美元×10%=11 150美元
合计：　　　　　　　　　　122 650美元

故承包商要求延长工期共计30天，费用补偿共计1 462 650美元。

工程师认为，清理淤泥量超过量比较大，是一个有经验的承包商不能预见到的情况，索赔合理。第二种情况属于工程变更，索赔成立，但费用计算不合理，因基础混凝土工程在原工程量清单中已有，故已包含在合同价格中，不应另计索赔款，故第二项只应计算窝工21 000美元和设备闲置3 500美元，以及管理费2 450美元。故认为同意延长工期30天，费用补偿为：1 366 950美元。

2.5.4 加速施工的索赔

在工程施工过程中，通常承包商可在下述情况下，提出加速施工的索赔：

1）由于非承包商原因造成工期延误，业主为了能够按时接收工程，由工程师发出指示，要求承包商采取加速施工措施。

2）工程按进度计划进行，并未发生拖期现象，但考虑到市场等原因，业主希望工程能提前交付使用，与承包商协商采取加速施工措施。

但应注意，如果由于承包商本身的原因造成工程拖期，采取的加速施工措施是不能够进行索赔的。由于加速施工时整个合同报价的依据发生了很大的变化，加速施工的费用索赔计算涉及效率降低、供货商提前交货索赔等许多因素，其计算较复杂。加速施工的费用索赔见表2-9。

表2-9 加速施工的费用索赔分析

费用项目	内容说明	计算基础
人工费	增加劳动力投入，不经济地使用劳动力使生产效率降低 节假日加班、夜班补贴	报价中的人工费单价，实际劳动力使用量，已完成工程中劳动力计划用量 实际加班数，合同规定或劳资合同规定的加班补贴标准
材料费	增加材料投入，不经济地使用材料 因材料提前交货给材料供应商的补偿 改变运输方式 材料代用	实际材料使用量，已完成工程中材料计划使用量，报价中的材料价格或实际价格 实际支出 材料数量，实际运输价格，合同规定的运输方式的价格 代用数量差，价格差
机械费	增加机械作用时间，不经济地使用机械 增加新设备投入	实际费用，报价中的机械费，实际租金等 新设备报价，新设备使用时间
工地管理费	增加管理人员的工资 增加人员的其他费用，如福利费、工地补贴、交通费、劳保、假期等 增加临时设施费 现场日常管理费支出	计划用量，实际用量，报价标准 实际增加人·月数，报价中的费率标准 实际增加量，实际费用 实际开支数，原报价中包含的数量
其他	分包商索赔 总部管理费	按实际情况确定
扣除：工地管理费	由于赶工，计划工期缩短，减少支出工地交通费、办公费、工器具使用费、设施费用等	缩短月数，报价中的费率标准
扣除：其他附加费	保函、保险和总部管理费等	

案例2-15 某工程进度加快索赔案例分析

某工程是一个办公楼，首层为商店，开发商准备建成后出租。投标日期为1979年6月

4日，授标日期为1979年6月18日，进场日期为6月25日，合同正式开工日期为6月26日，合同价为482 114英镑，合同价格中管理费为12.5%，合同工期为18个月，至1980年12月24日竣工。在工程实施中出现如下情况使工程施工拖延：

1) 开挖地下室遇到了一些困难，主要是由于旧房遗留的地基引起的。
2) 发现了一些古井，由一些考古专家考证它们的价值产生拖延。
3) 安装钢架过程中部分隔墙倒塌，同时为保护临近的建筑而造成延误。
4) 锅炉运输和安装的指定分包商违约。
5) 地下室钢结构施工的图和指令拖延等。

在1980年2月承包商提出了12周的工期拖延索赔，但业主不同意，并指示工程师不给予工期延误的批准。这是由于业主已经与房屋的租赁人签订了租赁合同，规定了房屋的交付日期，如果不能及时交付，业主就要被罚款。业主直接写信给承包商要求承包商按原工期完成工程，否则将提起诉讼。

对此工程师致函业主，指出由于上述干扰事件的发生，按合同规定承包商有延长工期的权力，如果责令承包商在原工期内完成工程，是没有理由的，必须考虑到承包商的合理要求。如果要承包商在原合同工期内完成工程，必须与他协商，商讨价格的补偿，并签订加速施工协议书。业主认可了工程师的建议，并授权工程师就此事进行商谈。

从2月下旬到4月上旬，工程师与承包商及业主就工期以及加速补偿问题进行商谈。

1) 承包商提出12周的工期延误索赔，经工程师的审核扣去承包商自己的风险及失误（如上述3)项），给予延长工期10周。

2) 对于10周的延长，承包商提出索赔为：

① 古井，在考古人员调查期间工程受阻损失2 515英镑。
② 地下室钢结构工程师指令的延误等索赔4 874英镑。
③ 与隔墙有关的工程、楼梯工程延误及对周边建筑的保护费用2 586英镑。
④ 由指定分包商引起的延误损失2 259英镑。
合计14 934英镑。

工程师经过审核，认为在该索赔计算中有不合理的部分，例如，机械费中用机械台班费是不合理的，在停滞状态下应用折旧费计算，最终工程师确认索赔额为11 289英镑。

3) 业主要求。

① 全部工程按原合同工期竣工，加速10周。
② 底楼商场比原合同工期提前4周交付，即总共要提前14周。在4月开始采取加速措施，在后9个月工期中达到上述加速目标。

4) 承包商重新作了计划，考虑到因加速施工所引起的加班时间、额外机械投入、分包商的额外费用、采取技术措施（如烘干措施）等所增加的费用，提出：

① 商店提前14周须花费8 400英镑。
② 办公楼提前10周须增加花费12 000英镑。
③ 考虑风险影响600英镑。
合计21 000英镑。

5) 工程师指出由于工期压缩了10周，承包商可以节约管理费。按照合同管理费的分摊，10周管理费共计

(482 144 英镑×12.5%)÷(1+12.5%)÷75 周×10 周=6 868 英镑

这笔节约应从索赔额中扣去。则承包商提出工期延误及赶工所需要的补偿为

11 289 英镑－6 868 英镑＋21 000 英镑＝25 421 英镑

考虑到风险因素等共要求25 500 英镑。

工程师向业主转达了承包商的要求，并分析了承包商要求合理性以及索赔值计算的正确性，业主接受了承包商的要求。

1) 至1980年4月1日前由于已发生了许多干扰事件，承包商有权延长10周，并索赔相关费用，工程师业已批准。由于业主希望全部工程按计划竣工，底层比计划提前4周，双方经商讨就赶工达成一致。

2) 对承包商赶工，业主支付赶工费25 000 英镑，它已经包括4月1日以前承包商所提出的各种索赔。

3) 如果承包商不能按照业主的要求竣工，则赶工费中应扣除：

① 全部工程竣工日期若在1980年12月24日之后，承包商赔偿170 英镑/日。

② 底层部分工程若在1980年11月24日之后，承包商赔偿85 英镑/日。但赶工费不应少于12 500 英镑。这是对承包商的保护条款。

③ 赶工费分批支付的时间及数量（略）。

④ 赶工期间由于非承包商责任所引起的工期拖延的索赔权与原合同一致。

2.5.5 不可抗力的索赔

由于战争、政变、非承包商及其分包商人员的罢工以及战争和自然灾害等不可抗力所造成的工程延误或费用损失，承包商有权索赔。但战争和自然灾害情况，承包商只能要求工期延长，不能要求费用补偿。

案例2-16 不可抗力的索赔情况

某承包商承揽了在某城市江北修建一座疗养院的工程项目，合同价为450 万元，合同工期为18个月，从1998年4月15日—1999年10月15日。由承包商包工包全部材料。

在施工过程中，由于该城市1998年夏天发生了该地区百年一遇的大洪水，而该工程正好地处江边不远，造成了部分已完工程被损，部分材料被冲走、被损坏，现场道路等临时设施部分被冲毁，并造成工程施工受阻等多种影响。

为此承包商提出了索赔要求如下：

支付部分被损坏已完工程款	3.45 万元
该被损坏已完工程修整及重建费用	2.48 万元
现场材料损失	1.45 万元
现场道路等临时设施重建费用	0.68 万元
合计	8.06 万元
管理费（9.5%）	8.06 万元×0.095＝0.77 万元
利润（5%）	(8.06＋0.77)万元×0.05＝0.442 万元

同时由于受到洪水影响工期拖延，及之后的恢复工程，要求展延工期10周。工程师经过认真研究，认为洪水是一个有经验的承包商无法预见的，但也不是业主的责任，是属于不可抗力造成的影响，对于承包商的材料损失，不予补偿；利润的损失不予补偿，支付被损坏

的已完工程款 3.45 万元中已经包括管理费和利润，不应再重复计算。最后批示如下：

正常支付被损坏已完工程款　　3.45 万元
被损坏工程修整及重建费用　　2.48 万元
现场道路等临时设施重建费用　0.68 万元
管理费　　　　　　　　　　　(2.48+0.68) 万元×0.095=0.3 万元
索赔款合计　　　　　　　　　2.48 万元+0.68 万元+0.3 万元=3.46 万元

批准承包商展延工期 10 周。

这个案例中承包商存放在现场的许多材料没有得到业主的赔偿。按照《FIDIC 施工合同条件》中相关规定，承包商为用于拟建工程进入施工现场的材料，不管是否使用，均认为是业主的财产，当这类恶劣天气等不可抗力造成存放现场的材料损毁，应该属于业主的损失。

2.5.6　业主风险的索赔

风险是指客观存在可能导致损失，但发生与否又不能确定。工程承包施工是一项高风险的事业，任何合同条件中都包含有关风险分配的条款，像《FIDIC 施工合同条件》的相关风险分担条款等。这些风险与施工索赔存在着直接关系。在工程实践中如果发生了应由业主承担的风险，承包商有权就此风险造成的工期拖延和费用增加提出索赔。

案例 2-17　业主风险承包商提出索赔的情况

某承包商按《FIDIC 施工合同条件》签订了一座政府办公大楼的施工合同，在施工过程中，由于当地发生了恐怖主义活动，工地周围禁行，造成工地的人员和材料不能进入现场施工，工地暂时停工 5 天，根据合同条款 17.3（b）款，工程所在国内的动乱、恐怖主义、革命、暴动、军事政变或篡夺政权，或内战属于雇主风险的范畴，因此，承包商按 20.1 条款提交了索赔报告，根据 17.4（雇主风险的后果），要求延长工期和费用索赔。具体如下：

1) 要求延长工期 5 天。

2) 另由于人员和材料不能进入现场，但人员工资照发，人工费 53 美元/工日，按进度安排在此期间平均每天应有 40 个人工；材料异地存放费用 400 美元/天，二次搬运费用共计 800 美元。施工现场为安全起见另雇用安保人员共计费用 1 000 美元。考虑工期延长，造成管理费增加，管理费 10%（包括现场管理费和总部管理费）。费用索赔计算如下：

人工费：　　　　53 美元×40 美元/天×5 天=10 600 美元
材料费增加：　　400 美元/天×5 天+800 美元=2 800 美元
管理费：　　　　10 600 美元×10%=1 060 美元
安保人员费用：　1 000 美元
合计：　　　　　10 600 美元+2 800 美元+1 060 美元+1 000 美元=15 460 美元

上述不可抗力和业主风险，承包商都可以适当提出相应的索赔要求。但合同中也规定了，承包商在损失发生时，有义务采取相应措施防止损失的扩大，承包商雇用保安所发生的人工费即为此项费用，应该可以得到工程师的认可。

2.5.7　工效降低的索赔

在施工过程中，由于恶劣的气候条件和地质条件、其他承包商的干扰、工程变更等多种因素的影响，会造成实际施工工效低于承包商投标报价时所依据的工效水平，从而造成承包商的工程成本增加，实际施工进度落后于计划进度。承包商通常就此提出索赔，希望弥补自己的损失。在国际工程施工索赔的实践中，由于工效降低而引起的索赔款额，达到各种索赔总款额的 10% 以上。但需注意，只有承包商有确凿的证据证明，此工效降低情况不是因承包商责任造成的，而且也是其在报价时不能合理预见的情况，以及工效降低情况的确切数据，否则，工效降低的索赔要求是不会被批准的。

案例 2-18　工效降低的索赔情况

某承包商承担了框架结构写字楼的施工任务，合同是按《FIDIC 施工合同条件》签订的。在施工钢筋混凝土一层楼板时，发生一系列情况，造成承包商的人工工效降低。

1) 由于施工安排不合理，模板工、钢筋工、水电管线铺设工人等互相干扰严重，造成原需 2 天完成的模板安装和钢筋铺设 3 天完成，人工数量未减少。

2) 由于业主的加速施工指令而安排的夜间钢筋作业效率低，根据施工记录造成的人工增加 10 工日。

3) 由于设计变更，增加一些梁的箍筋加密措施，造成钢筋作业效率的降低等，根据施工记录，人工增加 15 工日。人工费 53 美元/工日，管理费率为 13%（其中，现场管理费率为 9.5%，总部管理费率为 3.5%），利润率为 5%。

承包商对上述事件要求经济索赔，计算如下：

情况 1) 增加的 1 天人工费　　　　28 工日×53 美元/工日=1 484 美元
情况 2) 增加的人工费　　　　　　10 工日×53 美元/工日=530 美元
情况 3) 增加的人工费　　　　　　15 工日×53 美元/工日=795 美元
人工费合计　　　　　　　　　　　2 809 美元
管理费　　　　　　　　　　　　　2 809 美元×9.5%=267 美元
利润　　　　　　　　　　　　　　(2 809+267) 美元×5%=154 美元
工效降低索赔额合计　　　　　　　2 809 美元+267 美元+154 美元=3 230 美元

工程师认为：第一种情况是由于承包商施工组织问题，属于承包商原因，根据合同条件 4.1 款承包商应对所有现场作业和施工方法的完备性、稳定性和安全性负责，故不应索赔。第二种和第三种情况属于工程变更是非承包商原因造成的，因此，承包商有权提出工效降低的索赔，但工效降低费用计算时，人工费应按降低工效的补偿费用计算，经与承包商协商按 23 美元/工日计算。工效降低索赔计算如下：

情况 2) 增加的人工费　　　　　　10 工日×23 美元/工日=230 美元
情况 3) 增加的人工费　　　　　　15 工日×23 美元/工日=345 美元
人工费合计　　　　　　　　　　　575 美元
管理费　　　　　　　　　　　　　575 美元×9.5%=55 美元
利润　　　　　　　　　　　　　　(575+55) 美元×5%=32 美元
工效降低索赔额合计　　　　　　　662 美元

2.5.8　物价上涨的索赔

在工程施工承包实践中，由于建设项目的施工周期长，因此物价变动通常对工程造价带来很大的影响。对于工期在一年以内的项目，可采用固定价格合同，物价上涨的风险由承包商承担。但是，对于工期在一年以上的项目，物价上涨可能会引起工程成本的大幅提高，所以，通常在合同条件中都规定有物价调整的条款。如《FIDIC施工合同条件》和现行我国《建设工程施工合同（示范文本）》中都有相关规定。

案例2-19 物价上涨的索赔情况

某施工单位签订一框架结构医院大楼的施工合同。合同规定：材料价格上涨的价差调整办法是按主材计算价差，即按在招标文件中列出的需要调整价差的主要材料表和预算定额价格，按竣工时当地工程管理机构公布的材料信息价计算价差予以调整。招标文件中列出的主要材料表以及施工单位根据预算定额填报的材料基价见表2-10。

表2-10 主要材料表及基价

序号	材料名称	单位	数量	基价/元
1	钢筋	t	683.12	2 660.95
2	水泥425#	t	4 283.55	390.00
3	中砂	m^3	9 990.58	45.38
4	碎石	m^3	8 640.55	63.70
5	玻璃	m^2	4 185.80	21.72
6	木材	m^3	494.10	1 132.95
7	空心砖	千块	3 045.60	864.57

竣工时，根据当时造价管理部门公布的价格信息，钢筋2 830.56元/t，水泥420.00元/t，中砂48.40元/m^3，碎石65.70元/m^3，玻璃22.72元/m^2，木材1 432.56元/m^3，空心砖864.57元/千块。承包商依据合同可以索赔物价上涨费用为

钢筋	$(2\,830.56-2\,660.95)$元/t×683.12t=115 863.98元
水泥	$(420.00-390.00)$元/t×4 283.55t=128 506.50元
中砂	$(48.40-45.38)$元/m^3×9 990.58m^3=30 171.55元
碎石	$(65.70-63.70)$元/m^3×8 640.55m^3=17 281.10元
玻璃	$(22.72-21.72)$元/m^2×4 185.80m^2=4 185.80元
木材	$(1\,432.56-1\,132.95)$元/m^3×494.10m^3=148 037.3元
空心砖	$(864.57-864.57)$元/千块×3 045.60千块=0元
合计：	444 046.23元

案例2-20 货币贬值引起的索赔情况

某公司在马里承建的$31×10^6 m^2$农田整治项目，属世界银行贷款项目，合同总金额为3 000万美元，合同规定60%以美元支付，40%以西非法郎（当地货币）支付。工期为3年，价格可以修正。1994年初，西非法郎贬值50%，因而人员工资、材料费用大幅增加。

对此，公司致函工程师，根据合同条件第70条提出索赔和第72条提出货币比例调整，

索赔的动因是这种货币贬值引起的费用增加可以加入合同价格。因此，公司提出了两条索赔要求。

(1) 对已经付给公司而未使用的西非法郎和将要付给公司的西非法郎进行比价调整，即按贬值前后的比价差进行补偿。

(2) 将美元比例提高。

后经过与监理工程师、业主代表、世界银行代表认真测算，经过艰苦的讨价还价后，最终获得了7.5万美元的经济赔偿。合同中美元和西非法郎的比例调整为7:3。

本案例索赔成功之处在于抓住西非法郎贬值的机会。根据合同条款和《FIDIC施工合同条件》中相应条款，对长期合同允许价格调整。整个西非法郎区工资、物价暴涨。给承包商造成了巨大的经济损失。因而向业主索取补偿是理所当然的。同时为预防西非法郎再度贬值给承包商造成损失，提出美元比例提高也是合情合理的。

2.5.9 业主拖期付款的索赔

通常在施工合同中都有关于工程款支付方面的条款，而且一般规定有时间范围。如果拖期付款，承包商有权对工程款和延期支付期间的利息进行索赔。在《FIDIC施工合同条件》以及现行我国《建设工程施工合同（示范文本）》中都有关于付款的相关规定。

案例 2-21　业主延期付款的索赔情况

某房地产开发商委托一个小型土建承包公司承建一栋别墅楼，议定合同价为 354 000 美元，工期为 10 个月，固定总价合同。

在施工过程中，业主指令承包商增加修建别墅周围的绿化园地工程，议定增加工程款 85 000 美元。直到工程建成，承包商仅收到业主方面原合同价 65% 的工程款，其余款项业主一直拖欠未付。为此承包商向索赔法院提出诉讼，要求该房地产开发商支付下列费用

拖欠原定合同款 35%：	354 000 美元 ×35% = 123 900 美元
拖欠新增加工程款：	85 000 美元
拖欠工程款合计：	123 900 美元 + 85 000 美元 = 208 900 美元
拖付款共8个月，当时银行贷款年利率为 7.45%，	
拖付款利息为：	208 900 美元 ×7.45% ×8/12 = 10 375.37 美元
合计：	208 900 美元 + 10 375.37 美元 = 219 275.37 美元

当地索赔法院裁定承包商的索赔要求合理，应该予以补偿。

在该索赔案例中，应该注意一点。一般合同条件里都对工程款的支付有明确的时间规定，比如，有"在工程师签发支付证书后14个工作日之内"之类的规定，承包商对拖付款的利息，实际上可以从超过这个规定时间后的那一天开始计算。这样承包商可以把每个工程款拨付周期应付未付的工程款，从上述规定日期开始索赔拖付款的利息。本案例中，承包商是自工程建成时起，总共有8个月的被拖付款的时间。所以，如果精确计算，承包商还可以再多获得一些拖付款利息的补偿。

2.5.10 承包商暂停施工或终止合同的索赔

在施工合同中通常规定，由于业主拖期付款，承包商有权暂停施工或放慢施工速度；由于其他非承包商原因按照工程师的指示暂停施工；如果业主严重违约，或业主破产等原因，

承包商有权终止合同。这几种情况，承包商均有权向业主提出索赔要求。

案例2-22　承包商有权暂停施工的索赔情况

某承包商与业主签订了一座办公大楼的施工合同。可是，在施工过程中，业主拖期支付4个月的工程款达400万元。承包商按照合同规定，向业主发出暂停施工的通知，将主体施工停了下来，只继续进行内间墙的砌筑。就此暂停施工，承包商向业主提出工期延长的索赔和由此造成的工人窝工费、机械闲置费以及增加的工地管理费和总部管理费等费用补偿的索赔。这是因为业主原因造成工程暂停施工，承包商有索赔权。

2.5.11　业主违约的索赔

施工合同中明确规定了业主方和承包商方的合同义务，如果业主没有履行合同义务就构成了合同违约。如果这种违约行为造成承包商的损失，则承包商就有权就此索赔。例如，《FIDIC施工合同条件》第2.1款规定，雇主应在投标书附录中规定的时间内给予承包商进入现场、占有现场各部分的权利。否则，就构成了违约，承包商就有权提出索赔。我国《建设工程施工合同（示范文本）》2013年版的第16.1款也有类似规定。

案例2-23　业主履约迟缓造成的索赔情况

某公司承建的马里 $31 \times 10^6 m^2$ 农田整治项目，由于工程施工分年度进行，土地也就分年度冻结。合同规定每年的2月1日，承包商可以进入土地冻结区进行施工。然而在第二个施工年度，当承包商按时将机械设备开进施工现场时，却发现大面积的水稻未曾收割完毕，无法进行施工。监理工程师也发出了指令，待农民将水稻收割完毕再行施工，因此大批设备在现场待工，由此耽搁了一个月的工期。该公司根据合同条件第42条向工程师提出了索赔，索赔的动因是业主提供工程用地过晚。但却在索赔计价上发生了争议。

承包商的机械设备费计算表和人员费计算表见表2-11和表2-12。

表2-11　机械设备费计算表

序号	名称	数量/台	单价/美元	日台班	工作日	合价/美元
1	推土机	5	87	2	25	21 750
2	拖拉机	5	58	2	25	14 500
3	平地机	3	73	2	25	10 950
4	挖掘机	10	84	2	25	42 000
5	压路机	2	53	2	25	5 300
6	其他		20	2	25	1 000
合计						95 500

表2-12　人员费计算表

序号	名称	数量/人	单价/美元	日台班	工作日	合价/美元
1	机手	25	27.2	2	25	34 000
2	技工	15	19.2	2	25	14 400
3	普工	20	5.6	2	25	5 600
合计						54 000

现场管理费：　　　　(95 500 + 54 000)美元×7% = 10 465 美元
利润损失：　　　　　(95 500 + 54 000)美元×4% = 5 980 美元
承包商索赔合计：　95 500 美元 + 54 000 美元 + 10 465 美元 + 5 980 美元 = 165 945 美元

而监理工程师的计算结果是

1) 机械设备不能按台班计算，而只能按租赁费或折旧率计算，故只同意补偿 38 200 美元。

2) 人工费补偿不能按正常上班时间计算，而只能按当地最低失业保障计算，故只同意补偿 21 500 美元。

3) 现场管理费：　　　(38 200 + 21 600)美元×7% = 4 186 美元
4) 利润损失：　　　　(38 200 + 21 600)美元×4% = 2 392 美元

工程师同意补偿合计：　38 200 美元 + 21 500 美元 + 4 186 美元 + 2 392 美元 = 66 378 美元
费用相差：　　　　165 945 美元 - 66 378 美元 = 99 567 美元

承包商和工程师采取不同的索赔计算方法是可以理解的，客观地讲，承包商的计算方法欠公正，工程师的计算方法更趋合理。因而两者对于索赔计价所采取的方法不一致是正常现象。使两者达成共识的基础是有据可依和公平合理。

2.5.12 政府法令变化的索赔

通常在合同中均规定在投标书递交截止日期前第 28 天开始，从那之后，工程所在国的政府法令如果发生变化导致承包商的工程成本增加，承包商有权向业主提出索赔。例如，工人工资的法令性增加，就会导致人工费增加。

案例 2-24　工人法令性工资增加的索赔情况

某承包商在与业主签订了 5 层砖混结构教学楼的施工合同后，当地政府颁布工程造价文件规定：该地工人的法令性工资标准从每个工日 15.6 元增加到每个工日 20.5 元。承包商就据此向业主提出增加人工费的索赔要求。该项目所需人工工日总数为 2 742.78 工日，则索赔金额为 13 439.62 元即 (20.5 - 15.6)×2 742.78。

～ 练　习　题 ～

思考题

1. 引起索赔的原因有哪些？试举例说明。
2. 国际工程常用的施工合同条件有哪些？各自的特点是什么？
3. 《FIDIC 施工合同条件》的适用范围是什么？
4. 我国现行《建设工程施工合同（示范文本）》有哪些特点？
5. 承包商索赔的依据有哪些？试举例说明。
6. 应用《FIDIC 施工合同条件》，承包商可引用进行索赔的条款有哪些？试举例说明。
7. 何为默示条款？为什么它可以作为索赔的依据？
8. 试举例说明施工条件变化时，承包商可依据的合同条款有哪些？

9. 业主拖期付款，承包商索赔的依据是什么？

案例分析题

某承包商与开发商签订了一个建筑物的施工合同。合同是按照《FIDIC 施工合同条件》签订的。工程量清单中有现浇钢筋混凝土梁 $80m^3$，采用 C25 混凝土。测算的模板工程量为 $520m^2$。支模的工作内容包括现场运输、安装、拆模、清理、刷隔离剂等。在施工过程中，由于设计变更，使实际钢筋混凝土梁的工程量为 $98m^3$，模板为 $532m^2$。梁施工时，等待设计变更图 1 天，混凝土搅拌机出故障 1 天。其中一处梁支模错误返工。承包商施工组织不力，工人劳动效率比报价时依据的劳动效率低 10% 左右。由于这些原因，承包商成本增加，实际进度落后于计划进度。试根据《FIDIC 施工合同条件》分析，承包商哪些情况可以索赔？哪些情况不可以索赔？为什么？

第 3 章 索赔程序

3.1 索赔的一般程序

按照我国《建设工程施工合同（示范文本）》的规定，发包人未能按合同约定履行自己的各项义务或发生错误以及应由发包人承担责任的其他情况，造成工期延误和（或）承包人不能及时得到合同价款及承包人的其他经济损失，承包人可以书面形式向发包人索赔。在合同实施阶段中所出现的每一个施工索赔事项，都应按照合同条件的具体规定，抓紧时间进行处理，并与工程进度款的结算同时支付，按月清理。本章主要讲述承包商索赔的程序。承包商索赔的一般程序如下：

1）提出索赔要求。
2）报送索赔资料和索赔报告。
3）协商解决索赔问题。
4）第三方调解。
5）仲裁或诉讼。

对于每一项索赔，都应力争友好协商解决。"好的诉讼不如坏的协商"，仲裁和诉讼常常会两败俱伤。索赔处理程序如图 3-1 所示。

3.1.1 提出索赔要求

按照国际国内相关合同条件的规定，由于业主或工程师方面的原因或者由其承担的风险事件导致承包商的损失，承包商有权提出索赔要求。

提出索赔要求是索赔处理过程中非常重要的程序，是承包商保证自己的索赔权合理、有效的必要手段。按照我国《建设工程施工合同（示范文本）》的规定，承包人在知道或应当知道索赔事件发生后 28 天内，向监理人递交索赔意向通知书，并说明发生索赔事件的事由。承包人未在前述 28 天内发出索赔意向通知书的，丧失要求追加付款和（或）延长工期的权利。按照《FIDIC 施工合同条件》的规定，这个书面的索赔通知书应在索赔事项发生后的 28 天以内，向工程师正式提出，并抄送业主。否则，逾期再报，承包商的索赔要求将遭到业主和工程师的拒绝。其他的合同条件也有类似的规定。因此，当索赔事项发生时，一定要及时提出索赔要求。

承包商通常是以索赔通知书的形式提出索赔要求。索赔通知书没有统一的格式，一般包括以下内容：

1）索赔事件发生的时间、地点。
2）事件发生的原因、性质、责任。
3）承包商在事件发生后所采取的控制事件进一步发展的措施。
4）说明索赔事件的发生可能给承包商带来的后果，如工期的延长，费用的增加。
5）指明合同依据，申明保留索赔的权利。

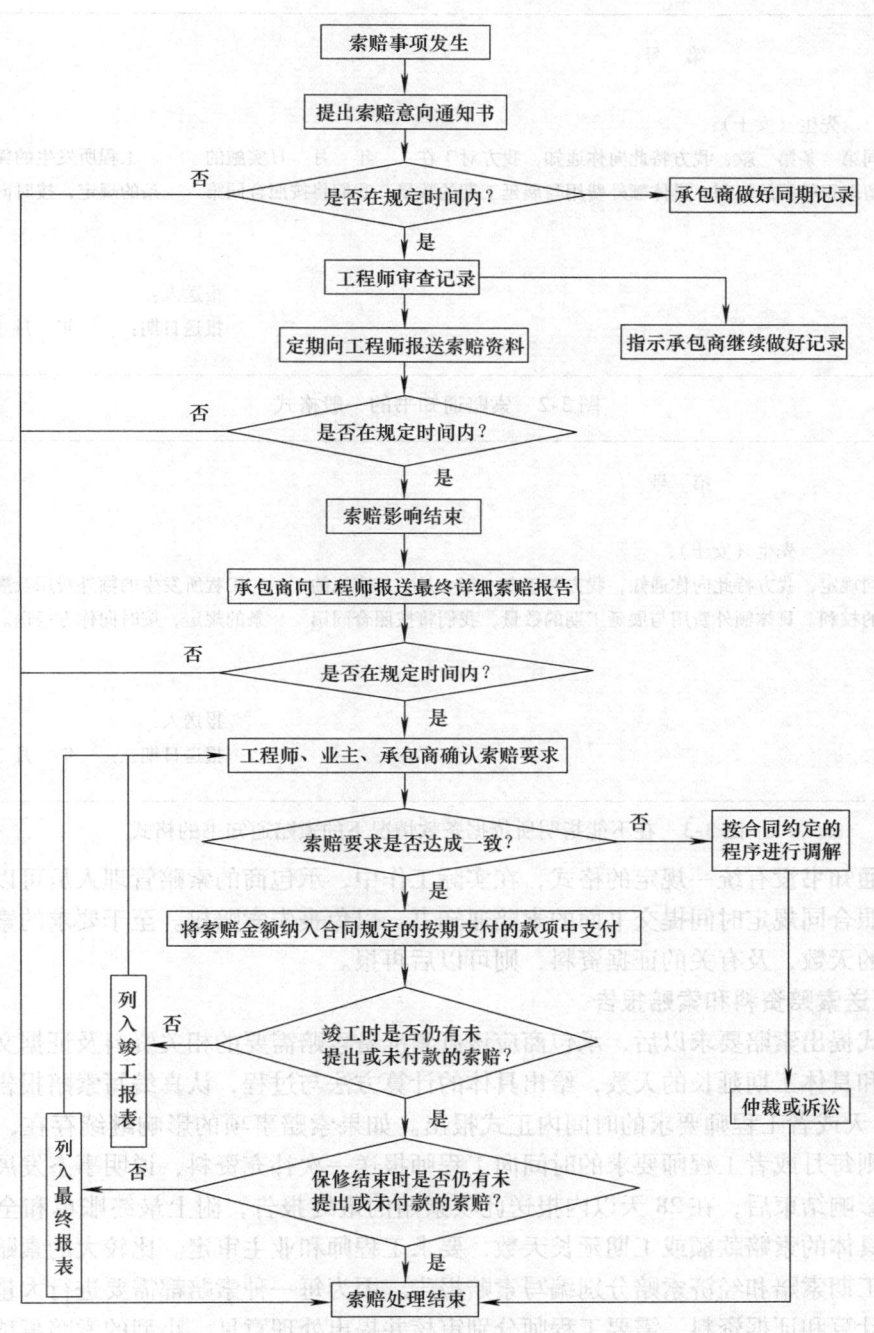

图 3-1 索赔处理程序图

索赔通知书的内容不一定非常复杂,只要说明索赔事项的名称,引证相应的合同条款,提出自己的索赔要求即可。索赔通知书的一般格式如图 3-2 所示。

如果承包商暂时拿不准应该引用合同中的哪条款项,可以不指明所依据的条款,仅申明自己的索赔要求,以保留自己的索赔权利,采用格式如图 3-3 所示。

```
索赔通知书                    第  号

尊敬的        先生（女士）：
    根据合同第  条第  款，我方特此向你通知，我方对于在    年  月  日实施的    工程所发生的额外费用及展
延工期，保留取得补偿的权利。具体额外费用与展延工期的数量，我们将按照合同第    条的规定，按时向你方报送。


                                                            报送人：
                                                            报送日期：    年  月  日
```

图 3-2 索赔通知书的一般格式

```
索赔通知书                    第  号

尊敬的        先生（女士）：
    根据合同规定，我方特此向你通知，我方对于在    年  月  日实施的    工程所发生的额外费用及展延工期，保
留取得补偿的权利。具体额外费用与展延工期的数量，我们将按照合同第    条的规定，按时向你方报送。


                                                            报送人：
                                                            报送日期：    年  月  日
```

图 3-3 在不能指明所依据条款情况下的索赔通知书的格式

索赔通知书没有统一规定的格式，在实际工作中，承包商的索赔管理人员可以根据具体情况，按照合同规定时间提交书面的索赔通知书，以免丧失索赔权。至于要求的索赔款额或工期延长的天数，及有关的证据资料，则可以后再报。

3.1.2 报送索赔资料和索赔报告

在正式提出索赔要求以后，承包商应该赶紧准备索赔需要的相关资料及证据文件，计算索赔款额和具体工期延长的天数，给出具体的计算方法与过程，认真编写索赔报告，保证在下一个 28 天或者工程师要求的时间内正式报出。如果索赔事项的影响继续存在，事态还在发展时，则每月或者工程师要求的时间向工程师报送一次补充资料，说明事态发展情况。当索赔事项影响结束后，在 28 天以内报送此项索赔的最终报告，附上最终账单和全部证据资料，提出具体的索赔款额或工期延长天数，要求工程师和业主审定。比较大的索赔事项，承包商应就工期索赔和经济索赔分别编写索赔报告。因为每一种索赔都需要进行大量的合同论证、数量计算和证据资料，需要工程师分别审核并提出处理意见。小型的索赔事项，可以将工期索赔和经济索赔合写在同一个索赔报告书中。

按照我国《建设工程施工合同示范文本》的规定，承包人应在发出索赔意向通知书后 28 天内，向监理人正式递交索赔报告。索赔报告应详细说明索赔理由以及要求追加的付款金额和（或）延长的工期，并附必要的记录和证明材料。索赔事件具有持续影响的，承包人应按合理时间间隔继续递交延续索赔通知，说明持续影响的实际情况和记录，列出累计的追加付款金额和（或）工期延长天数。在索赔事件影响结束后的 28 天内，承包人应向监理

人递交最终索赔报告,说明最终要求索赔的追加付款金额和延长的工期,并附必要的记录和证明材料。监理人收到承包人提交的索赔报告后,应及时审查索赔报告的内容、查验承包人的记录和证明材料,必要时监理人可要求承包人提交全部原始记录副本。按照《FIDIC施工合同条件》,如果承包商认为根据本条件任何条款或与合同有关的其他文件,他有权得到竣工时间的任何延长期和(或)任何追加付款,承包商应向工程师发出通知,说明引起索赔的事件和情况。该通知应尽快在承包商察觉或应已察觉该事件或情况后28天内发出。也就是说,引起索赔的事件发生之后,要求承包商做同期记录。如承包商能邀请工程师检查上述记录,并请工程师说明他是否要求承包商做其他记录,这对承包商是有利的。同时《FIDIC施工合同条件》还规定,如果承包商未能在上述28天期限内发出索赔通知,则竣工时间不得延长,承包商无权获得追加付款,而雇主应免除有关该索赔的全部责任。同时应要求承包商提交所有有关此事件或情况的合同要求的任何其他通知,以及支持索赔的详细资料。承包商应在现场或工程师认可的其他地点,保持用以证明任何索赔可能需要的此类同期记录。工程师收到根据本款发出的任何通知后,未承认雇主责任前,可检查记录保持情况,并可指示承包商保持进一步的同期记录。承包商应允许工程师检查所有这些记录,并应向工程师(若有指示要求)提供复印件。也就是说,作为承包商,对于自己现场所发生的索赔事件,要进行详细的现场记录,提交索赔通知书以后,还要按照工程师的要求继续进一步保持进行现场记录,以便工程师进行检查。《FIDIC施工合同条件》还规定,在承包商察觉(或应已察觉)引起索赔的事件或情况后42天内,或在承包商可能建议并经工程师认可的其他期限内,承包商应向工程师递交一份充分详细的索赔报告,包括索赔的依据、要求延长的时间和(或)追加付款的全部详细资料。如果引起索赔的事件或情况具有连续性,则上述充分详细的索赔报告应被视为中间的报告。承包商应按月递交进一步的中间索赔报告,说明累计索赔的延误时间和(或)金额,以及工程师可能合理要求的此类进一步详细资料;以及承包商就在索赔的事件或情况产生影响结束后28天内,或在承包商可能建议并经工程师认可的此类其他期限内,递交一份最终索赔报告。

一个完整的索赔报告书,一般包括4个部分:

1)综述,概括地叙述索赔事项的情况。
2)合同论证,叙述索赔的依据。
3)索赔计算,论证索赔款额和(或)工期延长的数据计算过程。
4)证据部分,指明索赔事项相关的证据材料,如合同条款等。

工程师在接到承包商的索赔报告书和证据资料以后,应迅速审阅研究,如果不能明确确认责任人,可要求承包商补充必要的资料,论证索赔的原因,仔细研究有关的合同条款;同时工程师与业主协商处理意见,争取尽快作出答复,以免长期拖延而使施工进度受到影响或者影响双方的协作。如果索赔款的具体数额有待核实,无法立即加以确定,工程师应原则地通知承包商,允诺日后处理。如果工程师或业主对承包商的索赔要求,无论合理与否,或一律驳回,或长期置之不理,这样不仅违背合同责任,还会加剧业主与承包商之间的矛盾,甚至影响工程的进展,导致合同争端。

案例3-1 不遵守索赔程序则索赔权受到限制

某公司在东南亚某国承包一项世界银行贷款的公路改建项目,将年久失修的道路改建成沥青道路，中标合同价为5 876万美元。项目分为两个标段：Ⅰ标段140公里，中标价为3 244万美元；Ⅱ标段110公里，中标价为2 632万美元。Ⅰ标段合同工期为1 780天，Ⅱ标段合同工期为1 240天。合同以《FIDIC施工合同条件》为基本合同条件，设计监理是一家国际咨询公司，业主是政府建设部。

在项目实施过程中，发生了许多事情：由于工程量的大幅度增加，大量的工程变更，招标材料提供的石料场失误、恶劣的气候条件和各种不可预见的不利外界障碍，对工程进展造成了极大的影响。发生了一系列相互干扰的索赔事件，很难明确分清每一事件到底对承包商的施工造成了多大的影响。同时，由于业主招标时资金就有一部分没有落实，加上工程变更和工程量的增加，一大块投资缺口需要等待世界银行贷款落实，因此资金非常紧张，拖欠承包商工程款现象非常严重。因为一系列的索赔事件一直未得到解决，施工进度非常缓慢，两个标段的合同工期已过60%，而实际进度只完成30%，根本不可能按照合同工期完成项目。承包商虽然就每一个索赔事件，向工程师、业主提出索赔要求，但是因为现场情况混乱，没有及时提供足够的证明材料说明实际施工受到影响的详细描述，觉得监理工程师和业主已经完全了解了现场的情况，只要按时提出索赔要求，不要丧失索赔权就可以，而且认为现场的这种情况，根本无法确定每件索赔事项的影响程度，只能采用总索赔的方式处理。

在世界银行有关人员的协调下，业主、工程师同意承包商的一系列的索赔按一揽子索赔形式汇总报告，并要求工期、费用索赔一并报告。承包商首先提交了一揽子工期索赔报告。在报告中承包商根据合同文件，对Ⅰ标段和Ⅱ标段有权获得工期延长的索赔事件进行了充分的论证，提供了确凿的证据，并分别采取网络分析、进度对比分析、工效降低等方法，计算出工期索赔天数分别为：Ⅰ标段423天，Ⅱ标段404天。经过几番谈判，工程师提出审查意见，向业主推荐Ⅰ标段延期395天，Ⅱ标段延期369天。业主综合两个合同段的情况将延期最后确定为：Ⅰ标段389天，Ⅱ标段357天。

对费用索赔报告，涉及13项费用索赔事件，承包商要求索赔965万美元，主要有以下几类原因：

1) 实际工程量增加超过常规，如路基面层大大超过BOQ表数量8倍以上，虽然涉及的款额没超过合同价的2%，按合同无法进行单价调整，但是该项单价投标时报得比较低，确实给承包商造成损失。

2) 招标文件提供的石料场失误，重新选择料场，石料运费每吨增加1.25美元。

3) 业主、工程师指令及设计方面的失误。

4) 因为各种原因交叉影响，对施工造成巨大影响，施工效率大大降低，导致施工成本大大增加。

协调员同意业主和工程师指令及设计失误给工程带来的影响，但明确表示对因为工程量增加和料场材料不满足施工要求导致的损失不予支持。在确定各种原因导致进度计划改变、人员窝工、效率降低、成本增加等问题上，工程师提出承包商在很长的时间内没有提供足够的证明材料，证明效率降低造成的实际影响，因此按照工程师对现场情况的记录作出了批示，最后只同意承包商费用索赔238万美元。

该案例中，虽然承包商获得了最需要的工程延期，但是在费用索赔上却是失败的。究其原因，承包商自身是有责任的。在索赔程序上，如果影响事件持续进行，明确要求承包商要在规定的时间或者工程师要求的时间内定期报送索赔资料。虽然承包商按时提出了索赔要求,保留了索赔权,但是在报送索赔资料时不够详细,不能够支持自己后期的费用索赔要求。按照 FIDIC 合同条件相关规定,承包商没有尽到足够的义务报送足够的相关资料,所以承包商得到付款的权利受到限制,只是按照工程师的同期记录可核实的估价确定了索赔额。

3.1.3 协商解决索赔问题

不是所有的索赔事项都能在每月的结算付款过程中顺利解决。这就需要合同双方面对面讨论,协商解决相应的索赔问题。按照我国《建设工程施工合同(示范文本)》的规定,"工程师在收到承包人送交的索赔报告和有关资料后,28 天内未予以答复或未对承包人作进一步要求,视为该项索赔已经认可。"一般来说,双方会将未解决的索赔问题列为会议协商的专题,提交会议协商解决。这种会议一般由工程师主持,承包商与业主的代表均出席讨论。

第一次协商一般采取非正式的形式,双方交换意见,互相探索立场观点,了解可能的解决方案,争取达到一致的见解解决索赔问题。如果需要举行正式会谈,双方应做好准备,提出论证根据及有关资料,内定可以接受的方案,友好求实地协商,争取通过一次或数次会谈,达成解决索赔问题的协议。谈判要讲究技巧,不仅要熟悉有关的法律条款,了解工程项目的技术经济情况和施工过程,而且要善于同对手斗脑力,在不失掉原则的前提下善于灵活退让,最终达成双方满意的协议。

在友好协商地解决索赔争端的过程中,工程师起着重要的作用,合同双方发生索赔或任何争端后,都要向工程师提出,工程师应与每一方协商,尽量达成协议。如果达不成协议,工程师应对所有有关情况给予相应考虑后,按照合同作出公正的决定。工程师作出的决定如果合同双方有一方或者双方都不能接受,可以调解。我国《建设工程施工合同(示范文本)》2013 年版,增加了争议评审解决制度。文本中第 20.3 款规定,合同当事人在专用合同条款中约定采取争议评审方式解决争议以及评审规则,并按第 20.3.1 款、第 20.3.2 款和第 20.3.3 款约定执行。《FIDIC 施工合同条件》中则可以由争端裁决委员会(DAB)来调解。

案例 3-2　协商解决索赔问题

某工程按照业主提供的地质勘探资料,地下室有 0.6m 在地下水位以下。业主出于某种考虑,在招标文件中明确规定不包含地下降水费用。6 月 25 日承包单位破土挖槽,在局部有地下室的部位按基底设计标高挖了探井。地下水位标高与资料相符,施工中必须采取降水措施。承包单位为减少降水时间,避免降水期间含水层的细沙流失引起四周基土的扰动,当即决定地下室部位临时挖土标高比原设计提高 0.9m,同时通知工程师,并建议业主修改设计。后业主与设计单位协商同意变更设计,将地下室基础标高提高到地下水位以上。6 月 30 日挖土机械离场,7 月 2 日双方索赔及审查情况如下:

6 月 26 日,承包商向业主发出索赔意向书,指出施工过程中必须采取降水措施。由于招标文件中规定合同价中不含降水费用,请业主查验实情,按实际情况增加降水费用,并给予相应降水组织及准备工作时间。

工程师收到报告后,与设计单位协商,将地下室的基础标高提高到地下水位以上,然而,由于此年雨季来得早,降水量大,地下水位上升,承包商仍然采取了降水措施。承包商提交索赔报告内容包括:该工程自开挖并探明地下水实情后,承包单位充分作了降水准备,后虽作了设计修改,但因今年雨季来得早,降水量大,地下水位上升,因此承包单位及时采取了降水措施，保证了无地下室部分工程的施工条件，减少了窝工损失，具体费用计算如下：

1) 经计算，地下室发生降水费用 24 500 元。

2) 根据甲乙双方签证的设计变更单，原地下室部位钢筋因为是全部提前加工完成的，需重新改制或另行加工，钢筋改制费 3 300 元。

3) 由于 7 月 2 日设计变更后造成工作反复，又遇雨季使地下室工程无法进行，延误工期 20 天。

工程师对该索赔审查意见认为，7 月 2 日甲乙双方进行了设计变更。变更后的地下室基础标高已经提高到地下水位以上。现场只是在设计修改之前挖了探井，修改后不用再挖，不存在地下降水问题。对于施工中承包单位确实动用了降水机械，采取了降水措施的情况应含在冬雨季施工费中。而且是抽排雨水，并不属于降低地下水，因此，第一条费用索赔要求不成立。

按照批准的施工组织设计，承包商提前加工完地下室部位钢筋，确实是设计变更后需要改制。但根据承包商提供的资料核算，钢筋改制费为 2 680 元。

按照承包单位提供的施工组织设计文件，应先施工地下室部位，再施工其他部位。挖探井后因设计变更未定而改变了原方案，这可以理解。但设计变更确定后，乙方应抓紧时间先进行地下室部位施工，在雨季前把地下室底板干完，为雨季施工创造条件。地下室底板施工错过了时机并非业主方原因，因此业主不能承担工期延误的责任。

就此事，承包商不同意工程师不予以补偿工期的决定，再次向工程师提出索赔工期的要求和理由。指出：承包商向业主提出设计变更的建议完全是为了业主的利益，否则，必须采取降水措施，增加降水费用。同时说明，7 月 2 日设计变更确定后，确实应当抓紧施工地下室底板，但因在变更前已经将地下室四周的施工面铺开，通路切断，这是当时为了抢在雨季前搞好基础施工的前提下选择的做法。因为承包商无法预测设计变更确定的日期，而且起始原因是地下土质欠加，挖槽后等待变更。至少承包商不应承担 6 月 26 日—7 月 2 日之间的等待责任。再次请工程师根据实际情况考虑给予工期补偿。

工程师接到承包商的补充理由和延长工期要求后，与业主协商后决定：业主承担从设计变更到变更确定日之间的等待延误 7 天。同时认为，承包商在设计变更确定之前进行非地下室部位施工时，应考虑当设计变更一旦确定就要及时进行地下室施工的条件，因安排不周而造成被迫延误的情况应由承包商自负其责，然而，业主考虑到承包商在施工中从实际出发，提出修改设计建议，对保证工程质量，从整体上节省建设费用有利，因此，同意给予承包商延长工期 16 天。

这个案例中承包商有三点做得较好。第一，承包商在发生事件后，及时通知了工程师，使工程师对事件的影响可进行正确的评估；第二，及时提出索赔要求；第三，充分与工程师沟通，强调事件的起因为非承包商责任，同时指明承包商为业主的利益着想，使得工期索赔基本成功。但是，对于钢筋改制费由于提供的证据不完整，造成索赔费用没有完全得到补偿。

3.1.4 第三方调解

当争议双方直接谈判无法取得一致意见时，可以由争议双方协商邀请中间人进行调解，以争取通过友好协商的方式解决索赔争端，这种调解的方式有时也能够比较满意地解决索赔争端问题。第三方调解的这个"第三方",可以是争议双方都熟悉的专业人士,如工程技术专家、造价工程师、工程方面的律师或其他有威望的人士,也可以是一个专门的组织,下面介绍争端裁决委员会。

第三方通过与争议双方个别及共同交换意见,在全面调查研究的基础上,提出一个比较公正而合理的方案。这个调解意见只作为一个调解建议,对争议双方没有约束力,除非双方事先约定以该调解作为最终解决方案。

为了保证调解的成功,第三方必须站在公正的立场上,公平、合理地处理索赔事项,同时应善于疏导,能够提出合理的、易于被双方接受的解决方案。此外还要善于与争议双方分别交换意见并给双方保密,不要把双方的意见透露给对方。

第三方调解是合同双方为了争取通过友好协商的方式解决索赔争议的一个途径。有关专家或部门在全面调查研究的基础上,可以提出一个比较公正而合理的解决索赔问题的意见。在索赔实践中也有不少成功的经验。

争端裁决委员会调解。在《FIDIC 施工合同条件》的通用条件中规定,争端应由"争端裁决委员会(Dispute Adjudication Board,简称 DAB)裁决。"

(1)争端裁决委员会的任命 合同双方应在投标书附录中规定的日期前,联合任命一个 DAB。DAB 应按照投标书附录中的规定,由具有相应资格的一名或三名成员组成。如果对委员会人数没有规定,且双方没有另外协议,DAB 应由三人组成。DAB 的三名成员,首先由合同双方各推荐一个,报他方认可。双方应同这些成员协商,并商定第三位成员,此人应被任命为主席。但是,如果合同中包括有备选成员名单,除非有人不能或不愿意接受 DAB 的任命。成员应从名单上的人员中选择。成员的报酬双方各付一半。如果经双方同意,他们可以在任何时候联合将某事项交由 DAB 提出意见,一方不得到另一方同意,不应与 DAB 商谈任何事项。如果经双方同意,他们可以在任何时候任命一位或几位有资格的人员替代 DAB 的任何一位或几位成员(或作为替代人员的后备)。除非双方另有协议,在某成员拒绝履行职责,或因其残疾无行为能力、辞职或任命期满,而不能履行职责时,上述替代任命即告生效。如果没有可以替代的人员,应按照前述的方式,重新任命新的替代人员。

(2)争端裁决委员会的决定 如果合同双方之间发生了有关或起因于合同或工程实施的任何种类的争端,包括对工程师的任何证书、确定、指示、意见或估价的任何争端,任一方都可以将该争端以书面形式提交 DAB,并将副本送另一方和工程师,委托 DAB 作出决定。如果是三人的 DAB,收到委托的日期以裁决委员会主席收到委托的日期为准。

争端双方应该按照 DAB 的要求,立即给 DAB 提供所需要的所有资料、现场进入权和相应设施,以便 DAB 对该争端作出决定可能会使用。

DAB 在收到此项委托以后 84 天以内,或者在可能由 DAB 建议并经双方认可的其他期限内提出它的决定。DAB 的决定应该有充分的理由并按照相应的规定作出。DAB 的决定应对双方具有约束力,双方都应立即遵照实行。收到 DAB 的决定以后,如果任何一方对 DAB 的决定不满意,可以在收到通知后 28 天以内,将其不满向另一方发出通知。如果 DAB 未能在收到此项委托后 84 天,或者经双方认可的其他期限内提出决定,则任何一方可以在该期限期满以后 28 天内按照合同规定向另一方发出不满通知,在不满通知中说明争端的事项和不满的理由。"如果没有按规定向对方发出不满通知,任何一方都无权着手争端的仲裁。如果 DAB 已就争端事项向双方提交了它的决定,而任何一方在收到 DAB 的决定后 28 天之内,均未发出表示不满的通知,该决定就成为最终的,对双方均有约束力的决定。"

如果双方已经按照合同规定向对方发出表示不满的通知,双方在着手仲裁前,仍然要努力以友好的方式解决争端。如果争议的双方分歧严重,各执己见,无法达成一致意见,最后只能走向法庭或仲裁机构。

案例3-3 争端裁决小组裁决

某水处理工程,该项目由世界银行和项目所在国政府联合出资,合同金额为477万美元,工期2年,合同采用《FIDIC施工合同条件》(1999年版)。该项目的合同条款规定,用于项目施工的进口材料可以免除关税,承包商认为,油料也是进口施工材料,据此向业主申请油料的免税证明,但该国财政部却以柴油等油料可以在当地采购为由拒绝签发免税证明。承包商对合同条款进行了仔细研究,合同条款第二部分特殊条款中规定:凡用于工程施工的进口材料可以免除关税,对进口材料所作的定义中有一条:当地生产的材料数量有限,不能满足施工进度要求,需从国外进口。而当地是一个岛国,所需油料全部是进口的,而该国财政部将油料作为当地材料是不符合合同条款的,因此根据20.1条款提出索赔,要求业主补偿进口的关税。

工程师在审议了承包商的索赔报告后,正式去函说明了他的意见,并将该函抄送业主。工程师认为,免税进口材料必须满足两个要求:一是材料必须用于该项目的施工;二是材料不是当地生产的。工程师认为油料完全满足以上两个条件,因而承包商有权根据合同条款申请免税进口油料。

业主在审议了索赔报告和工程师的批复意见后,仍然坚持认为油料是当地材料,拒绝支付索赔的油料关税金额。

至此,由于与业主不能达成一致意见,这个索赔变成了承包商与业主之间的合同争议。该项目已按20.2条款成立了争端裁决委员会(DAB),因此承包商按20.4款要求致函DAB,并将副本送交业主和工程师,要求就油料免税事宜请DAB作出裁决。按照合同规定,DAB应将裁决结果在84天内通知双方。

在规定时间内,裁决委员会给出了裁决结果,认为承包商有权安排免税进口用于该项目施工所需的柴油和润滑油,因此,承包商应该得到进口油料的关税补偿。

根据合同条款,如果双方未在28天内提出不满,则裁决有效。尽管DAB作出了决定,但业主仍在28天内致函DAB,表示对裁决不满意。鉴于这种结果,承包商考虑到该项目油料用量不大,索赔金额只有约15万美元,如果提请仲裁,不但会影响公司今后业务的开展,而且开庭时还要支付律师费用,就是打赢这场官司,索赔回来的钱扣除律师费用后也所剩无几,因此决定不提出法庭仲裁,但争取能够与业主友好协商解决。

根据20.5条款,在法庭仲裁之前,有56天的时间由双方友好协商解决该争议。在此期间,尽管多方面地做了业主的工作,业主友好地表示可以增加一些额外工程,但是就该项索赔他们也无能为力,问题的关键在于该国财政部不同意签发免税证明。在这种情况下,该争议没有获得协商解决。在56天到期之后,承包商正式致函业主,放弃法庭仲裁。

3.1.5 仲裁或诉讼

不是所有的索赔问题都能通过协商、通过第三方调解获得合适的解决。总有一些索赔争端最后要通过仲裁或诉讼的方式解决。虽然这不是一个理想的解决办法,但当其他的方法都不能奏效时，仲裁或诉讼就成为最终的解决途径。按照我国《建设工程施工合同（示范文本）》的规定，如上述方式均不能使争议得到解决，则双方可以在专用条款中约定以下一种方式解决争议：

第一种解决方式：向约定的仲裁委员会申请仲裁。当事双方可以在专用条款中选定仲裁委员会，并约定请求仲裁的事项，仲裁程序按该仲裁委员会的仲裁规则进行，仲裁是终局的。

第二种解决方式：向有管辖权的人民法院起诉。双方当事人约定争议可以向仲裁机构申请仲裁，也可以向人民法院起诉。如果当事人提请诉讼，则仲裁协议无效。

在《FIDIC施工合同条件》中也列有仲裁条款，但没有把诉讼列为合同争端的最终解决办法。

仲裁或诉讼的判决都具有法律权威，对争议双方都有约束力，甚至可以强制执行。在这两种法律解决方式中，在国际工程上，一般国家均尽量减少通过法院诉讼判决的方式，而强调采用国际仲裁的方式。仲裁作为正规的法律程序，其裁决对争议双方均有法律上的约束力。当合同争端不能通过调解达成一致时，可按工程项目合同文件中的规定，将争端提交仲裁机关解决。工程项目合同文件中通常规定了仲裁机构、仲裁地点及仲裁所使用的语言等。至于具体的仲裁规则程序及费用支付等问题，则按照该仲裁机构的章程办理。

《FIDIC施工合同条件》第20.6款对仲裁作出了明确的规定。经DAB对其作出的决定未能成为最终的和有约束力的任何争端，除非已经获得友好解决，应通过国际仲裁对其作出最终解决。如果双方没有另外的协议，争端应根据国际商会仲裁规则任命的仲裁人员负责，按照合同规定的交流语言进行最终解决。仲裁人应该有全权公开、审查和修改与该争端有关的工程师发出的任何证书、确定、指示、意见、或者估价，以及DAB的任何决定。任何事项都不应该否定工程师对与争端有关的任何事项被传为证人并向仲裁人提供证据的资格。任何一方在仲裁人面前的诉讼中，应该不受以前为获得DAB的决定而向其提供的证据或论据、或在其表示不满的通知中提出的不满意理由的限制。DAB的任何决定都应该可以作为仲裁中的证据。仲裁在竣工以前或者竣工以后都可以着手进行。合同双方、工程师和DAB的义务不得因工程进行过程中在进行任何仲裁而改变。

此外，如果合同双方在取得争端裁决委员会的决定以后的规定时间内均未发出表示不满的通知，因而DAB的有关决定已经成为最终的、有约束力的决定以后，合同双方中有一方未遵守上述决定，这时另一方可以在不损害其可能拥有的其他权利的情况下，根据前述20.6款的规定，将上述未遵守决定的事项提交仲裁。

在国际工程合同争端，尤其是索赔争端中，最终的最有权威的解决途径，只能依靠国际仲裁。国际性的以及各国的法律赋予了仲裁机关的裁决是终局性的，法律保证其得以强制执行。国际仲裁机构聘用大量的、有专门知识的专家为仲裁员，保证其裁决的公正性和高水平。因此，发生大的施工索赔争端，通过国际仲裁机构的审理裁决，可以得到公正而权威的最终解决。有的败诉者不服从仲裁机关的仲裁结论，不支付裁决的款额时，通常由胜诉方向败诉方所在国的法院提出诉讼，由该法院再行判决。由于有联合国发布的《承认及执行外国仲裁裁决公约》的约束，不仅是这个公约的缔约国，事实上是世界上绝大多数的国家都承认和执行国际仲裁的裁决。所以败诉者所在国的法院一般都会判决支持国际仲裁的决定，并由该法院强制败诉者执行仲裁机关的裁决结论。国际仲裁机构有严密的仲裁程序和法律权威，一般均能秉公办事，作出公正的裁决。

但是，另一方面，索赔争端的国际仲裁，由于其技术复杂，往往涉及数个国家的机构和人员，仲裁裁决的款额巨大，因而经常需要很长的时间，需要争议双方付出巨额的仲裁费用和索赔经费。因此，合同争议双方应该尽量寻求非仲裁的解决索赔争端的各种途径。

最近几年国内的工程索赔纠纷案中，采用仲裁的比例也在逐年上升，越来越多的企业了解仲裁的方法，也逐渐接受通过仲裁的方式来处理索赔争端。北京仲裁院的工程索赔方面的仲裁案件也呈逐年上升的趋势。

在我国，按照《中华人民共和国仲裁法》由仲裁委员会对合同争执进行裁决。仲裁实行一裁终局制度。裁决作出后，当事人若就同一争执再次申请仲裁，或向人民法院起诉，则不再受理仲裁。

申请和受理仲裁的前提条件是，当事人之间要有仲裁协议。它可以是在合同中订立的仲裁条款，也可以是在争执发生后达成的请求仲裁的书面协议。仲裁的程序通常是：

1) 申请和受理。当事人向约定的仲裁委员会递交仲裁协议、仲裁申请书及副本。

2) 仲裁委员会在收到仲裁申请书之日起 5 日内，如认为符合受理条件，应当受理，并通知当事人；如认为不符合受理条件，也应通知当事人，并说明不受理的理由。

仲裁委员会受理仲裁申请后，应在仲裁规则规定的期限内将仲裁规则和仲裁员名册送达申请人，并将仲裁申请书副本、仲裁规则、仲裁员名册送达被申请人。

被申请人收到仲裁申请书副本后，应在仲裁规则规定的期限内向仲裁委员会提交答辩书。仲裁委员会收到答辩书后，应当在仲裁规则规定的期限内将答辩书副本送达申请人。

当事人申请仲裁后，仍可以自行和解，达成和解协议，申请人可以放弃或变更仲裁请求，被申请人可以承认或者反驳仲裁请求。

3) 组成仲裁庭。仲裁庭可以由三名或一名仲裁员组成。若设 3 名仲裁员，则必须设首席仲裁员。3 名仲裁员中由合同双方各选一人，或各自委托仲裁委员会主任指定 1 名仲裁员，由当事人共同选定或共同委托仲裁委员会主任指定第三名仲裁员作为首席仲裁员。若仅由一名仲裁员成立仲裁庭，则这名仲裁员应当由当事人共同选定或委托仲裁委员会主任指定。

4) 开庭和裁决。仲裁按仲裁规则开庭进行，或按当事人协议不开庭，而按仲裁申请书、答辩书及其他材料作出裁决。仲裁前可以先行调解。若双方达成调解协议，则协议书与仲裁书具有同等法律效力。仲裁时，当事人可以提供证据，仲裁庭可以通过调查收集证据，或进行专门鉴定。仲裁决定按多数仲裁员的意见给出。

5) 执行。仲裁决定在作出之日起即产生法律效力，当事人应当履行裁决。若一方当事人不履行，则另一方可以依照民事诉讼法规定向人民法院申请执行。

案例 3-4　某工程停建索赔仲裁的案例

某项目业主为外商独资企业，拟投资 30 000 万美元开发上海陆家嘴金融贸易区某地块。在项目开发过程中，将基础及主体工程总包给法国某国际工程承包公司，并于 1997 年 6 月 23 日签订了项目施工合同。该施工合同约定：合同价款为 15 117.62 万美元；工程进度款按月支付，在完成当月工程量后，承包商向业主提交月报表，业主在 1 个月内予以确认，并于确认后 28 天内予以支付；若双方发生争议由中国国际经济贸易仲裁委员会受理并按该会的程序和规则进行仲裁，并约定中华人民共和国的法律为本合同适用的法律，英语是解决争议的适用语言。如业主不能按约付款，承包商可就此发出书面通知，业主应在7天内予以支付；如业主仍不能支付，承包商可以解除施工合同，撤离现场，在该种情况下，在考虑本合同中已付给承包商的款项之后，业主将付给承包商终结日期已完工程的总价值，及补偿因终结工程而使承包商遭受的任何直接损失和（或）损害。

为开发本项目，业主的母公司与由泰国七家银行组成的银团签订了贷款协议。1997年上半年金融风暴席卷东南亚，到1997年底、1998年初，上述银团也无力再向本项目注入资金。同年5月，业主已无法支付1998年3月的金额为229.55万美元的工程进度款。同年6月12日，业主正式通知承包商，根据施工合同的约定解除合同。此时，整个地下室工程已近完工，承包商完成的工程量约占总工程量的1/4。同年7月8日，承包商向业主提交了金额为1 158.87万美元的索赔报告。因双方对此协商不成，同年11月25日，承包商向中国国际经济贸易仲裁委员会提起仲裁，索赔金额为2 543.32万美元。在答辩期内，业主就工程质量问题提出反索赔请求260万美元。1999年7月14日，承包商增加索赔金额至2 697.16万美元。其后，又将索赔金额调整为2 037.03万美元。

经业主的努力，该工程的续建资金陆续到位。1999年1月14日，业主与原该工程主要的分包商就该项目剩余工程签订承包协议。1999年8月26日，该主要分包商正式通知总承包商，放弃向其主张的金额达400.91万美元的索赔。1999年底，项目恢复了施工。此后，该项目处于边仲裁边施工的状态。

经二次变更后，申请人2 037.03万美元的索赔可分为三个部分：①已完工程价款，金额为437.86万美元。②终止合同前后的直接损失，金额为281.07万美元。③终止合同引起的预期利益损失，金额为1 318.09万美元。对此，业主就其中绝大部分的索赔予以反驳。

总承包商认为已完工程和已开始未完成的工程价款共4 299.94万美元。而业主根据本工程的工料测量师的计算仅同意支付2 883.24万美元，双方相差1 416.69万美元。双方的争议主要在于：第一，材料和设备是否可以算作工程；第二，开办费是按形象进度分摊还是按工期分摊。对此，业主一方认为："材料和设备"和"工程"是两个不同的概念，其未形成永久工程的一部分，不能算作工程，其补偿额也不应按照工程计算间接费用；根据工程规范的规定，开办费按已完合同工程价值的比例支付，即按形象进度支付，而非按照工期进行分摊；同时，根据反映工程施工过程中资源投入与进度关系的"S"曲线模型，在施工初期开办费的支出相对较少。

对终止合同前后的直接损失，总承包商提出了一系列索赔，包括：合同终结前工程延误损失、移走临时设施设备的费用、合同终结后遣散期间的开办费、履约保函延期手续费、未足额收回的政府规费、总承包商外籍员工提前终止住房租约的损失、未足额积累的人员遣散费及遣返人员待工费、未足额积累的机械设备费、分包合同解除费、材料仓储费、法律咨询费、利息损失等12项损失。对此，业主分别从工程索赔的成立、构成、数额等方面予以反驳。如对合同终结后110天的停工遣散期间的开办费，申请人以工程正常施工时的期间开办费为基数索赔95.96万美元。对此，业主认为：工程停工遣散期间每天发生的开办费，远小于正常施工期间每天发生的开办费；该期间内总承包商的主要工作是绘制"竣工图"、工程结算、准备档案、修补缺陷，业主已经在已完工程价款中支付了这些工作的价款。又如对分包合同解除费，总承包商索赔157.71万美元。对此，业主认为：总承包商的索赔额是照单转送的分包商向其提出的尚待确定的索赔，这些索赔既无合同依据又无事实依据，不是实际损失；况且主要分包商已经放弃向其索赔，相应部分损失不应主张。

对终止合同引起的预期利益损失，总承包商认为包括未完工程的总部管理费、风险费及利润损失。其主要事实依据是其单方委托的会计师事务所出具的审价报告，该报告认为总部管理费、风险费、利润三项占造价的比例为 11.31%。其主要法律依据是最高院关于《涉外经济合同法》的司法解释，该解释指出："一方当事人不履行合同或者履行合同义务不符合条件的，违约一方当事人赔偿另一方当事人因此受到的损失，一般应在包括财产的毁损、减少、灭失或为消除损失所支出的费用，以及合同如能履行可以获得的利益（在国际货物买卖合同中，就是指利润），但不得超过违约一方当事人在订立合同时应当预见到因违反合同可能造成的损失。"对此，业主的反驳观点主要是：业主不能继续履行合同，是由于不能预计、不能克服的因素即东南亚的金融风波造成的；本案审理的最主要依据应是施工合同，施工合同约定业主应支付的是直接损失，直接损失不包括预期利益损失；未完工程的总部管理费、风险费是总承包商"预期支出"，而不是"预期利益"；并且合同条款明确规定业主订立合同预见到的总承包商预期利益损失为未完工程的 1%，支付这部分损失不能超过此标准。

经过4次延期，仲裁庭直至 2000 年 9 月 15 日终于对这个复杂的案件作出了裁决。裁决结果为业主应赔偿总承包商 742.67 万美元，其中：①已完工程价款部分金额为 178.81 万美元。②终止合同前后的直接损失部分金额为 127.98 万美元。③终止合同引起的预期利益损失金额为 435.86 万美元。反诉请求部分，仲裁庭酌情支持了业主 10 万美元的请求。

对已完工程和已开始未完成工程价款的索赔，仲裁庭认为，工程的价值包括三部分：①材料出场价格、运杂费、安装费，而材料成本显然只应包括前两部分，相应的安装费不应计算。②对部分开办费分项而言，"S"曲线模型是较为合理的。③本工程开办费可分为进场部分、期间部分、退场部分。期间部分开办费又可进一步细分为与时间相关的开办费分项及与形象进度相关的开办费分项，据此分析业主支付与之相适应的开办费的比例较为公平。

对终止合同前后的直接损失，仲裁庭也进行了较为详细的分析。如对分包合同的相应损失费，仲裁委员会一一分析了承包商提出的损失索赔依据，认为其就此直接支付的费用仅有 2.45 万美元。

对终止合同引起的预期利益损失，仲裁庭认为：本争议认定的主要依据应该是《涉外经济合同法》及其司法解释；从其日常含义看，直接损失是指因合同终止直接引起的承包商的所有损失，包括未完工程预期利益的损失；合同终止后，尽管预期利润应看做预期利益，但总部管理费不再实际支出，因而不能索赔；损失赔偿的数额，不得超过在订立合同时违约方应当预见到因违反合同可造成的损失；承包商在合同签订后开始施工前提交的费用项目拆分表中风险费为 1.5%、利润为 2%，这可以作为确定可预见的预期利益的标准。

诉讼是一种司法程序。国内的工程项目，由于不存在司法程序管辖权的问题，因此，双方不能达成一致的所有合同争端均可以采用诉讼方式解决。采用诉讼方式要按照法律规定的时效进行。特别要注意的是，这个司法的诉讼时效与合同条款里的索赔时间规定并不一致。按相应法律的规定，如《中华人民共和国民法通则》第 88 条第二款和《中华人民共和国合同法》第 62 条第四款的规定，承包人随时有权提出索赔，但索赔时效受普通诉讼时效限制，为 2 年。根据《中华人民共和国民事诉讼法》第 137 条规定，诉讼时效期间从知道或者应当知道权利被侵害时起计算。但在建设工程领域，由于工程施工合同结算具有整体性，在工程款尚未结算之前不能就某一项费用请求单独计算诉讼时效，因此当竣工结算尚未确定时，双方的权利和义务尚不明确，诉讼时效期间不能起算。

而国际工程涉及数个国家的人员，因而要特别注意司法程序的管辖权和适用法律问题，一定要慎用法院判决来解决合同争端。

诉讼是运用司法程序解决索赔争执，由人民法院受理并行使审判权，对合同索赔争执作出强制性判决。人民法院受理合同争执有以下三种情况：

1) 合同双方没有签订仲裁协议，或仲裁协议无效，当事人一方可向人民法院提出起诉。

2) 虽然合同双方有仲裁协议，但合同一方当事人向人民法院提出起诉，未声明有仲裁协议，当人民法院受理后另一方在首次开庭前对人民法院受理本案件未提出异议，则该仲裁协议被视为无效，人民法院继续受理。

(3) 如果仲裁裁决被人民法院依法裁定撤销或不予执行，当事人可以向人民法院提出起诉，人民法院依法审理该争执。人民法院在判决前再作一次调解，如仍然达不成一致，则依法判决。

案例 3-5　诉　　讼

某房地产公司与某建筑公司签订了一份《建筑安装工程施工合同》。合同约定：该建筑公司承建其开发的科技大楼（B）、综合楼（C1、C2）；工程开工日期为 1998 年 6 月 18 日，竣工日期为 1999 年 5 月 31 日，其中 B 栋 1999 年 5 月 31 日完工，C1、C2 栋 1999 年 2 月 15 日完工；合同为总价合同，合同金额为 6 000 万元；如不能按期完工，因承包人原因，按 35 万元处以罚款，延误工期一个月后，每天按合同价款 0.1% 罚款。

合同签订后，承包人即进场施工。2000 年 1 月 8 日，C1、C2 栋工程竣工。2001 年 9 月 30 日，B 栋工程竣工。

2001 年 10 月，承包商与开发商办理了工程决算，双方确认工程总价款为 6 225 万元。之后，因开发商未支付 1 024 万元工程款，建筑公司提起诉讼，开发商反诉，要该建筑公司支付逾期竣工违约金 5 280 万元。

关于每天 0.1% 的逾期竣工违约金，一审时建筑公司认为逾期竣工原因不在自己，既没有向一审法院申请变更或撤销，也没有请求一审法院酌情予以减少，一审法院判令建筑公司支付 3 032 万元逾期竣工违约金。建筑公司提出上诉，最高院判决房地产公司支付 1 204 万元工程款，建筑公司支付逾期竣工违约金 3 032 万元。

在此诉讼中可见，因承包人未能提出足够证据，证明逾期竣工非己方原因，对于违约金明显高于损失又未能在一审时要求法院予以调低，在二审中也已丧失要求调整的权利，因此尽管承包商索赔回了工程欠款，但同时也承担了巨额违约金罚款。

此类诉讼当事人应该注意了解一些地方法规等关于违约金限额的规定，如本书案例 2-8。

3.2　索赔文件的编写

3.2.1　索赔工作的内部处理程序

上一节主要讲述了索赔工作的一般程序。在承包商或者业主内部，一旦发现有干扰事件发生，就应该进行索赔的处理工作，直到正式向工程师提出索赔报告。这包括许多具体、复杂的索赔分析工作。索赔处理程序如图 3-4 所示。

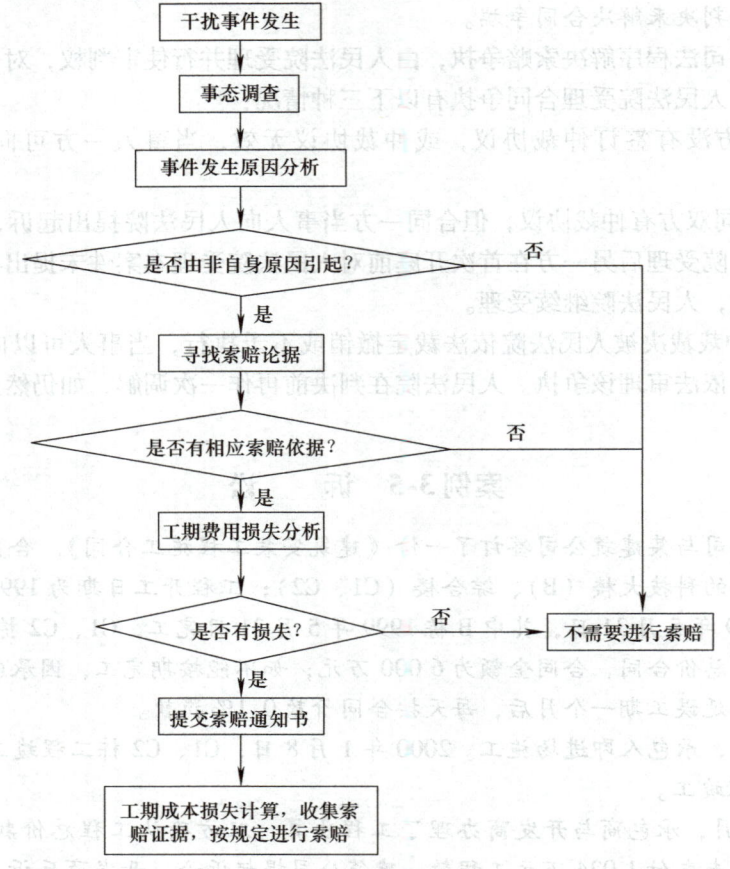

图 3-4 索赔处理程序

3.2.2 索赔文件的构成

按照我国《建设工程施工合同（示范文本）》和《FIDIC 施工合同条件》的规定，在每一索赔事项的影响结束以后，承包商应在 28 天以内写出该索赔事项的总结性索赔报告书，正式报送给工程师和业主，要求审定并支付索赔款。索赔报告书的具体内容，随该项索赔事项的性质和特点而有所不同。但在每个索赔报告书的必要内容和文字结构方面，必须包括以下几个组成部分。至于每个部分的文字长短，则根据每个索赔事项的具体情况和需要来决定。

1. 索赔综述

在索赔报告书的开始，应该对该索赔事项进行综述，对索赔事项发生的时间、地点或者施工过程进行概要地描述；说明承包商按照合同规定的义务，为了减轻该索赔事项造成的损失，进行了何种程度的努力；由于索赔事项的发生及承包商为减轻该损失，而对施工增加的额外费用以及自己的索赔要求。一般索赔综述部分包括：前言、索赔事项描述、具体的索赔要求等内容。

2. 合同论证

承包商对索赔事件的发生造成的影响具有索赔权，这是索赔成立的基础。在合同论证部分，承包商主要根据工程项目的合同条件以及工程所在国有关此项索赔的法律规定，申明自己理应得到工期延长和（或）经济补偿，充分论证自己的索赔权。对于重要的合同条款，如不可预见的物质条件，合同范围以外的额外工程、业主风险、不可抗力、因物价变化的调整、因法律变化的调整等，都应在索赔报告书中作详细的论证叙述。对同一个合同条款，合同双方从自身的利益出发，经常会有不同的解释，这经常成为施工索赔争议的焦点，要引用有说服力的证据资料，证明自己的索赔权。尤其是合同条款的含糊、缺漏、前后矛盾、错误等，更是索赔事项的"多发地段"，更要注意。

对于索赔事项的发生、发展及解决的过程以及对承包商施工过程的影响，承包商应客观地描述事实，防止夸大其词或牢骚抱怨，以免引起工程师和业主的怀疑和反感。

在国际工程上，尤其是欧美普通法系的国家，索赔的处理可以援引案例。因此，如果承包商了解到有类似的索赔案例，可以作为例证提出来以进一步论述自己的索赔要求。

合同论证部分一般包括：索赔事项处理过程的简要描述，发出索赔通知书的时间，论证索赔要求依据的合同条款，指明所附的证据资料。

3. 索赔款计算

作为经济索赔报告，论证了索赔权以后，就应接着计算索赔款的具体数额，也就是以具体的计价方法和计算过程说明承包商应得到的经济补偿款的数量。

索赔款的计算，在写法结构上按照国际惯例可以首先写出索赔结果，列出索赔款总额，再分项论述各组成部分的计算过程，指出所依据的证据资料的名称和编号。索赔款计算部分的篇幅可能比较大，要论述各项计算的合理性，详细写出计算方法并引证相应的证据资料，并在此基础上累计索赔款总额。通过详细的论证和计算，使业主和工程师对索赔款的合理性有充分的了解，以利于索赔要求的迅速解决。

4. 工期延长计算

作为工期索赔报告，论证了索赔权以后，应接着计算索赔工期的具体数量。获得工期的延长，可以使承包商免于承担误期损害的罚金，还可能在此基础上，探索获得经济补偿的可能性。承包商在索赔报告中，应该对工期延长、实际工期和理论工期等工期的长短进行详细的论述，说明自己要求工期延长天数的根据。小的索赔事项可以将费用索赔和工期索赔的计算合并进行。

5. 附件部分

在附件中包括了该索赔事项所涉及的一切有关证据资料以及对这些证据的说明。索赔证据资料的范围很广，可能包括工程项目施工过程中所涉及的有关政治、经济、技术、财务等许多方面的资料。承包商应该在整个施工过程中持续不断地搜集整理，分类储存这些资料。

在施工索赔工作中可能用到的证据资料很多，主要有：

1）工程所在国的政治经济资料，如：重大自然灾害，重要经济政策等。

2）施工现场记录，如：施工日志，业主和工程师的指令和来往信件，现场会议记录，施工事故的详细记录，分部分项工程施工质量检查记录，施工实际进度记录和施工图移交记录等。

3）工程项目财务报表，如：施工进度款月报表、索赔款月报表、付款收据和收款单据等。

案例3-6 索赔处理程序

某保障性住房工程，建筑面积为16万 m^2，地上30~35层，地下一层，其中地下一层面积约2万 m^2。8月正在进行地下室底板砖胎模及垫层施工，施工阶段遇到一场九级台风，一天降雨量累计达到100mm以上。此次台风给施工单位造成以下损失：

① 工程停工5天，其中第五天是由于施工单位班组人员不到位造成的停工。
② 8台塔吊暂停使用5天。
③ 工人窝工40个工日。
④ 增加抽水50台班。
⑤ 修复损毁的砖胎模及垫层花费10 000元材料费，人工15个工日。
⑥ 清理底板上淤泥杂物10个工日。
⑦ 造成2名工人在台风中因抢救施工单位自有财产而受伤，医药费3 000元。
⑧ 二台电焊机因淋雨报废，重新采购费用2 000元。

合同及工程量清单中规定：人工费60元/工日，人工窝工费40元/工日，塔吊租赁费320元/台班，塔吊台班费400元/台班，抽水台班单价100元/台班。

台风结束后的第12天，施工单位向监理工程师提交一份索赔意向通知书，并在第15天递交了正式的索赔报告。索赔内容如下：

① 要求工期顺延5天。
② 塔吊停用5天的台班费用

$$8 台 \times 400 元/台班 \times 5 天 = 16 000 元$$

③ 工人人工费及窝工费

$$(40 + 15 + 10) \times 60 元/工日 = 3 900 元$$

④ 增加抽水台班费用

$$50 台班 \times 100 元/台班 = 5 000 元$$

⑤ 修复损毁的砖胎模及垫层花费材料费10 000元。
⑥ 2名受伤工人医药费为3 000元。
⑦ 二台电焊机报废重新采购费2 000元。

总计索赔金额=16 000元+3 900元+5 000元+10 000元+3 000元+2 000元=39 900元

监理工程师收到施工单位的索赔报告后，按以下步骤进行处理：

第一步，熟悉设计图、施工合同文件、监理日记、施工索赔报告，并收集索赔有关的证据。

第二步，依据合同文件判定索赔事件是否成立。此次台风事件符合合同通用条款相关条款的规定，属不可抗力事件，且施工单位提出的索赔同时满足以下三个条件：

1) 与合同相对照，台风事件已造成承包人施工成本额外增加及总工期延误。
2) 造成费用增加或工期延误的原因，按合同约定不属于承包人应承担的责任，也不是承包商承担的风险。
3) 承包人按合同规定的时间和程序提交了索赔意向通知书和索赔报告。

所以监理工程师认定施工单位提出的索赔成立。

第三步，审查施工单位提出的索赔要求及计算索赔费用的合理性。对照施工索赔内容逐项审查如下：

1）要求工期顺延5天不合理，只同意顺延4天。因第五天停工是施工单位自身原因引起的。

2）塔吊停用5天台班费用的计算不合理。其中因台风造成塔吊实际停用为4天，第五天属施工单位自身原因，且计算费用时不应按台班单价400元考虑，只能按租赁费320元/台班计算。所以最终审批塔吊停用补偿费用为

$$88 台 \times 320 元/台班 \times 4 天 = 10\ 240 元。$$

3）人工费及窝工费计算不合理。窝工费只能按40元/工日计算，而不能按60元/工日计算。最终审批人工费及窝工费为

$$40 \times 40 + 15 天 \times 60 元/工日 + 10 天 \times 60 元/工日 = 3\ 100 元。$$

4）抽水台班费用5 000元，审批同意。

5）修复损毁的砖胎模及垫层花费材料费10 000元，审批同意。因为此项费用按合同通用条款第39.3款之规定，应由发包人承担。

6）第⑥、⑦条的费用，按合同通用条款第39.3款之规定不应计算，应由施工单位自行承担。

综上所述，监理工程师最终审批同意的索赔额：

索赔额合计：10 240元 + 3 100元 + 5 000元 + 10 000元 = 28 340元。

第四步，在接到承包商索赔报告后第15天，将索赔审批意见书面告知施工单位，如无疑义则签署费用索赔审批表，索赔事件处理结束。

工程索赔是一门涉及面广，融技术、经济、法律为一体的边缘学科，它不仅是一门科学，又是一门艺术。同时施工索赔是利用经济杠杆进行项目管理的有效手段，反映了他们项目管理水平的高低。这就要求监理工程师要不断地学习理论知识，积累丰富的工程实践经验，严格以委托监理合同、建筑工程施工合同、法律、法规等为依据，公正、合理地处理好工程索赔，保证工程项目按预定的目标顺利完成。

3.2.3 索赔报告的一般要求

1. 事件真实、准确

索赔报告对索赔事件的描述应该真实、准确，这关系到承包商的信誉和索赔的成功。对索赔事件描述不实，主观臆测，或缺乏证据，都会影响到业主和工程师对承包商的信任，给索赔工作造成困难。为了证明事实的准确性，在索赔报告的后面要附上相应的证据资料，以便于业主和工程师核查。

2. 逻辑性强，责任划分明确

对于引起索赔事件的原因，要清楚明白。承包商对于干扰事件的不可预见性，索赔通知书的按时提交，该事件对承包商造成的影响，以及相应的合同支持都应明确说明，以使业主和工程师接受承包商的索赔要求。

索赔报告要有逻辑性，将索赔要求同干扰事件、责任、合同条款、影响形成明确的逻辑关系。索赔报告的文字论述要有明确、必然的因果关系，要说明在客观事实与索赔费用损失之间的必然联系。例如，从原因上划分，如果是业主方面的责任，则承包商可以同时得到工期延长和经济补偿；如果是客观原因造成，则承包商只能得到适当的工期延长；如果是承包商的责任，则承包商不但得不到相应的工期、费用补偿，还要自费弥补相应事件影响对业主

造成的损失。

只有合乎逻辑的因果关系，才具有法律上的意义。

3. 条理清楚，层次分明

通常在索赔报告的最前面简明、扼要地说明索赔的事项、理由和要求的款额或工期延长，让工程师一开始就了解你的全部要求。接着再逐步地、比较详细地论述事实和理由，展示具体的计算方法或计算公式，列出详细的费用清单，并附以必要的证据资料。这样，业主或工程师既可以了解索赔的全貌，又可以逐项深入地审阅索赔报告，审查数据，检查证据资料，较快地对承包商的索赔报告提出自己的评审意见及决策建议。

4. 文字简洁，用词婉转

作为承包商，在索赔报告中尤其应避免使用强硬的、不友好的抗议式的语言。一定要牢记：你所写的索赔报告的读者，除了业主代表和工程师以外，还可能是业主的上级领导部门，他们是索赔的决策者。因此，索赔报告一定要清晰简练，用词婉转有礼，避免文字生硬、不友好的语言。

索赔的目的就是取得赔偿，说服对方承认自己索赔要求的合理性，而不能损害对方的面子。所以在索赔报告以及索赔谈判中应强调干扰事件的不可预见，强调不可抗力的原因或应由对方负责的第三者责任，应避免出现对业主代表和工程师当事人个人的指责。

案例 3-7　索 赔 报 告

某建设单位和某施工单位签订了工程施工合同。合同规定：钢材、木材、水泥由业主供货到现场仓库，其他材料由承包商自行采购。当工程施工到第三层框架梁钢筋绑扎时，因业主提供的钢筋未到，使该项作业停工 14 天（该项作业的总时差为 0 天）。10 月 7 日—10 月 9 日因停电、停水使第三层的砌砖停工（该项作业的总时差为 4 天）。为此，承包商于 10 月 20 日向工程师提交了一份索赔报告书，并于 10 月 25 日送交了一份工期、费用索赔计算书和索赔依据的详细材料。

索赔报告书

题目：××项目临时停工索赔

事件：业主供应材料未到及现场停水停电

影响：造成现场停工，虽然安排部分工人做其他工作，仍然有窝工；造成机械窝工

要求：展延工期 14 天，费用索赔 7 875 元。

一、索赔费用汇总

1. 人工费

窝工人工费　　　　　　　　　　　　　　　　5 800 元

2. 机械费

机械窝工费　　　　　　　　　　　　　　　　1 725 元

3. 保函损失费　　　　　　　　　　　　　　　　350 元

上述三项损失索赔款总计　　　　　　　　　　7 875 元

二、分项费用计算

1. 人工费

人工费考虑窝工工人尽量安排其他工作，按补偿的工效差计算。

绑扎钢筋窝工	35 元/工日 ×10 人 ×14 天 =4 900 元
砌砖窝工	30 元/工日 ×10 人 ×3 天 =900 元
合计：	5 800 元

2. 机械费

机械窝工费考虑是自有设备，仅按折旧台班费计算。

塔吊一台	14 天 ×50 元/天 =700 元
混凝土搅拌机一台	14 天 ×30 元/天 =420 元
钢筋弯曲机一台	14 天 ×20 元/天 =280 元
钢筋切断机一台	14 天 ×20 元/天 =280 元
砂浆搅拌机一台	3 天 ×15 元/天 =45 元
小计：	700 +420 +280 +280 +45 =1 725 元
3. 保函费	15 000 000 ×10% ×6‰/365 ×14 =350 元

4. 管理费等 本索赔事项双方同意不计取管理费和利润

各项费用合计   5 800 +1 725 +350 =7 875 元

三、工期索赔计算

业主供应钢材未到，停工 14 天，是属于关键工作，故要求延长工期 14 天，现场停电造成停工，因有 4 天的总时差，故不提出工期索赔要求，总计要求展延工期 14 天。

四、证据

相应的合同条款，施工现场情况记录，工人工资单等证据资料附在索赔报告之后。

练 习 题

思考题

1. 试说明工程索赔的一般程序。
2. 索赔通知书中应包括哪些基本内容？
3. 说明《FIDIC 施工合同条件》中关于索赔的时间规定有哪些？
4. 索赔文件由哪几部分构成？
5. 编写一个索赔报告应注意哪些事项？
6. 试写一个索赔报告的提纲。
7. 如何理解仲裁和诉讼这两种处理程序？
8. 对于争端裁决委员会调解索赔争端，你认为有什么优缺点？
9. 对于工期索赔和经济索赔，在需要报送的索赔证据资料上各需要哪些资料？

第 4 章 索赔费用

4.1 索赔费用的构成

4.1.1 施工项目合同价的构成

索赔费用的构成和施工项目中标时合同价的构成是一致的，索赔的款项必须是施工合同价格中已经包括的内容，而索赔款是超出原来报价的增加部分。我国关于施工承包合同价的构成规定与国际工程合同价的构成不完全一致，所以在索赔费用的构成上也有所不同。

按照我国现行规定，建筑安装工程合同价一般包括直接工程费、间接费、利润和税金几部分，具体构成如图 4-1 所示。

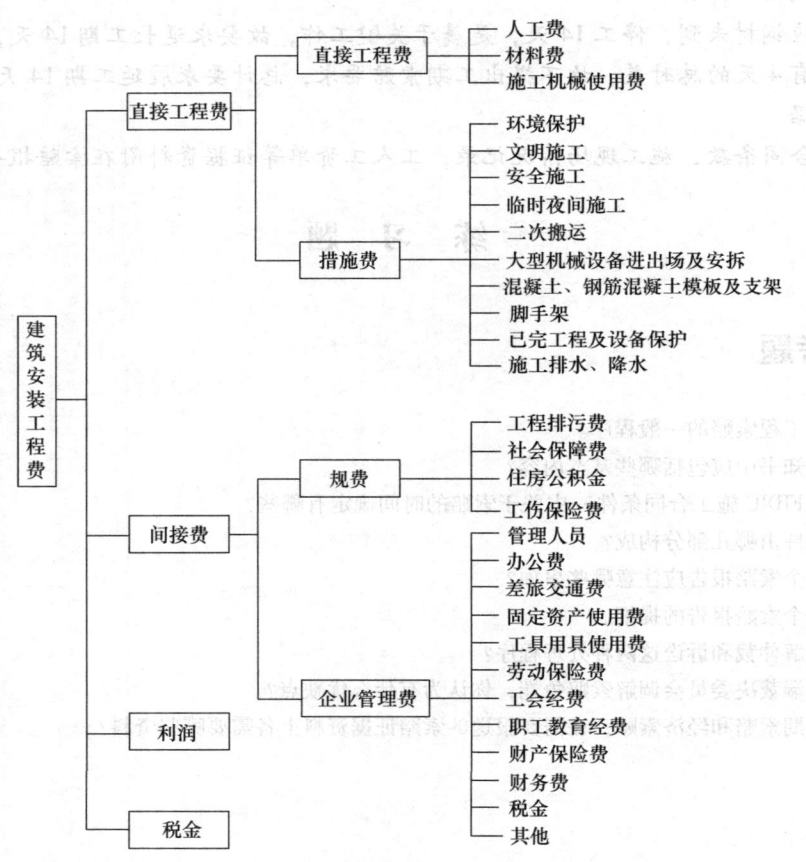

图 4-1 我国现行建筑安装工程费用构成

国际工程建筑安装工程合同价的构成一般如图 4-2 所示。

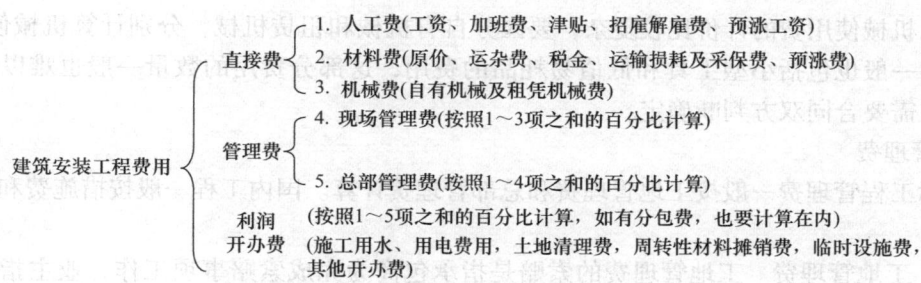

图 4-2 国际工程建筑安装工程合同价构成

4.1.2 索赔费用的构成

索赔费用的构成同施工合同价格所包括的内容一致。从原则上说，只要是承包商有索赔权的事项，导致了工程成本的增加，承包商都可以提出费用索赔，因为这些费用是承包商完成超出合同范围的工作而实际增加的开支，有些事项还可以索赔利润。一般索赔费用中主要包括以下内容。

1. 人工费

人工费是构成工程成本中直接费的主要项目之一，主要包括生产工人的基本工资、工资性质的津贴、辅助工资、劳保福利费、加班费、资金等。索赔费用中的人工费，主要考虑以下几个方面：

1）完成合同计划以外的工作所花费的人工费用。
2）由于非承包商责任的劳动效率降低所增加的人工费用。
3）超过法定工作时间的加班劳动费用。
4）法定人工费的增长。
5）由于非承包商的原因造成工期延误致使人员窝工增加的人工费等。

2. 材料费

材料费在直接费中占有很大比重。由于索赔事项的影响，会使材料费的支出大大超过原计划材料费用支出。索赔费用中的材料费主要包括以下内容：

1）由于索赔事项材料实际用量超过计划用量而增加的材料费。
2）对于可调价格合同，由于客观原因材料价格大幅度上涨增加的材料费。
3）由于非承包商责任工程延长导致材料价格上涨增加的材料费。
4）由于非承包商原因致使材料运杂费、材料采购与保管费用的上涨等增加的材料费。

索赔的材料费中应包括材料原价、材料运输费、采保费、包装费、材料的运输损耗等，但由于承包商自身管理不善等原因造成材料损坏、失效等费用损失不能计入材料费索赔。为了证明材料价格的上涨，承包商应提供可靠的订货单、采购单，或官方公布的材料价格调整指数等资料。

3. 施工机械使用费

由于索赔事项的影响，使施工机械使用费增加主要体现在以下几个方面：

1）由于完成工程师指示的、超出合同范围的工作所增加的施工机械使用费。
2）由于非承包商的责任导致的施工效率降低增加的施工机械使用费。
3）由于业主或者工程师原因导致机械停工的窝工费等。

施工机械使用费的计价比较复杂，要区分自有机械和租赁机械，分别计算机械使用费。设备费中一般也包括小型工具和低值易耗品的费用，这部分费用的数量一般也难以准确确定，往往需要合同双方判断确定。

4. 管理费

国际工程管理费一般按工地管理费和总部管理费计算。国内工程一般按措施费和间接费计算。

（1）工地管理费　工地管理费的索赔是指承包商为完成索赔事项工作，业主指示的额外工作及合理的工期延长期间所发生的工地管理费用，包括工地管理人员的工资、办公费、通信费和交通费等。

（2）总部管理费　索赔款中的总部管理费是指索赔事项引起的工程延误期间所增加的管理费用，一般包括总部管理人员工资、办公费月、财务管理费用和通信费用等。

（3）措施费和间接费　国内工程一般按照相应费用规定计取措施费和间接费等项，索赔时可以按照合同约定的相应费率计取。

5. 利润

承包商的利润是其正常合同报价中的一部分，也是承包商进行施工的根本目的。所以当一个索赔事项发生的时候，承包商会相应地提出利润的索赔。但是对于不同性质的索赔，承包商可能得到的利润补偿是不一样的。在FIDIC合同条件中，对于以下几项索赔事项，明确规定了承包商可以得到相应的利润补偿。

1）工程师或者业主提供的施工图或指示延误。

2）工程师或者业主未能及时提供施工现场。

3）合同规定或工程师通知的原始基准点、基准线、基准标高错误。

4）不可预见的物质条件。

5）承包商服从工程师的指示进行试验（不包括竣工试验），由于业主应负责的原因对竣工试验的干扰。

6）因业主违约承包商暂停工作及终止合同。

7）一部分应由业主承担的风险等。

6. 利息

1）在实际施工过程中，由于工程变更和工期延误，会引起承包商投资增加。业主拖期支付工程款，也会给承包商造成一定的经济损失，因此承包商会提出利息索赔。利息的索赔一般包括以下几个方面：

① 业主拖付工程进度款或索赔款的利息。

② 由于工程变更和工期延长增加投资的利息。

③ 业主错误扣款的利息。

无论是什么原因致使业主错误扣款，都由承包商提出反驳并被证明是合理的情况下，业主一方错误扣除的任何款项都应该归还，并支付扣款期间的利息。

如果工程部分进行分包，分包商的索赔款同样也包括上述各项费用。当分包商提出索赔时，其索赔要求如数列入总包商的索赔要求中一走向工程师提交。

2）一般在施工索赔中以下几项费用是不允许索赔的。

① 承包商对索赔事项的发生原因负有责任的有关费用。

② 承包商对索赔事项未采取减轻措施因而扩大的费用。
③ 承包商进行索赔工作的准备费用。
④ 索赔款在索赔处理期间的利息。
⑤ 工程有关的保险费用。

案例 4-1　索赔费用的构成

某工程是一条道路和跨越公路的人行大桥，合同总价为 400 万美元，工期为 20 个月。施工中由于施工图错误，工程师通知一部分工程暂停，待施工图修改后再继续施工；后来又由于原有高压输电线等电业部门迁线后才能施工，因此工期也受到影响而延误。承包商对此两项延误提出索赔。

承包商的计算结果：

1) 由于施工图错误造成的延误，使三台设备停工损失一个半月。

汽车起重机	45 美元/台班×2 台班/日× 37 工作日 = 3 330 美元
大型空压机	30 美元/台班/2 台班/日×37 工作日 = 2 220 美元
其他辅助设备	10 美元/台班×2 台班/日×37 工作日 = 740 美元
小计	3 330 美元 + 2 220 美元 + 740 美元 = 6 290 美元
现场管理费	6 290 美元×12% = 755 美元
总部管理费	6 290 美元×7% = 493 美元
利润损失	6 290 美元×5% = 377 美元

合计 7 915 美元

2) 高压输电线迁移延误 2 个月，造成损失为：

（1） 现场管理费（补偿）	4 000 000 美元/20×12%×2 = 48 000 美元
（2） 总部管理费	48 000 美元×7% = 3 360 美元
（3） 利润损失	（48 000 + 3 360）美元×5% = 2 568 美元
合计	48 000 美元 + 3 360 美元 + 2 568 美元 = 53 928 美元

承包商计算的索赔总金额合计：　7 915 美元 + 53 928 美元 = 61 843 美元

经过监理工程师和计量人员检查和讨论，原则上同意上述索赔，但计算有分歧。监理工程师的计算如下：

1) 施工图错误造成延误，有工程师指示暂停部分工程施工证明，但不能按台班计算，而只能按租赁或折旧率计算，故只同意补偿 5 200 美元。

2) 高压线迁移延误 2 个月造成损失补偿如下：

每月现场管理费的计算是错误的，不能按总标价计算，而应按直接成本附加计，即：

扣除利润总价	4 000 000 美元/105%×100% = 3 809 524 美元
扣除总部管理费总成本为	3 809 524 美元/107%×100% = 3 560 303 美元
扣除现场管理费总成本为	3 560 303 美元/112%×100% = 3 178 842 美元
每月现场管理费应为	3 178 842 美元×12%/20 = 19 073 美元/月
两个月的延误损失为	19 073 美元×2 = 38 146 美元

对总部管理费和利润，监理工程师认为由于承包商采取了有力措施，使工期在原定 20 个月内竣工。因此，承包商有权获得现场管理费的补偿，即 38 146 美元，而无权要求计算

利润附加和总部管理费附加,拒绝增补这两项费用。

工程师计算二项索赔费用合计:　　　　　5 200 美元 + 38 146 美元 = 43 346 美元

双方计算的索赔费用相差:　　　　　　　61 843 美元 - 43 346 美元 = 18 497 美元

在这个案例中,承包商和监理工程师采取不同的索赔方法,客观地讲两者的计算方法都有欠缺。

1) 因施工图错误致使三台设备停工 1.5 个月,承包商按台班计算有欠缺,但监理工程师按租赁价或折旧价计算也不合理,还要同时考虑设备操作人员在此期间的窝工损失。

2) 高压线迁移造成 2 个月延误的补偿计算中,工程师采用的方法正确,但对总部管理费的损失不予补偿没有道理。如果承包商不采取特殊措施,仍然按原计划进行,工期自然要延期 2 个月。承包商要求工期顺延 2 个月也是合理的要求,这可能会形成承包商提前完成工程项目的结果,并可能因此获得提前竣工的奖励,业主至少应该补偿承包商总部管理费。

承包商与监理工程师对索赔计价所采取的方法不一致是正常现象,使两者达成共识的基础是有据可依和公平合理。

4.2　索赔费用的计算

当承包商提出一项索赔要求时,要详细计算自己的索赔款额,明确自己的计算方法和计算依据以供工程师审查与核对。索赔款中具体各种索赔费用可按如下方法计算。

4.2.1　人工费的计算

要计算索赔的人工费,就要知道人工费的单价和人工的消耗量。

人工费的单价,首先要按照报价单中的人工费标准确定。如果是额外工作,要按照国家或地区统一制定发布的人工费定额计算。随着物价的上涨,人工费也要不断上涨。如果是可调价合同,在进行索赔人工费计算时,也要考虑到人工费的上涨可能带来的影响。如果因为工程拖期,使得大量工作推迟到人工费涨价以后的阶段进行,人工费会大大超过计划标准。这时在进行单价计算时,一定要考虑明确工程延期的责任,以确定相应的人工费的合理单价。如果施工现场同时有人工费单价的提高和施工效率的降低,则在人工费计算时要分别考虑两种情况对人工费的影响,分别进行计算。

人工的消耗量,要按照现场实际记录,工人的工资单据,也按相应定额中的人工的消耗量定额来确定。如果涉及现场施工效率降低,要做好实际效率的现场记录,与报价单中的施工效率相比较,确定实际增加的人工数量。

案例 4-2　人工费索赔

某框架结构工程有钢筋混凝土柱 $68m^3$,测算模板 $547m^2$,支模工作内容包括现场运输、安装、拆除、清理、刷油等。

由于发生许多干扰事件,造成人工费的增加。现承包商对人工费索赔如下:

(1) 预算支模用工 $3.5h/m^2$,工资单价为 35 元/天,

模板报价中人工费　　　　35 元/天 × $3.5h/m^2$ × $547m^2$/8 = 8 376 元

(2) 在实际工程施工中按照工程师测量、用工记录、承包商的工资报表记录:由于工程师指令工程变更,使实际钢筋混凝土柱为 $76m^3$,模板为 $610m^2$;模板小组 18 人共工作了

16天（1天=8h）。

实际模板工资应支出　　　　　　35元/天×16天×18人=10 080元
实际工作人工费增加　　　　　　10 080元-8 376元=1 704元
承包商工人等待变更停工6h，增加人工费：18天×6/8×35元/天=472.5元
人工费增加合计　　　　　　　　1 704元+472.5元=2 176.5元

工程师对承包商的索赔进行分析如下：

由于设计变更和等待变更指令属于业主的责任和风险，超出合同工程量的模板工程人工费应该予以补偿。

设计所引起的人工费变化　　　35元/天×3.5h/m²×(610-547)m²/8=964.7元

停工等待变更指令引起的人工费增加按基本生活费补偿：

$$20元/天×18人×6h/8=270元$$

人工费增加总额　　　　　　　　964.7元+270元=1 234.7元
由于劳动效率降低承包商多用人工　18×16-610×3.5h/m²/8h=21.13天
相应多用人工费　　　　　　　　35元/天×21.13天=739.6元
工程师最后批准二项人工费索赔合计　1 234.7元+739.6元=1 974元

4.2.2　材料费的计算

要计算索赔的材料费，同样要知道增加的材料用量和相应材料的单价。

材料单价的计算，首先要明确材料价格的构成。材料的价格一般包括材料供应价、包装费、运输费、运输损耗费、采购保管费几部分。如果不涉及材料价格的上涨，可以直接按照投标报价中的材料价格进行计算。如果涉及材料价格的上涨，则要按照材料价格的构成，按照可靠的订货单、采购单，或者官方公布的材料价格调整指数，重新计算材料的市场价格。

$$材料价格=（供应价+包装费+运输费+运输损耗费）\\
×（1+采购保管费率）-包装品回收值$$

增加材料用量的计算，要依据增加的工程量，根据相应材料消耗定额规定的材料消耗量指标确定实际增加的材料用量。

$$材料费=材料价格×工程量×每单位工程量材料消耗量标准$$

案例4-3　材料费索赔

我国某建筑工程公司承包了某国一幢办公楼的改扩建工程，合同条款采用FIDIC标准合同条件（1999年版）。按原招标工程图的设计要求，更换这幢办公楼的原有旧屋面的屋面瓦，是采用当地普遍使用的一种白色的普通铁皮瓦，投标单价是37.00元/m²，屋面面积为526.85m²。开始施工后，发现由于该工程位于该国的沿海迎风面，铁皮屋面瓦容易锈蚀腐烂，因此，业主同设计单位研究后决定，将原设计改为使用抗锈蚀性较强的轻质铝合金屋面瓦，承包商因原设计材料的变化向业主要求索赔材料费。承包商报出的材料价格为115.67元/m²，工程师审核后确认了该价格。故索赔材料费为

$$材料费=526.85m²×(115.67-37)元/m²=41 447.29元$$

4.2.3　施工机械使用费的计算

施工机械使用费的计价，按照具体机械的来源情况，有不同的处理方法。

1) 如果是工程量增加，可以按照报价单中的机械台班费用单价和相应工程增加的台班

数量，计算增加的施工机械使用费。如果因工程量的变化，双方协议对合同价进行了调整，则按照调整以后的新单价进行机械使用费的计算。

2）如果是由于非承包商的原因导致施工机械窝工闲置，窝工费的计算要区别是承包商自有机械还是租赁机械分别进行计算。

对于承包商自有机械设备，窝工机械费仅按照折旧台班费计算。使用租赁的设备，如果租赁价格合理，又有可靠的租赁收据，就可以按租赁价格计算窝工的机械台班使用费。同时要考虑机械窝工造成的机上人员工资补偿。

3）施工机械降效。如果实际施工中因为受到非承包商的原因导致的施工效率降低，承包商将不能按照原订计划完成施工任务。工程拖期后，会增加相应的施工机械费用。确定机械降低效率导致的机械费的增加，可以考虑按以下公式计算增加的机械台班数量。

$$实际台班数量 = 计划台班数量 \times \left(1 + \frac{原定效率 - 实际效率}{原定效率}\right)$$

其中，原定效率是合同报价中所报的施工效率，实际效率是受到干扰以后现场的实际施工效率。知道了实际所需的机械台班数量，可以按下式计算出施工机械降效导致增加的机械台班数量。

增加机械台班数量 = 实际台班数量 - 计划台班数量

则机械降效增加的机械费为

机械降效增加的机械费 = 机械台班单价 × 增加机械台班数量

案例 4-4　机械降效索赔

某分包商承包了某土方工程，合同工期为 28 天，用工 224 工日。分包商报价单中报施工效率每台挖掘机每天挖土 550m³，台班单价 850 元/台班。

在施工过程中，由于总包商施工干扰，使分包商的施工效率大为降低，每天只能开挖 380m³，而每天出勤的设备和工人并未减少。因此土方施工分包商向总包商提出如下索赔要求。

分包商施工效率降低，导致实际台班数量增加：

$$实际台班数量 = 28 \times \left(1 + \frac{550 - 380}{550}\right) = 36.7 \text{ 台班}$$

增加机械台班数量	36.7 台班 - 28 台班 = 8.7（取 9 台班）
增加机械费	9 台班 × 850 元/台班 = 7 650 元
9 天的人工费	8 人 × 9 天 × 35 元/天·人 = 2 520 元
直接费合计	7 650 + 2 520 = 10 170 元
管理费（9.5%）	10 170 × 0.095 = 966 元
利润（5%）	(10 170 + 966) × 0.05 = 557 元
施工效率降低索赔合计	10 170 + 966 - 557 = 10 693 元

最后总包商同意对此项索赔予以支付。

4.2.4　管理费的计算

1）工地管理费。工地管理费是按照人工费、材料费、施工机械使用费之和的一定百分比计算确定的，所以当承包商完成额外工程或者附加工程时，索赔的工地管理费也是按照同样的比例计取。但是如果是其他非承包商原因导致现场施工工期延长，由此增加的工地管理费，可以按原报价中的工地管理费平均计取，如下式

$$索赔的工地管理费总额 = \frac{合同价中工地管理费总额}{合同总工期} \times 工程延期的天数$$

2）总部管理费。总部管理费的计算，一般可以有以下几种计算方法：
按照投标书中总部管理费的比例计算，即

$$总部管理费 = 合同中总部管理费率 \times （直接费索赔款 + 工地管理费索赔款）$$

按照原合同价中的总部管理费平均计取，即

$$总部管理费 = \frac{合同价中总部管理费总额}{合同总工期} \times 工程延期的天数$$

案例4-5 管理费索赔

某住宅工程，合同工期为68周，合同总价为2 895 000元。施工开始之后，设计采暖主管道改变位置，工程师因此发出变更指示，引起工期延长3周，每天增加用工25人。由于业主供应钢筋不能如期进场，业主允许承包商以较高价格在当地市场购买。已知工程税率3.5%，利润率5%（以直接费和管理费之和为计算基数），工地管理费率15%（以直接费为计算基数），总部管理费率8.5%（以直接费和工地管理费为计算基数）。承包商提出相应工期索赔和经济索赔要求如下：

1. 采暖管道改变位置索赔
1）因设计管道改变属于工程变更，承包商提出工期索赔3周。
2）承包商提出费用索赔，计算如下：
人工费：
25名工人工资350元/人·周，3周工资合计：25人×3周×350元/人·周 = 26 250元
工地管理费：

工程合同价	2 895 000元
扣除税金后合同额	2 895 000元/(1 + 3.5%) = 2 797 101元
扣除利润后合同额	2 797 101元/(1 + 5%) = 2 663 906元
扣除总部管理费后合同额	2 663 906元/(1 + 8.5%) = 2 455 213元
扣除工地管理后直接费	2 455 213元/(1 + 15%) = 2 134 968元
工地管理费	2 455 213元 - 2 134 968元 = 320 245元
该工程平均工地管理费	320 245元/68周 = 4 709元/周
工期延长三周的工地管理费	4 709元/周×3周 = 14 127元
总部管理费	2 663 906元 - 2 455 213元 = 208 693元
该工程平均总部管理费	208 693元/68周 = 3 069元
工期延长三周的总部管理费	3 069元/周×3周 = 9 207元
总计	26 250元 + 14 127元 + 9 207元 = 49 584元

2. 承包商购买钢筋按各种票据为凭　　4 850元
综上所述，承包商应得经济索赔如下：
采暖主管道改变位置　　　　　　　　49 584元

| 另购钢筋 | 4 850 元 |
| 经济补偿合计 | 54 434 元 |

4.2.5 利润的计算

上一节讲述了在《FIDIC 施工合同条件》下承包商可以索赔利润的几种主要情况。一般来说,对于工程延误的索赔,由于利润通常是包括在每项实施的工程内容的价格之内,而单纯的延误工期并未影响或者减少某些项目的实施从而导致利润的减少,所以一般工程师很难同意在工期延误的费用索赔中加进利润损失。

索赔利润款额的计算通常是与原中标合同价中的利润率保持一致,即

利润索赔额 = 合同价中的利润率 × (直接费索赔额 + 工地管理费索赔额 + 总部管理费索赔额)

案例 4-6 利润索赔

某工程是公路和跨公路的人行天桥,合同标价为 400 万美元,工期为 20 个月。施工中由于业主要求增加一座人行天桥工程,使工期实际延长一个半月,但所增人行天桥与原合同的工程量及其相应工期相比,应为 0.6 个月。承包商对此延误除要求延长工期 1.5 个月,还要求补偿损失。已知:现场管理费 12%,总部管理费 7%,利润 5%。承包商计算如下:

增加额外工程,使工期延长 1.5 个月要求补偿:

(1) 现场管理费	4 000 000 美元/20 × 12% × 1.5 = 36 000 美元
(2) 总部管理费	4 000 000 美元/20 × 7% × 1.5 = 21 000 美元
(3) 利润	4 000 000 美元/20 × 5% × 1.5 = 15 000 美元
三项合计	36 000 美元 + 21 000 美元 + 15 000 美元 = 72 000 美元

工程师研究认为,额外增加人行天桥工程所需的 1.5 个月工期索赔合理,但关于费用索赔,工程师认为,因原工程量表中有人行天桥项目,故增加的工作量应按工程量表中的单价付款,按原合同,所增加的工程量工期应为 0.6 个月,也就是说,该 0.6 个月的管理费及利润等均已计入在合同单价中了,而 1.5 - 0.6 = 0.9 个月的管理费和利润是承包商应得到弥补所受损失的费用。费用按以下计算:

扣除利润总价	4 000 000 美元/(1 + 5%) = 3 809 524 美元
扣除总部管理费总成本	3 809 524 美元/(1 + 7%) = 3 560 303 美元
扣除现场管理费后的直接成本	3 560 303 美元/(1 + 12%) = 3 178 842 美元
平均现场管理费	3 178 842 美元 × 12%/20 月 = 19 073 美元/月
总部管理费	3 809 524 美元 - 3 560 303 美元 = 249 221 美元
平均总部管理费	249 221 美元/20 月 = 12 461 美元/月

应补偿费用

现场管理费	19 073 美元 × 0.9 = 17 166 美元
总部管理费	12 461 美元 × 0.9 = 11 215 美元
利润	(17 166 + 11 215) 美元 × 5% = 1 419 美元
合计	17 166 美元 + 11 215 美元 + 1 419 美元 = 29 800 美元

4.2.6 利息的计算

无论是业主拖付工程款和索赔款,或者是工程变更和工期延误引起的承包商的投资增

加，还是业主的错误扣款，都会引起承包商的融资成本增加。

承包商对利息索赔额可以采用以下方法计算：

1) 按当时的银行贷款利率计算。
2) 按当时的银行透支利率计算。
3) 按合同双方协议的利率计算。

无论采用哪一种具体利率，都应在合同文件的专用条款中或者投标书附录中加以明确。

案例 4-7 利息索赔

某游泳馆工程，建筑面积为 10 690 m^2，承包合同价为 5 910 万元，施工期为 2 年。工程原定 1991 年 5 月 15 日开工，1993 年 5 月 15 日竣工。但在开挖基坑时，因遇到了地质勘测报告中未包括的软弱土层，业主被迫停工修改设计，由此引起一系列的工程变更及工期拖延。合同约定每月结算一次，每月 15 日以前付款。在施工过程中，业主在工程进度款拨付方面经常拖期，给承包商带来很大的经济损失。为此承包商列出了拖期付款的日期及拖付款数额，利息按合同约定的年利率 12%，提出了业主拖延付款日期及拖期付款数额，见表 4-1。

表 4-1 业主拖延付款日期及拖延付款数额

计算起始日期（结算到 1993 年 8 月）	当月未付款（并一直未付）/元	年利率（%）	利息/元
1992 年 11 月 15 日	25 600	12	2 398
1992 年 12 月 15 日	15 430	12	1 278
1993 年 2 月 15 日	8 500	12	522
1993 年 4 月 15 日	13 850	12	562
1993 年 5 月 15 日	57 800	12	1 751
1993 年 7 月 15 日	28 500	12	285
合计			6 796

承包商向工程师提出了上述利息索赔要求，因符合施工合同规定，被工程师接受，报业主予以付款。

4.3 索赔费用的计算方法

提交索赔通知书以后，承包商要定期报送索赔资料，并在索赔影响事件结束后 28 天之内提交最终的索赔报告。在索赔报告中承包商对自己的费用索赔部分要进行详细计算，以供工程师审查。在索赔款计算过程中，尊重事实，以合同为依据，采取合理的计价方法，是索赔取得成功的重要环节。

索赔款的计算方法主要有以下几种。

4.3.1 分项计算法

分项计算法是以每个干扰事件为对象，以承包商为某项索赔工作所支付的实际开支为根据，向业主要求经济补偿。而每一项索赔费用，是计算由于该事项的影响，导致承包商发生的超过原计划的费用，也就是该项工程施工中所发生的额外的人工费、材料费、机械费，以及相应的管理费,有些索赔事项还可以列入应得的利润。

分项计算法可以分三步:

1) 分析每个或每类干扰事件所影响的费用项目。这些费用项目一般与合同价中的费用项目一致,如直接费、管理费、利润等。

2) 用适当方法确定各项费用,计算每个费用项目受干扰事件影响后的实际成本或费用。与合同价中的费用相对比,求出各项费用超过原计划的部分。

3) 将各项费用汇总,即得到总费用索赔值。

也就是说,在直接费(人工费、材料费和施工机械使用费之和)超出合同中原有部分的额外费用部分基础上,再加上应得的管理费(工地管理费和总部管理费)和利润,即是承包商应得的索赔款额。这部分实际发生的额外费用客观地反映了承包商的额外开支或者实际损失,是承包商经济索赔的证据资料。

为了准确计算实际成本支出,承包商在现场的成本记录或者单据等资料都是必不可少的,一定要在项目施工过程中注意收集和保留。

案例 4-8 分项计算法索赔

某业主与某承包商按照《FIDIC 施工合同条件》订立了某工程项目施工合同,同时该业主与某降水公司订立了工程降水合同。合同双方规定,每一分项工程的实际工程量增加或减少超过招标文件中工程量的 ±10% 以上时调整单价。工程开工后,发生以下事件:

1) 降水方案错误,致使承包商工期拖延 2 天,人员配合用工 5 个工日,窝工 6 个工日。

2) 施工期间,因供电中断停工 2 天,造成人员窝工 16 个工日。

3) 在施工过程中,业主指令增加一项临时工作,经核准,完成该工作需要 1 天时间,机械 1 台班和人工 10 个工日。

承包商就以上事件向业主要求工期和费用索赔。经工程师认可,承包商按分项计算法计算的费用索赔如下:

1) 根据合同,人工工日单位为 50 元/工日,窝工人工费补偿标准为 25 元/工日,因增加用工所需管理费为增加人工费的 20%,故索赔人工费计算:

6 工日 × 25 元/工日 + 5 工日 × 50 元/工日 × (1 + 20%) = 450 元

2) 停工造成人员窝工,窝工费为 25 元/工日。机械闲置,机械台班折旧费为 240 元/台班,故:

窝工人工费　　　　　16 工日 × 25 元/工日 = 400 元
机械费　　　　　　　2 台班 × 240 元/台班 = 480 元

3) 增加工作的综合取费为人工费的 80%,机械台班使用费为 400 元/台班。故:

人工费及综合取费　　10 工日 × 50 元/工日 × (1 + 80%) = 900 元
机械费　　　　　　　1 台班 × 400 元/台班 = 400 元
费用索赔总额合计为　　450 元 + 400 元 + 480 元 + 900 元 + 400 元 = 2 630 元

该案例计算过程中可以注意到,通常窝工人工费和窝工机械费的补偿,不计取管理费及利润,只是补偿基本费用。这类窝工如果不造成承包商工期增加,不会导致管理费的增加,而且此类窝工一般不会影响承包商的利润。如果此类窝工较多,导致承包商工期拖延,将会引起承包商管理费用的增加,承包商会因此提出管理费的索赔。

4.3.2 总费用法

总费用法基本上是在采用总索赔的情况下才采用的索赔款计算方法。也就是说当发生多次索赔事项以后,这些索赔事项的影响相互纠缠,无法区分,难以采用分项计算法计算索赔款,经工程师同意,可以采用总费用法。

采用总费用法需要重新计算出该工程项目的实际总费用,再从这个实际的总费用中减去中标合同价中的估算总费用,即得到了要求补偿的索赔总款额。即

$$索赔款额 = 实际总费用 - 合同价中估算费用$$

这里要明确,只有当无法采用分项计算法时,才使用总费用法。一般采用总费用法,需要以下几个条件:

1) 在合同实施过程中所发生的总费用是准确的,工程成本核算符合普遍认可的会计原则;实际总成本与合同价中的总成本的内容项目是一致的。

2) 承包商对工程项目的报价是合理的,能反映实际情况。如果报价计算不合理,索赔款额是不能用这种方法计算的,因为这里会包含承包商为了中标压低报价的成分,而承包商在报价时压低报价以求中标,是应该由承包商承担的风险。

3) 费用损失的责任,或者干扰事件的责任是属于非承包商的责任,也不属于承包商承担的风险。

4) 由于该项索赔事件,或者几项索赔事件在施工时的特殊性质,不可能逐项精确计算出承包商损失的款额。

在采用总费用法时要注意,管理费的计算一般要考虑实际损失,所以理论上应该按照实际的管理费率进行计算与核实。但是鉴于具体计算的困难,通常都采用合同价中的管理费率或者双方商定的费率。由于实际工程成本的增加导致承包商支出的增加,必然增加承包商的融资成本,所以承包商可以在索赔中计算利息支出。利息率的计算按照 4.2 节所述。

案例 4-9 总索赔综合案例

某送变电输电线路工程,合同工期为 20 个月。在施工过程中,先后发生如下事件:

(1) 挡土墙增加 按照工程联系单和设计变更汇总后,护坡挡土墙的工程量增加 2 500 m^3。

(2) 电力线改造 按设计运行要求,电力线所跨越的部分电力线路电气距离不能满足安全要求,新增电力线改线。

(3) 新增跨越线路 由于农网改造的实施及当地电信部门新建一些供电及通信线路,使所施工标段新增大量的需跨越的线路共 85 条。

(4) 光缆供货延迟 由于业主供应光缆不及时,导致承包商不得不在放完导地线以后重新组织人员展放光缆,从而发生二次调遣,二次跨越等费用。

(5) 停电损失 由于施工路段需跨越多条小水电主干输电线路,尽管采用了带电跨越方式,但在搭拆跨越载体时仍需停电作业,因所停电的线路是地方水电企业的经济命脉线,地方向承包商索要巨额停电损失。

(6) 临时占地及青苗赔偿 由于光缆工程的二次进场及当地政府要求的赔偿次数增加,使青苗赔偿金额超过了原投标时的数量。

(7) 房屋拆迁 由于投标时间为 2000 年,其房屋拆迁单价参照当时的实际水平。但

2001年当地下发了新的有关拆迁补偿的通知,其赔偿标准已大大超过投标时的水平,赔偿内容也发生了较大变化,并且线路实际拆迁面积及户数超过投标时的数量,导致拆迁费增加。

这些索赔事项在施工过程中接连出现,对工期和成本造成很大影响,实际工期增加15个月。承包商经和工程师协商采用总索赔方式提出索赔要求,工程师经过仔细审查,确定最后索赔款额。承包商索赔汇总表见表4-2。

表4-2 承包商索赔汇总表

序号	项目	索赔费用/万元	工程师确认/万元
1	挡土墙增加	275.12	209.82
2	电力线改造	69.9	53.5
3	新增跨越线路	25.6	25.6
4	光缆供货延迟	104.05	73.9
5	停电损失	121.8	80
6	临时占地及青苗赔偿	52.53	32
7	房屋拆迁	498.89	428.89
8	工期索赔	18个月	15个月

承包商接受了工程师的意见。

4.3.3 修正的总费用法

修正的总费用法是在总费用计算的基础上,对总费用法进行相应的修改和调整,去掉一些比较不确切因素的影响,使索赔款的计算更加合理。修改和调整的内容主要有:

1)将计算索赔款的时间段局限于受到外界影响的时间,而不是整个施工期。

2)只计算受到影响时段内的某项或者某些工作所受影响的损失,而不是计算该时段内所有施工工作所受到的损失。

3)在受影响时段内受影响的工程项目施工中使用的人工、材料、施工机械等资源均应有可靠的记录资料,如工程师的施工日志、现场施工记录等。

4)与索赔事项无关的费用不列入总费用中。

5)对合同价的估算费用重新进行核算,按照受影响时段内该项工作的实际单价进行计算,乘以实际完成的该项工作的工程量,得出调整以后的报价费用。

经过上述各项调整与修正,相对来说总费用能比较准确地反映出实际增加的费用,作为给予承包商补偿的款额。按修正以后的总费用计算索赔款的可按下式计算

索赔款额 = 某项工作调整后的实际总费用 – 该项工作的合同报价费用

案例4-10 修正的总费用法

某承包商通过竞争性投标中标某住宅小区工程,共有A、B、C三幢楼及小区内道路及绿化工程。A、B、C三幢楼设计相同,中标价各为1 500万元,小区内道路及绿化工程中标价为400万元。共计合同价为4 900万元。

在工程实施过程中,出现了以下工程变更及不可抗力事件。

1)A楼在施工中,因地基出现问题而被迫修改设计,从而导致了多项工程变更,因此

使实际成本超过标价许多，而其他几幢楼施工未受影响。

2）在合同中规定，水泥由承包商负责采购，在实际施工中，因水泥没能按合同规定的日期供应，造成工程停工待料，因而使B楼工程费增多，给承包商带来亏损。

3）在小区内道路及绿化工程施工时，由于遇到了连绵阴雨，被迫停工多日，因而使工程费增多。

工程完工后，经计算，各单项工程实际费用为：A楼1830万元，B楼1550万元，C楼1300万元。小区内道路及绿化480万元。另外，承包商获得A楼变更索赔费用120万元。C楼中标价1500万元，实际费用1300万元，差额为其收益。

如果采用总费用法索赔，承包商可得到补偿为

$$1830\text{万元}+1550\text{万元}+1500\text{万元}+480\text{万元}-4900\text{万元}=460\text{万元}$$

考虑承包商也应对其亏损承担责任，因此如果以总费用法计算承包商应得经济补偿不准确，故按照修正的总费用法来计算索赔款。不考虑全部工程的总费用，因为A、B、C三幢楼结构形式相同，工程量相同，A楼发生的工程变更及B楼的延误，没有影响C楼的施工，因而三者是可比的。B楼的费用增加是由于承包商负责采购的材料进场时间延误，应该由承包商承担责任，而C楼整个施工过程正常，可以和A楼进行比较。小区道路绿化工程对这三栋楼的施工几乎没有影响，另案处理。承包商提出足够的证据证明其投标报价是按正常水平报价，没有为中标而压低报价。因此双方商定以A楼和C楼相比确定索赔款数额。这样，索赔款额应是：

$$1830\text{万元}-1300\text{万元}=530\text{万元}$$

这个计算方法得到了业主和承包商的接受。而小区绿化工程，承包商仍然有权进行索赔，只要他的计价方法合理，证据齐全可靠，仍然可以获得相应的索赔款。

4.3.4 审判裁定法

审判裁定法是通过法庭审判，研究承包商的索赔资料和证据，并听取业主一方的申辩，最后确定一个索赔款额，以法庭判决的方式使承包商得到相应的经济补偿。

审判裁定法所依据的资料包括工程项目合同文件，承包商的索赔报告，以及一系列必要的证据和单据。要求承包商提交充足的索赔证据，以便法庭可以据此作出公正、合理的裁决。

案例4-11　审判裁定法

某工程项目，甲方在某年5月5日分别与乙方和丙方签订了主体建筑工程施工合同和装饰工程施工合同。合同约定主体建筑工程施工于当年6月5日正式开工。合同日历工期为2年。为保证工期，当事人约定：主体与装饰施工采取立体交叉作业，主体完成三层，装饰工程立即进入装饰作业。为保证装饰工程水平，业主委托监理公司实施装饰工程监理。

该工程按照合同工期竣工，经验收后投入使用。使用2年6个月后，乙方因甲方少支付工程款起诉到法院，诉称甲方于该工程验收合格后签发了竣工验收报告，并已开张营业。在结算工程款时，甲方本应支付工程总价款1600万元，但实际只支付了1400万元，请求法庭判决被告支付剩余的200万元工程款及相应拖付款利息。

在庭审中，被告称原告主体建筑工程存在质量问题，在大堂、电梯间门洞、游泳池等主体工程施工质量不合格，装修商进行返工并提出索赔要求，经监理工程师签字报业主代表认

可，共支付 125 万元人民币，同时还有其他质量问题，共造成客房、机房设备设施等损失计 75 万元人民币。共计损失 200 万元应从工程款中扣除，故支付乙方主体工程款总计 1 400 万元人民币。

经法院审理，主体工程合同与装饰工程合同是两分独立的合同。如果确因主体工程质量不合格，装修商进行返修向甲方提出索赔，甲方应根据合同规定，在索赔事件发生后 28 天内向乙方发生索赔通知，否则乙方可以不接受业主的索赔要求。丙方向监理工程师提出的索赔要求，是另外一个合同关系，对乙方没有约束力。同时，业主在直到庭审前的 2 年多时间里，从未就质量问题向乙方提出异议，已超过诉讼时效，不予以保护。而乙方自签发竣工验收报告后，向甲方多次以书面方式提出结算要求，其诉讼权利应予以保护，故判决甲方应向乙方支付拖付工程款 200 万元，并按银行同期贷款利率支付拖付款利息。

案例 4-12 综合案例分析

某工程内容包括场地平整、大楼的土建施工和停车场、餐饮厅工程施工等。业主与承包商按照《FIDIC 施工合同条件》作为标准签订了合同，合同价为 1 832.95 万元人民币，工期为 18 个月。

在监理工程师下达开工令以后，承包商按期开始施工。但在施工过程中，首先遇到如下问题：

1) 工程的地基条件比业主提供的地质勘探报告中描述情况差。
2) 施工条件受交通的干扰甚大。
3) 设计多次洽商修改，监理工程师下达工程变更指令，导致工程量增加和工期拖延，施工费用增多。

为此，承包商先后提出 6 次工期索赔，累计要求延期 395 天；此外，还提出了相关的费用索赔，申明将报送详细索赔款额计算书。

对于承包商的索赔要求，业主给承包商的答复是：

1) 根据合同条件和实际调查结果，同意对工期进行适当的延长，批准累计延期 128 天。
2) 业主不承担合同价以外的任何附加开支。

承包商对业主的上述答复极不满意，提出了书面申辩，指出累计工期延长 128 天是不合理的，不符合实际的施工条件和合同条款。承包商的 6 次工期索赔报告，包括了实际存在并符合合同的诸多理由。因此，要求监理工程师和业主对工期延长天数再次给予核查批准。

从施工的第二年开始，根据业主的反复要求，承包商采取了加速施工措施，以便商业中心大楼早日建成。这些加速施工的措施，监理工程师一一批准。包括由一班作业改为两班作业，节假日加班施工，增加了一些施工设备等。就此，承包商向业主提出加速施工的费用赔偿要求。

监理工程师和业主对承包商的反驳函件进行了多次研究，在工程快结束时作出答复。

1) 最终批准工期延长为 176 天。
2) 如果发生真正的计划外附加开支，则同意支付直接费和管理费，待索赔报告正式报送后核定。

这最终批准的工期延长天数就是工程建成时实际发生的拖期天数。工期原定 18 个月 (547 个日历天数)，而实际竣工工期为 723 天，即实际延期 176 天。业主在这里承认了工程拖期的合理性，免除了承包商承担误期损害赔偿费的责任，虽然不再给承包商更多的延期天数，承包商也感到满意。同时，业主允诺支付由此而产生的附加费用（直接费和管理费）补偿，说明业主已基本认可承包商的索赔要求。

本工程即将竣工时，承包商送来了索赔报告书，其索赔费用的组成如下：

1) 加速施工期间的生产效率降低损失费为 659 191 元。
2) 加速并延长施工期的管理费为 121 350 元。
3) 人工费调价增支 23 485 元。
4) 材料费调价增支 59 850 元。
5) 设备租赁费为 65 780 元。
6) 分包装饰工程增支 187 550 元。
7) 增加资金贷款利息为 152 380 元。
8) 履约保函延期增支 52 830 元。

以上共计 1 322 416 元。

9) 利润（8.5%）为 112 405 元。

索赔款总计 1 434 821 元。

对于上述索赔款总额，承包商在索赔报告书中进行了逐项分析计算。其主要内容如下：

(1) 劳动生产率降低引起的附加开支　承包商根据自己的施工记录，证明在业主正式通知采取加速措施以前，他的工人的劳动生产率可以达到投标文件所列的生产效率。但当采取加速施工措施以后，由于进行两班作业，夜班工作效率下降；由于改变了某些部位的施工顺序，也导致施工效率降低。

在开始加速施工以后，直到建成工程项目，承包商的施工记录总用技工 20 237 个工日，普工 38 623 个工日。但根据投标书中的工日定额，完成同样的工作所需技工为 10 820 个工日，普工 21 760 个工日。这样，多用的工日系由于加速施工形成的生产率降低，增加了承包商开支。承包商索赔费用见表 4-3。

表 4-3　承包商索赔费用表

项目	技工	普工
实际用工/工日	20 237	38 623
按合同文件用工/工日	10 820	21 760
多用工日/工日	9 417	16 863
每工日平均工资/元	31.5	21.5
增支工资款/元	296 636	362 555
共计增支工资/元	659 191	

(2) 工期延长施工管理费增支　根据投标书及中标协议书，在中标合同价 1 832 900 元中包含施工管理费及总部管理费 1 270 134 元。按原定工期 18 个月（547 个日历天数）计，每日平均管理费为 2 322 元。在原定工期 547 天的前提下，业主批准承包商采取加速措施，并准予延长工期 176 天，以完成全部工程。在延长施工的 176 天内，承包商应得管理费款额为

$$2\,322\ \text{元}/\text{天} \times 176\ \text{天} = 408\,672\ \text{元}$$

但是，在工期延长期间，承包商实施业主的工程变更指令，所完成的工程款中已包含了管理费 287 322 元（则可以按比例反算工程变更增加工程费为 414 万元人民币，相当于正常 4 个月工作量）。为了避免管理费的重复计算，承包商应得的管理费为

$$408\ 672\ 元 - 287\ 322\ 元 = 121\ 350\ 元$$

（3）其他费用计算

1）人工费调价增支。根据人工费增长的统计，在后半年施工期间工人工资增长 3.2%，按规定进度人工费调整，故应调增人工费。本工程实际施工期为 2 年，其中包括原定工期 18 个月（547 天），以及批准工期延长 176 天。在 2 年的施工过程中，第一年是按合同正常施工，第二年是加速施工期。在加速施工的 1 年，按规定在其后半年进行人工费调整（增加 3.2%），故应对加速施工期（1 年）的人工费的 50% 进行调增，即

技工　20 237 元 × 31.5/2 × 3.2% = 10 199 元
普工　38 623 元 × 21.5/2 × 3.2% = 13 286 元
共调增 23 485 元。

2）材料费调价增支。根据材料价格上调的幅度，对施工期第二年内采购的三材（钢材、木材、水泥）及其他建筑材料进行调价，上调 5.5%。由统计计算结果，第二年度内使用的材料总价为 1 088 182 元，故应调增材料费

$$1\ 088\ 182\ 元 \times 5.5\% = 59\ 850\ 元$$

3）机械租赁费。租赁费为 65 780 元，是按租赁单据上的款额列入。

4）分包商装饰工程增支。根据装饰分包商的索赔报告，其人工费、材料费、管理费以及合同规定的利润索赔总计为 187 550 元。

分包商的索赔费如数列入总承包商的索赔款总额以内，在业主核准并付款后悉数付给分包商。

5）增加投资贷款利息。由于采取加速施工措施，并延期施工工期，承包商不得不增加其资金投入。这批增加的投资，无论是承包商从银行贷款，或是由其总部拨款，都应从业主方面取得利息款的补偿，其利率按当时的银行贷款利率计算，计息期为一年，即

$$总贷款额为 1\ 792\ 700\ 元 \times 8.5\% = 152\ 380\ 元$$

6）履约保函延期开支。根据银行担保协议书规定的利率及延期天数计算，履约保函延期开支为 52 830 元。

上述 1）~ 6）项合计为 541 875 元。

再加上（1）项和（2）项总计 541 875 元 + 659 191 元 + 121 350 元 = 1 322 416 元

则利润应为

$$1\ 322\ 416\ 元 \times 8.5\% = 112\ 405\ 元$$

所以索赔款总计 1 322 416 元 + 112 405 元 = 1 434 821 元

针对承包商的索赔报告，监理工程师和业主经过分析认为：

（1）和（2）两项费用计算合理。

（3）项中机械租赁费中有部分费用用于工程变更，核定机械租赁费 43 670 元；分包商索赔核定 126 700 元；增加投资借款利息中有 414 万元为工程变更增加的贷款利息，已经包含在该部分工程结算价中。核定增加投资借款利息为

$$1\ 348\ 700\ 元 \times 8.5\% = 114\ 640\ 元，不计取利润。$$

综上批准索赔款：
（1）加速施工期间的生产效率降低损失费为 659 191 元。
（2）加速并延长施工期的管理费为 121 350 元。
（3）人工费调价增支 23 485 元。
（4）材料费调价增支 59 850 元。
（5）设备租赁费为 43 670 元。
（6）分包装饰工程增支 126 700 元。
（7）增加资金贷款利息 114 640 元。
（8）履约保函延期增支 52 830 元。
以上各项合计 1 201 716 元，承包商接受了业主和监理工程师的意见。

练 习 题

思考题

1. 简要说明索赔费用的构成。
2. 人工窝工费一般应如何计算？
3. 机械窝工费一般应如何计算？
4. 如何计算工地管理费和总部管理费？
5. 哪些情况下可以计算利润的索赔？
6. 索赔费用的计算一般有哪几种方法？

案例分析题

某移动公司与某施工单位签订了建造移动通信发射基地施工合同。合同工期为 38 天。乙方按时提交了施工方案和施工网络进度计划（图 4-3），并得到甲方代表的批准。

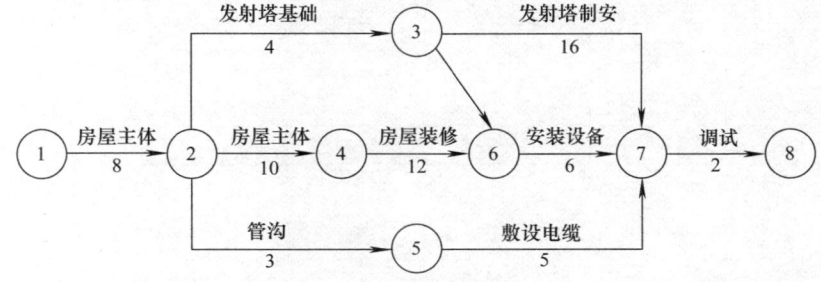

图 4-3 施工方案和施工网络进度计划

在施工过程中发生了如下事件：①在房屋基坑开挖后发现局部有软弱下卧层，按甲方代表指示乙方配合地质复查，配合用工 10 个工日。地质复查后按甲方代表批准的地基处理方案增加直接费 4 万元，因地基复查和处理使房屋基础作业时间延长 3 天，人工窝工 15 个工日。②在发射塔基础施工时，因发射塔原设计尺寸不当，甲方代表要求拆除已施工的基础重新定位施工。由此造成增加用工 30 工日，材料费 1.2 万元，机械台班费 3 000 元，作业时间拖延 2 天。③在房屋主体施工中，因施工机械故障，造成工人窝工 8 个工日，该项作业时间延长 2 天。④在房屋装修施工基本结束时，甲方代表对某项电气暗管的设置位置是否准确有疑义，要求乙方进行剥露检查。检查结果为该部位的偏差超出了规范允许范围，乙方进行返工处理，合格后甲方代表予以签字验收。该项工作用工 20 工日，材料费 1 000 元，作业时间延长 1 天。⑤在敷设电缆时，因乙方购买的电缆线材质量差，甲方代表令乙方重新购买合格线材，由此造成该项工作多用人工 8 个工日，作业时间延长 4 天，材料损失费 8 000 元。其余各项工作实际作业时间和费用均与原计划相符。

问题：

(1) 在上述事件中，乙方可以就哪些事件向甲方提出补偿要求和费用补偿要求？为什么？

(2) 该工程的实际工期为多少天？可得到的工期补偿为多少天？

(3) 假设工程所在地人工费标准为 30 元/工日，应由甲方给予补偿的窝工人工费补偿标准为 18 元/工日，该工程综合取费率为 30%。则乙方应该得到的索赔款为多少？

第5章 索赔分析

5.1 经济索赔分析

经济索赔分析是指承包商向业主要求补偿不应该由承包商自己承担的经济损失或额外开支，取得合理的经济补偿。即在实际施工过程中所发生的施工费用超过了投标报价书中该项工作所确定的费用，而这项费用的超支责任不是承包商方面的原因，也不属于承包商的风险范围。

5.1.1 责任分析

施工索赔能够成立的条件首先应当是不属于承包商的责任或风险范围。只有满足这一条件承包商才有权获得相应的损失补偿。所以，一个索赔事项发生以后，承包商首先要明确责任归属。确定不是承包商的责任，也不是合同中约定由承包商承担的风险，此时才有索赔权。要做到这一点，就要进行具体的合同分析。

5.1.2 合同分析

承包商要论证自己的经济索赔要求，就要在合同条件中寻找相应的合同依据，并据此判断承包商有索赔权。

1. 合同规定的索赔

合同规定的索赔是指承包商所提出的索赔要求，在该工程项目的合同文件中有明确的文字依据，承包商可以据此提出索赔要求，取得经济补偿。这些在合同文件中有文字规定的合同条款，称为"明示条款"或"明文条款"。

例如，FIDIC《施工合同条件》中就有：在施工过程中遇到了"不可预见的物质条件"（4.12）；工程师发布工程变更指令使承包商发生了额外的施工费用（13条）；施工中遇到了业主应该承担的风险，已经由承包商承担完成了施工（17.3）；业主方面违约引起承包商支付额外的费用（16），不可抗力（19）等。我国的《建设工程施工合同（示范文本）》中也有一些相应的明示条款，如开工和延期，工期的延误，检查和返工，合同价款的调整与支付等方面都有明确的规定。这些有明确规定的合同条款都是承包商进行索赔的最直接依据。

工程项目合同条件中有明示条款的索赔都属于合同规定的索赔，一般发生时不容易产生纠纷，处理起来比较容易。

2. 非合同规定的索赔

非合同规定的索赔是指承包商的索赔要求虽然在工程项目的合同条件中没有专门的文字叙述，但可以根据该合同条件的某些条款的含义推论出承包商有索赔权，有权得到相应的经济补偿。这种有经济补偿含义的合同条款称为"默示条款"或者"隐含条款"。

默示条款是一个广泛的合同概念，它包括合同明示条款中没有写入但符合合同双方签订合同时的设想、愿望和当时的环境条件的一切条款。这些默示条款或者从明示条款所表述的设想愿望中引导出来，或者从合同双方在法律上的合同关系中引导出来，经合同双方协商一致或被法律或法规所指明，成为合同文件的有效条款，要求合同双方遵照执行。

3. "可推定的"合同条款

在解释合同条件时，美国率先使用了"可推定的"合同条款这一概念，并在合同争端的法院判决词中使用。此后，在一些其他国家的合同解释中也逐步开始采用这个说法。

所谓"可推定的"，就是指"实际上已经形成的"，而且是合同双方均"已经知道的"。例如，在施工进行过程中，业主方面的领导人员或监理工程师口头指示承包商进行某种施工变更或要求进行追加工作，承包商已经照办，业主方面的主要合同管理人员也已经知道，这一个工程变更便已经形成为"可推定的工程变更"，它的合法性已经得到业主的认可，因而应该得到相应的经济补偿。当然承包商要提出相应的证据证明业主方面曾经下过指示，在实施变更过程中监理工程师曾到施工现场对正在实施的变更进行过检查和指导等。

除了工程项目的全部合同文件以外，承包商还可以依据工程所在国的法律法规及类似情况成功的索赔案例来论证自己的索赔权。

案例 5-1 依据可推定的合同条款进行索赔

某建筑施工企业通过投标承包了某变电工程的部分工程项目的施工。工程项目按照 FIDIC 合同条件实施，中标合同价为 580 万元，合同工期为 24 个月。

在施工过程中，遇到当地百年一遇的特大暴雨，暴雨引发了洪水，洪水淹没了部分已完工程，使该工程不能按合同工期完工。在洪水过后，工程师主持召开了工地会议。会议上工程师表达了业主的意愿，口头提出希望承包商能加快施工，把洪水引起的工期延误赶回来，保证工程能按期完工并交付使用。承包商按照工程师的要求，加大资源的投入，加班加点，按合同原定施工工期建成工程，并提出了加速施工引起的额外费用索赔，却遭到工程师的拒绝。业主方认为加速施工是承包商自主采取的行为，没有工程师的书面加速施工指令，为此承包商提起诉讼。

法院审理认为，虽然承包商没有工程师的书面的加速施工指令，但工程师口头表示希望承包商加快施工速度，使工程按时建成，双方管理人员都已知道，工程师在后来的施工过程中也是按此进行检查，形成了"可推定的"加速施工，应该给予承包商相应的经济补偿，最后法院支持了承包商的诉讼请求。

4. 工程所在国的法律法规

由于工程项目的合同文件适用于工程所在国的法律，所以该国的法律、法规和规定中的相关条文都可以引用来证明自己的索赔权。例如，在我国的《建设工程质量管理条例》第九条中明确规定，建设单位必须向有关的勘察、设计、施工、工程监理等单位提供与建设工程有关的原始资料。原始资料必须真实、准确、齐全。根据此规定，如果由于建设单位所提供的资料不准确导致承包商受损失，承包商就可以据此提出索赔。因此，承包商必须熟悉工程所在国的有关法律规定，明确法律法规对合同对方的法律责任和义务的规定，以及法律所赋予己方的权力，从而合理利用它来确定自己的索赔权。

5. 类似情况成功的索赔案例

许多国家工程项目合同文件采用 FIDIC 合同条件、ICE 合同条件或者其他属于世界普通法系的合同条件，这些合同条件实行"案例裁决"的原则，在裁决时往往参照类似的先例，因此承包商可以通过调查研究或查阅相关案例来论证自己有索赔权。

5.1.3 常见的经济索赔分析

前面讲述了索赔费用的构成与计算，在这里要注意理解在 FIDIC 条件下的费用的概念。FIDIC 条款中明确指出"成本（费用）"是指承包商在现场内外发生的（或）将发生的所有合理开支，包括管理费用及类似的支出，但不包括利润。经济索赔的大部分情况是进行费用索赔，但是经济索赔不仅仅只是进行费用索赔，有些情况是可以索赔利润的，即对预期利润减少要求的补偿。因此，在对经济索赔进行分析时，一定要搞清楚哪些情况只可以索赔费用，而哪些情况还可能索赔利润。

1. 工程范围变更

工程范围变更的经济索赔是指业主和工程师指令承包商完成某项工作，而承包商认为该项工作已超出原合同的工作范围或者超出承包商投标时所能够估计的施工条件，要求业主补偿其新增的开支。

（1）FIDIC 条件中关于工程变更范围的规定

在 FIDIC《施工合同条件》1999 年版的第 13.1 款规定了变更的范围如下：

1）合同中包括的任何工作内容的数量的改变。
2）任何工作内容的质量或其他特性的改变。
3）任何部分工程的标高位置和（或）尺寸的改变。
4）任何工作的删减，但要交他人实施的工作除外。
5）永久工作所需的任何附加工作、生产设备、材料或服务，包括任何有关的竣工试验、钻孔和其他试验和勘探工作。
6）实施工程的顺序或时间安排的改变。

（2）FIDIC《施工合同条件》1999 年版中变更工程单价的确定原则

1）按照报价书中的单价计算工程款。工程师在综合考虑变更工程的性质、数量，变更工程对施工开办费的影响程度，发布工程变更指令的时间，变更工程的施工方法以及变更工程的位置与原合同工程的差异程度等方面以后，如果工程师认为投标的单价适合于此项变更工程，则可以决定按投标单价计算变更工程的价款。则变更工程款额为

$$变更工程款额 = 合同中相应单价 \times 实际完成的工程量$$

2）参照投标单价确定新单价。如果原单价与变更工程的性质、数量、地点、施工方法等差别较大，不适用原单价时，可以参照原单价数额确定一个合理的新单价，这时可以用直线插入法或按比例分配法确定新单价。

3）重新确定新单价。如果变更工程与合同范围内的工作性质完全不同，不能参照采用投标单价时，由工程师邀请业主及承包商进行充分协商，共同确定一个合理的新单价。如果工程师与承包商不能协商一致，则由工程师确定一个他认为合理的单价，通知承包商并抄报给业主。

如果工程师指示有上述工作发生，按照 FIDIC 合同条件第 13.3 分条款，"如果工程师在发出变更指示前要求承包商提出一份建议书，承包商应尽快作出书面回应，或提出他不能照办的理由，或提交对建议要完成工作的说明，以及实施的进度计划，对原定的进度计划和竣工时间提出必要修改的建议书和对变更估价的建议书"，"工程师收到此类建议书后应尽快给予回复"。

按照 FIDIC12.3 条款，如果"对于 FIDIC 中第 13 款规定指示的工作，合同中没有规定该项工作的费率或价格"，或"由于工作性质不同，或在与合同中任何工作不同的条件下实施，未规定适宜的费率或价格"，也就是说，当工程师认为任何变更工程的性质或数量与原合同工程有重大差异，而使原单价或价格不宜采用时，则相关的费率或价格"应根据实施该工作的合理成本和合理利润，并考虑其他相关事项后得出"。因此为了正确地确定这些新单价或者价格，必须要懂得这些单价的组成部分，能进行新的单价分析，并具备确定价格的可靠的知识。

4) 变更超过10%，进行合同价调整。FIDIC 合同条件第12.3 分条款规定，如果"该项工作测出的数量变化超过工程量表或其他资料表中所列数量的10%以上"，或者"此数量变化与该项工作规定的费率的乘积超过中标合同金额的0.01%"，或者"此数量变化直接改变该项工作的单位成本超过1%"或者合同中没有规定该项工作为"固定费率项目"，应该通过协商对合同价进行调整。不过，在实际工程中，如果专用条款中规定的不同，则以专用条款中的规定为准。

案例 5-2 工程变更索赔计算

某承包商中标一房屋建筑工程，合同条件为 FIDIC 施工合同条件（1999 年版），开始施工后，工程师先后发出多个变更令，其中几项如下：

1) 基础工程混凝土工程量大幅度增加。情况如下：合同中该分项工程量为 $400m^3$ 混凝土，合同单价为 200 元/m^3，合同专用条款中规定，单项工程量变化超过25%即调整单价。如果工程量增加，单价调整为 190 元/m^3。如果工程量减少，单价调整为 210 元/m^3。实际施工工程量为 $600m^3$，则该工程结算价应为：

在工程量增加25%范围以内用原价　　　　$200 \times 400 \times 1.25 = 10\ 000$ 元
超过25%的部分采用调整后的单价　　　　$190 \times (600 - 400 \times 1.25) = 19\ 000$ 元
合计：　　　　　　　　　　　　　　　　$100\ 000 + 19\ 000 = 119\ 000$ 元

2) 施工图和工程量表中关于梁和楼板的混凝土强度等级的描写有矛盾，工程量表中为 C20，施工图标注为 C25，承包商就此向业主和工程师咨询后，工程师发布指令：梁和楼板均按 C25 混凝土施工。

根据工程量表，钢筋混凝土楼板厚为 25cm，工程量为 $1230m^3$，单价为 542.7 元/m^3，钢筋混凝土梁横断面为 $30cm \times 45cm$，工程量为 $450m^3$，单价为 523.3 元/m^3，均为 C20 混凝土。

由于工程量表中指定为 C20 混凝土，而工程师发布指令按施工图 C25 混凝土施工，因此，承包商认为该变更构成索赔，提出补偿 C20 和 C25 混凝土的价差。根据单价分析，两种强度等级的混凝土单价差为 18.84 元/m^3，故承包商提出索赔款额为

$$(1\ 230 + 450)m^3 \times 18.84 \text{元}/m^3 = 31\ 651.2 \text{元}$$

(3) 新增工程　对于工程范围的变化，尤其要注意"新增工程"。这些新增工程可能包括各种不同的范围和规模，工程量也很大。按照其是否属于工程项目合同范围以内，将新增工程分为"附加工程"和"额外工程"。

1) 附加工程。附加工程也叫做"合同内的新增工程"，是指该工程为合同项目所必不可少的工程，如果缺少了这些工程，该合同项目便不能发挥合同预期的作用。这种附加工程

是承包商在接到工程师的工程变更指令后必须完成的工作,无论这些工作是否列入该工程项目的合同文件的工程量表中。对于合同内的附加工程承包商无权拒绝,价格的计算也以原中标合同报价作为依据。

2)额外工程。额外工程也叫做"合同外的新增工程",是指工程项目合同文件中的工作范围中没包括的工作,缺少了这些工作,原订合同工程项目仍然可以运行并发挥效益。因此额外工程实际上是一个新增的工程项目,而不是原来合同项目工程量表中的一个新的施工项目。有时业主通过新增工程增加工程范围,仍想按原中标合同价支付工程款。在这种情况下,因为合同单价是按工程开始前的条件确定的,施工过程中物价等因素可能已经上涨,因此价格有可能会与实际市场价格背离。尤其是不可调价合同,影响更大。同时由于竞争的压力承包商会采用压低报价以求中标,所以合同单价相对较低。对于合同外的新增工程,承包商有权拒绝执行,或者要求重新签订协议,重新确定价格,使承包商可以在现在的市场价格基础上计算新增工程的价格。

在工程项目的合同管理和索赔工作中,应该严格区分"附加工程"和"额外工程",不能把它们混为一谈。因为在合同管理工作中,处理这两种工作范围不同的工程时,有不同的合同手续和做法。新增工程分类表见表 5-1。

表 5-1 新增工程分类表

工作性质	工作范围	是否属于工程量表中的内容	工程变更指令	单价	结算支付方式
新增工程	附加工程:属于原合同工作范围以内的工程	列入工程量表的工作	不必发变更指令	按投标单价	按合同规定的程序按期结算支付
		未列入工程量表中的工作	要补发变更指令	议定单价	
	额外工作:超出原合同工作范围的工程	不属于工程量表中的工作项目	发变更指令	新定单价	提出索赔按期支付
			或另订合同	新定单价或合同价	提出索赔,或按新合同程序支付

在确定合同工程的工作范围时,如果是包括在招标文件中的工程范围中所列的工作,并在工程量表、技术规程以及设计图中所标明的工程,属于"附加工程";工程师批示进行的工程变更如属于根本性的变更,就属于"额外工程";如果发生工程变更的工程量或款额超过了一定的界限,超出了"附加工程"的范围,就应属于"额外工程"。如果属于"附加工程",在计算工程款时应按照投标文件工程量表中所列的单价进行计算,或参照类似工作的单价计算。如果确定属于"额外工程"则应重新议定单价,按新单价支付工程款。

案例 5-3 额外工程索赔

某建筑公司承包一组(共 10 个)粮仓的施工,合同工期为 10 个月,合同价为 5 867 500 美元。

在施工期间,业主要求在此组粮仓旁边另加 2 个同样的粮仓。承包商认为,这是合同工作范围以外的额外工程,应按实际费用法计算工程款,不同意按中标文件的单价进行结算。业主和主管项目的合同官员表示同意。承包商提出了如下的索赔款汇总表,并附以大量的票据证件及计算书，报合同官员及业主审核并予以支付。经合同官员及审计师审核，基本同意了承包商的索赔报告书，并向业主单位写出建议书。

增加粮仓施工索赔汇总表

人工费	123 950 美元
材料费	100 730 美元
设备费	67 380 美元
临时设施	23 860 美元
直接费合计	315 920 美元
现场管理费	315 920×0.08＝25 274 美元
总部管理费	(315 920＋25 274)×0.055＝17 060 美元
保险费	6 895 美元
贷款利息	24 000 美元
利润5%	17 913 美元
索赔款总计	407 062 美元

(4) 我国《建设工程施工合同（示范文本）》（GF—2013—0201）对变更工程的规定。

1) 变更工程范围。具体包括：

①增加或减少合同中任何工作，或追加额外的工作。

②取消合同中任何工作，但转由他人实施的工作除外。

③改变合同中任何工作的质量标准或其他特性。

④改变工程的基线、标高、位置和尺寸。

⑤改变工程的时间安排或实施顺序。

2) 变更的程序。具体如下。

建设单位和监理工程师均可以提出变更。变更指标均通过监理工程师发出，但监理工程师发出变更指示前应征得建设单位同意。承包商收到经建设单位签认的变更指示后，方可实施变更。未经许可，承包商不得擅自对工程的任何部分进行变更。

涉及设计变更的，应由设计单位提供变更后的设计图和说明。如变更超过原设计标准或批准的建设规模时，建设单位需及时办理规划、设计变更等审批手续。

承包商可以向监理工程师提交合理化建议说明，说明建议的内容和理由，以及实施该建议对合同价格和工期的影响。监理工程师审查并提请建设单位批准后，可发出变更指示。

建设单位提出变更的，应通过监理工程师向承包商发出变更指示，并在变更指示中说明计划变更的工程范围和变更的内容。

监理工程师提出变更建议的，需要向建设单位以书面形式提出变更计划，说明计划变更工程范围和变更的内容、理由，以及实施该变更对合同价格和工期的影响。建设单位同意变更范围和变更的内容、理由，以及实施该变更对合同价格和工期的影响。建设单位同意变更的，由监理工程师向承包人发出变更指示。建设单位不同意变更的，监理工程师无权擅自发出变更指示。

承包商收到监理工程师下达的变更指示后，认为不能执行，应立即提出不能执行该变更指示的理由。承包商认为可以执行变更的，应当书面说明实施该变更指示对合同价格和工期的影响，并按合同约定的程序和方法确定变更估价。

3）变更估价的原则。具体如下。

①已标价工程量清单或预算书有相同项目的，按照相同项目单价认定。

②已标价工程量清单或预算书中无相同项目，但有类似项目的，参照类似项目的单价认定。

③变更导致实际完成的变更工程量与已标价工程量清单或预算书中列明的该项目工程量的变化幅度超过15%的，或已标价工程量清单或预算书中无相同项目及类似项目单价的，按照合理的成本与利润构成的原则，由建设单位与承包单位按照合同规定的程序确定变更工作的单价。

4）变更估价的程序。

承包商应在收到变更指示后14天内，向监理工程师提交变更估价申请。监理工程师应在收到承包商提交的变更估价申请后7天内审查完毕并报送建设单位，监理工程师对变更估价申请有异议，通知承包商修改后重新提交。建设单位应在承包商提交变更估价申请后14天内审批完毕。建设单位逾期未完成审批或未提出异议的，视为认可承包商提交的变更估价申请。

因变更引起的价格调整应计入最近一期的进度款中支付。

2. 施工条件变化

施工条件变化引起的费用索赔是指，如果在施工过程中，承包商遇到了"不可预见的物质条件"，承包商对为完成合同规定的工作要用超出原定的时间和花费计划外的额外开支的索赔。这里的"物质条件"是指承包商在现场施工时遇到的自然物质条件和人为的及其他物质障碍和污染物，包括地下和水文条件，但不包括气候条件（根据FIDIC4.12款）。如果承包商遇到他认为不可预见的不利的物质条件，应尽快通知工程师，在通知中应说明遇到了什么样的物质条件以便工程师进行检验，并应提出为何承包商认为是不可预见的理由。同时，承包商应该采取适合现有物质条件的合理措施继续施工，并应遵循工程师可能给出的任何指示，如果某项指示构成工程变更，要按照变更和调整的相应条款规定处理。

如果承包商遇到了不可预见的物质条件，并按规定发出通知，而这些条件达到遭受延误和（或）增加费用的程度，承包商有权根据索赔的相应条款的规定，要求对任何此类延误给予延长工期（注意：应是使竣工时间已经或将要受到延误），并有权对任何此类费用得到相应补偿。

施工现场条件的变化通常是指施工现场的地下条件的变化，如地质条件、地基情况、地下水及土壤条件的变化等，导致项目实施的严重困难。而这些不利的条件或者障碍同招标文件中的描述相差极大或者根本没有提到。如：在开挖现场挖出的岩石或砾石的位置和高程与招标文件中所述的说明书中所注明的差别甚大；招标文件钻孔资料注明是坚硬岩石的部位出现的是松软材料；实际的破碎岩石或其地障碍物的实际数量大大超过招标文件中的数量；实际遇到的地下水在位置、水量、水质等方面与招标文件中的数据相差悬殊；需要压实的土壤的含水量与合同资料中给出的数值差别过大，增加了碾压工作的难度或工作量等情况都属于招标文件描述现场条件失误，也就是说在招标文件中对施工现场存在的不利条件虽然已经提出，但严重失实或位置差异极大或严重程度相差极大，从而对承包商的施工方案造成误导。还有一些不利的现场条件是在招标文件中根本没有提到，而且按该工程的一般施工实践是一个有经验的承包商难以预见的情况，如：在开挖基础时遇到了古代建筑遗迹、古物或者化石；遇到了高度腐蚀性的地下水或有毒气体，给承包商的施工人员和设备造成意外的损失；

在隧洞开挖过程中遇到类似地质条件下隧洞施工中罕见的、强大的地下水流等情况。对于这些不利的现场条件，都是一般施工实践中承包商难以预料的，会给承包商施工带来严重困难，并引起相应施工费用的增加以及工期的延长，从合同责任上说不属于承包商的责任，应该给予相应的经济补偿和工期延长。

工程师收到此类通知以后，要对该物质条件进行检验和（或）研究，然后与承包商进行商定或确定此类物质条件是否不可预见，达到不可预见的程度如何，然后据此确定应给予承包商的工期延长和费用补偿的额度。同时FIDIC《施工合同条件》中也提出，工程师在最终确定上述不可预见的物质条件造成的延误和费用增加以前，还要考虑工程类似部分的其他物质条件是否比承包商提交投标书时能合理预见的更为有利，如果达到更为有利条件的程度，工程师可以按相应规定，商定或确定因这些条件引起的费用扣减，也计入合同价格和付款证书。但是这部分扣减额的净作用，不应造成合同价格净减少的结果。

此外，在FIDIC《施工合同条件》4.24款对于化石等物质的发现也有明确规定："在现场发现的所有化石、硬币、有价值的物品或文物，以及具有地质或考古意义的结构物和其他遗迹或物品，应置于雇主的照管和权限下。承包商应采取合理预防措施，防止承包商人员或其他人员移动或损坏任何此类发现物"。"一旦发现任何上述物品，承包商应立即通知工程师，工程师应就处理上述物品发出指示。如承包商因执行这些指示遭受延误和（或）增加费用，承包商应向工程师再次发出通知"，根据FIDIC《施工合同条件》第20.1款的规定，如果竣工已经或将受到延误，对任何此类延误，承包商有权要求相应工期延长，任何此类费用应计入合同价格，给予支付。这两种情况，承包商都是可以索赔"任何此类费用"，但是不包括利润。

案例5-4 施工条件变化索赔

某建筑公司承包了江北一个别墅工程的施工任务，同时要完成通往别墅的附属道路的建设。合同文件有：FIDIC施工合同条件、施工技术规程、工程量清单及施工图。施工技术规程要求：将挖出的土料用于别墅基础和道路的填方部位，多余的弃土运至指定的弃土场。

在施工过程中，承包商发现基础土质和投标时预测的大不相同，在应该挖到坚硬土层的地方未见坚硬土层，地基土没有达到设计预计的地基承载力，要求修改基础的设计。挖方地段挖出的土料太湿，不能用于填筑别墅基础和道路的填方地段。因此，用这些挖方土料修筑道路的施工计划落空。由于这条道路是施工设备进场的必经之道，道路修建拖后，将使整个别墅工程的施工拖后。

由于合同项目的施工拖延5个月，业主非常不满，承包商也以"不利的现场条件"为由，向业主提出了延长工期、补偿经济损失的索赔要求。

等待设计变更造成25名人员窝工2天，机械闲置2天

窝工人工费	1 250 美元
窝工机械费	1 600 美元
开挖工增加	125 600 m^3
开挖直接费增加	12 560 m^3 × 1.5 美元/m^3 = 18 840 美元
购进填筑别墅基础和道路的填方土	31 500 m^3 × 5.2 美元/m^3 = 163 800 美元
增加处理弃土	31 500 m^3 × 0.5 美元/m^3 = 15 750 美元

拖期 4 个月的管理费增加	11 000 美元 × 5 = 55 000 美元
利润	12 120 美元
合计	283 770 美元

承包商提出的索赔要求补偿经济损失 283 770 美元,给予工期延长 5 个月。

工程师在取得业主同意后,向承包商发出回复函:

1) 关于基础土质的状况,我请你注意通用条件的第 12.1 分条款,那里指出:"承包商对自己的投标书和工程量清单中的价格与单价的完备性与正确性是满意的,"况且我们已经向你提供了钻孔资料,以及现场的坑探资料,认为你们会得出正确的论断。所以对承包商购进填方土不予补偿。

2) 对于设计变更导致的工期增加和窝工损失,以及增加开挖量予以批准,补偿工期 0.5 个月。

所以批准补偿承包商经济损失:

窝工人工及机械费	1 250 美元 + 1 600 美元 = 2 850 美元
开挖直接费增加	18 840 美元
管理费增加	5 500 美元
利润	(18 840 + 5 500) 美元 × 0.05 = 1 217 美元
合计	28 407 美元

该案例中购进填方土的索赔之所以未获得批准的原因,主要是因为工程师认为项目的施工条件变化不属于承包商无法预见的。所以,如果要让此类索赔成功,其关键在于能够让工程师认可这是一个有经验的承包商都无法预见的施工条件变化。

3. 加速施工

时间对于工程项目非常重要。业主的收益往往依赖于项目在预期完成时间内投入使用。因此,当工程项目的施工计划进度受到干扰,致使工程有可能不能按时建成时,如果工期延误的责任不是由于承包商的原因,这时业主要面临两种选择,如果加速施工引起的成本的增加大于工程延期投入所产生的效益,业主就会允许承包商拖后竣工的时间,使工程项目较晚些发挥经济效益;另外一种选择就是要求承包商采取加速施工措施,宁可增加工程成本也要按计划工期建成投产。在这种情况下,就可能出现加速施工的索赔。当然,承包商也非常重视项目的完成时间,如果由于自身的原因导致项目不能按时完工,就有可能支付工期罚款或失去新的工程投标机会。但此种情况下的加速施工是承包商的自愿行为,不能构成索赔事项。所以,承包商在进行加速施工索赔时,必须证明加速施工的费用是由于业主原因引起的。

加速施工通常有两种形式:直接的加速施工和可推定的加速施工。直接的加速施工是业主直接命令承包商在合同规定的工期以前完成工程。此时业主通常应该向承包商发出书面加速施工指令,审核承包商提出的加速施工措施,明确加速施工费用的支付问题。而作为承包商,则要就加速施工所增加的成本开支提出书面索赔报告。可推定的加速施工是由于非承包商的原因引起的工期延误,承包商有权要求工期延长,而业主拒绝调整项目的工期,而且要求承包商在项目合同初始的工期内完成项目而带来的加速施工。

(1) 加速施工要考虑的成本增加 采取加速施工时,承包商要相应加大资源投入量,使原计划工程成本相应增加,这些增加的成本主要有:

1) 采购或租赁新增加的施工机械和有关设备的费用。
2) 加班施工或增加施工人员数量导致人工费的增加。
3) 增加建筑材料，生活物资供应导致相应投资费用的增加。
4) 工地管理费的增加。
5) 为提高劳动生产率增加的相应奖励费用等。

(2) 加速施工持续天数的确定　如果工程拖期是由于施工效率降低引起的，业主应该给承包商相应天数的"工期延长"，这个延长以后的"实际工期"与原计划工期的差，就是要求承包商加速施工的天数。即

$$实际工期 = 计划工期 \times \left(1 + \frac{原定效率 - 实际效率}{原定效率}\right)$$

式中　原定效率——投标文件中所列明的施工效率；
　　　实际效率——由于受到干扰而降低，实际运到的施工效率。

$$加速施工天数 = 实际工期 - 计划工期$$

如果是其他原因引起的工期拖延，则拖期的时间就是要加速施工的天数。

(3) 确定加速施工费用的计算　加速施工费用的计算可以经双方协商，也可以以奖金的方式支付。这取决于合同的约定或双方协商的结果。

(4) 加速施工索赔的证据　承包商在进行直接加速施工索赔时，应当提供如下证据：
1) 工程师（业主）发出了口头或者合同要求的书面的加速施工指令。
2) 承包商采取了合理的措施以实现加速施工。
3) 加速施工已经发生。
4) 承包商承担了额外的损失。

案例 5-5　加速施工索赔

某建设工程，底层为商企，上层为写字楼，业主准备建成后出租并且已经与房屋的租赁人签订了租赁合同，规定了房屋交付日期，如不能按时交付，业主将支付违约罚金。该建设工程的合同价为 420 万美元，承包商报价中管理费占 12.5%，合同工期为 68 周。

在施工过程中发生如下情况，使工程施工进展受到影响：
1) 土方开挖过程中，在招标文件中说明是普通土的位置上发现有大量碎石，影响了承包商的施工进度，引起施工拖延。
2) 在土方开挖过程中发现一些化石，考古专家考查化石的价值，引起施工拖延。
3) 设备运输和安装的业主指定的分包商违约。
4) 地下室结构施工过程中工程师变更指令造成工期延误。

鉴于以上情况，承包商提出了延长工期 10 周的索赔要求。由于业主已经与房屋租赁人签订了租赁协议，所以业主坚决不同意给予承包商工期延误，并指令承包商必须按原定工期完成工程。工程师为此和业主沟通，指出由于上述事件的影响，按合同规定承包商有权要求工期的延长，不应责令承包商在原定工期内完成工程。但因为业主已经与房屋租赁人签订了租赁合同，为了能按期将房屋出租，可以与承包商协商，给承包商一定的价格补偿，要求承包商加速施工。业主同意了工程师的意见，批准工程师与承包商商谈此事。

首先，解决承包商的索赔问题。对于承包商提出的延长工期 10 周的索赔要求，工程师

经过仔细分析，排除了一些属于承包商的责任和风险因素，最终给予承包商延长工期 8 周。

对于这 10 周的工期延长，承包商提出了如下费用索赔：

在土方开挖过程中遇到碎石	25 200 美元
发现化石	14 950 美元
业主指定分包商违约	32 800 美元
地下室业主指令变更	45 630 美元
合计	118 580 美元

工程师经过分析计算，认为索赔款的计算中，如人工窝工、机械停滞的费用等计算有误，不能按照正常人工费和机械使用台班费计算，人工要考虑安排其他工作的降效，机械应按折旧费台班计算，最终确定索赔额为 85 630 美元，承包商接受此决定。

由于业主要求该工程必须要按时建成，即要求承包商加速施工 8 周，为此承包商提出了相应的费用补偿要求：

提前 8 周增加费用	128 000 美元
考虑风险因素	5 000 美元
合计	133 000 美元

承包商压缩工期可能节省的管理费

(4 200 000 万美元 × 0.125/1.125)/68 周 × 8 周 = 54 900 美元

将管理费从承包商的索赔款中扣除，批准承包商工期延误及加速施工费用索赔：

总计　　　　　　　85 630 美元 + 133 000 美元 − 54 900 美元 = 163 730 美元

合同双方接受了该结果，索赔得到了很好的处理。

4. 可补偿延误

工程施工中的延误可以分为可原谅的拖期和不可原谅的拖期。对于承包商来说，如果工程拖期不是由于承包商的责任，而是由于业主原因或客观影响引起工程拖期，承包商是可以得到原谅的。如果工程拖期是由于承包商自身的原因引起的，如施工组织不好，施工效率不高，设备材料供应不足等原因以及应由承包商承担的风险，如一般性的天气不好等影响工程施工进度，此时承包商的拖期是不得原谅的，也无权提出索赔要求。

如果是由于业主方面的原因引起的工期延误，就属于可原谅和应予以补偿的拖期，承包商既有权得到工期延长，又有权得到附加开支的经济补偿。如果是属于客观原因引起的工期延长，既非承包商的责任，也不是业主所能控制的，这种延误属于可原谅但不予以补偿的拖期，承包商有权获得工期延长但不能得到经济补偿。

对于以下情况，一般承包商可以得到相应经济补偿：

1) 工程师书面指令的工程变更，或可推定的工程变更指令，可以获得工期延长及额外的费用补偿。

2) 业主命令停工，但停工的原因不属于承包商的过失，而是业主出于自身方面的原因，如资金匮乏、规划设计的重大变更等，给承包商带来经济损失。

3) 业主命令暂停施工或者指示采用低效率的施工方法和施工顺序，从而造成工期拖延并给承包商带来经济损失。

4) 业主提供的设计图或施工技术规程有错误或含糊矛盾之处，承包商据其施工造成返工浪费或成本增加。

5) 业主不能按照合同规定的时间向承包商提供施工现场，或不能按时提供合同中规定的应由业主提供的建筑材料，从而引起了工期拖延和额外经济亏损。

6) 工程师不能按规定时间向承包商发放施工详图，使承包商等待检查或试验的时间无故拖延，影响施工进度并给承包商造成经济损失。

7) 业主不按照合同规定的时间向承包商支付工程款等。

案例 5-6　可补偿延误索赔

某管道工程，采用固定总价合同。施工协议书签订以后，发生了一系列的事件，给承包商的工期和成本造成了很大影响：业主不能按时提供施工现场；天气情况恶劣，阴雨绵绵；工程师不能按期提供施工详图，施工中出现多次工程变更，影响施工效率和工期等。为此承包商提出了延长工期和经济补偿的要求。经过合同双方的反复协商，达成如下协议：

1) 业主方面同意给承包商延长工期 15 周，其中 10 周用于超出合同范围的新增工程，5 周是由于业主拖交施工图及特别恶劣的天气条件。这 15 周是由于业主责任或者是业主风险，同意给承包商合理的经济补偿。还有 3 周是一般的天气情况，是承包商的风险，不给承包商工期和费用补偿。

2) 对于业主不能按时提供施工现场，工程师认为中标通知书的日期不是提供施工现场的日期，也不是开工日期，不造成工期拖延，承包商同意此意见。

3) 对于迟开工 2 个月，因承包商在正式开工之前已经派二名人员进驻现场，形成了附加开支，经协商，工程师同意补偿这两人的人工费，共计 2 540 美元。

综上，承包商共得费用补偿：

推迟开工的人工费	2 540 美元
拖交施工图及特别恶劣的天气条件	13 854 美元
额外工程	35 400 美元
费用补偿合计	51 794 美元

5. 不可抗力与业主风险

不可抗力是指施工过程中发生的某种异常事件或情况，而这些事件或情况是一方无法控制的，在签订合同之前也不能对之进行合理的准备，发生后又不能合理避免或克服，而且这些事件或情况也不是由对方的原因造成的。一般不可抗力造成的影响是属于业主风险的范围。对于工程承包的风险分担，FIDIC 合同条件中的第 17.3 分条款的"雇主风险"属于业主方面承担的风险，雇主风险主要有：

1) 战争、敌对行动（不论宣战与否）、入侵、外敌行动。

2) 工程所在国内的叛乱、恐怖主义、革命、暴动、军事政变或篡夺政权或内战。

3) 承包商人员及承包商和分包商的其他雇员以外的人员在工程的所在国内的暴乱、骚动或混乱。

4) 工程所在国内的战争军火、爆炸物资、电离辐射或放射性引起的污染，但可能由承包商使用此类军火、炸药、辐射或放射性引起的除外。

5) 由音速或超音速飞行的飞机或飞行装置所产生的压力波。

6) 除合同规定以外，雇主使用或占有的永久工程的任何部分。

7) 由雇主人员或雇主对其负责的其他人员所做的工程任何部分的设计。

8) 不可预见的、或不能合理预期一个有经验的承包商已采取适宜预防措施的任何自然力的作用。

如果上述列举的任何风险达到对多种货物，或承包商文件造成损失或损害的情况，承包商应立即通知工程师，并应按照工程师的要求修正此类损失或损害。如果因修正此类损失或损害使承包商遭受延误和（或）招致增加费用，承包商应进一步通知工程师，并根据承包商索赔的有关规定，如果竣工已经或将受到延误，承包商有权要求对任何此类延误给予延长期；由此所发生的任何此类费用应计入合同价格，给予支付，对于由前述 6) 和 7) 两项情况，还可以获得相应的利润补偿。

在我国，《建设工程施工合同（示范文本）》中也有类似的规定。

案例 5-7 不可抗力索赔

某承包商承揽了在某城市江北修建一座疗养院的工程项目，合同价为 450 万元，合同工期为 18 个月，从 1998 年 4 月 15 日—1999 年 10 月 15 日。由承包商包工包全部材料。

在施工过程中，由于该城市 1998 年夏天发生了该地区百年一遇的大洪水，而该工程正好地处江边不远，造成了部分已完工程被损，部分材料被冲走、被损坏，现场道路等临时设施部分被冲毁，并造成工程施工受阻等多种影响。

为此承包商提出了索赔要求如下：

支付部分被损坏已完工程款	3.45 万元
该被损坏已完工程修整及重建费用	2.48 万元
现场材料损失	1.45 万元
现场道路等临时设施重建费用	0.68 万元
合计	8.06 万元
管理费（9.5%）	$8.06 \times 0.095 = 0.77$ 万元
利润（5%）	$(8.06 + 0.77) \times 0.05 = 0.442$ 万元

同时由于受到洪水影响工期拖延及之后的恢复工程，要求延长工期 10 周，工程师经过认真研究，认为洪水是一个有经验的承包商无法预见的，但也不是业主的责任，是属于不可抗力造成的影响，对于承包商的材料损失，不予以补偿；利润的损失不予以补偿，支付被损坏的已完工程款 3.45 万元中已经包括管理费和利润，不应再重复计算，最后批示如下：

正常支付被损坏的已完工工程款	3.45 万元
被损坏工程修整及重建费用	2.48 万元
现场道路等临时设施重建费用	0.68 万元
管理费	$(2.48 + 0.68) \times 0.095 = 0.3$ 万元
索赔款合计	$2.48 + 0.68 + 0.3 = 3.46$ 万元

批准承包商展延工期 10 周。

6. 物价变化

在工程施工过程中，由于工程所在国的物价变化，对于工期在一年以上的工程项目，就应该在合同条件中考虑物价变化的价格调整问题。FIDIC 合同通用条件第 70.1 分条款专门规定了物价调整的问题。我国的《建设工程施工合同（示范文本）》(GF—2013—0201) 第 11 条也对合同价款的调整有明确的规定。

工程建设项目中合同周期较长的项目，经常受到物价浮动等多种因素的影响，像人工费、材料费、施工机械费等都会发生变化。为了避免承包商或者业主在价格波动中遭受损失，维护合同双方的正当权益，应该对价格的变化进行必要的调整。综合国内外的情况，一般有以下几种调整方法：

（1）造价指数调整法　如果业主和承包商按照当时的预算定额单价计算工程承包合同价时，在竣工时，可以根据合理的工期及当地工程造价管理部门所公布的当时的工程造价指数对原承包合同价进行调整，重点调整那些由于实际人工费、材料费、施工机械费等费用上涨造成的价差，给承包商合理的调价补偿。

$$工程价差调整额 = 工程合同价 \times \left(\frac{竣工时工程造价指数}{签订合同时工程造价指数} - 1 \right)$$

（2）实际价格调整法　这是指对钢材、木材、水泥等大宗材料的价格采取按照实际价格和合同中的价格进行价差的调整。

（3）调价文件计算法　这是指业主和承包商采取按照当时当地的预算价格承包，在合同工期内按照造价管理部门的调价文件的规定，对同期内完成的工程按照实际用量进行差价的调整。

（4）调值公式法　此种方法就是在业主和承包商签订工程承包合同时就明确列出调值公式，作为价差调整的依据。调值公式一般为：

$$P = P_0 \left(a_0 + a_1 \frac{A}{A_0} + a_2 \frac{B}{B_0} + a_3 \frac{C}{C_0} + a_4 \frac{D}{D_0} + a_5 \frac{E}{E_0} \right)$$

式中　　　　　P——调值后合同价款或工程实际结算款；

　　　　　　　P_0——合同价款中的工程进度款；

　　　　　　　a_0——固定要素，代表合同支付中不允许调整的部分；

a_1, a_2, a_3, a_4, a_5——有关各项费用（如人工费用、钢材费用、水泥费用和运输费用等）在合同总价中所占的比重，$a_0 + a_1 + a_2 + a_3 + a_4 + a_5 = 1$；

A_0, B_0, C_0, D_0, E_0——投标截止日期前28天与a_1, a_2, a_3, a_4, a_5…相对应的各项费用的基期价格指数或价格；

A, B, C, D, E…——在工程结算月份与a_1, a_2, a_3, a_4, a_5…相对应的各项费用的报告期价格指数或价格。

在使用该调值公式时应该注意：

① 固定要素和各项有关费用的百分比要在合同中加以确定。一般固定部分取值0.15~0.35，其他部分一般只选择用量大、价格高而且具有代表性的典型人工费和材料费。各部分系数之和相加应该等于1。

② 调整有关各项费用要与合同条款的规定相一致，并注意调整的地点和时点的一致。

案例5-8　物价变化索赔

某承包商承包某工程项目施工，合同价为2 000万元。与业主签订可调价合同，合同中规定的调价公式如下：

$$P = P_0 \times \left(0.15 + 0.35 \frac{A}{A_0} + 0.23 \frac{B}{B_0} + 0.12 \frac{C}{C_0} + 0.08 \frac{D}{D_0} + 0.07 \frac{E}{E_0} \right)$$

式中 A、B、C、D、E——报价时价格指数;
A_0、B_0、C_0、D_0、E_0——调价时价格指数。

在施工过程中,工程所在国物价上涨,承包公司要求进行价格调整,收回物价上涨导致的成本增加。工资、材料物价指数见表5-2。

表5-2 工资、材料物价指数表

报价时价格指数	A_0	B_0	C_0	D_0	E_0
	100	153.4	154.4	160.3	144.4
调价时价格指数	A	B	C	D	E
	110	156.2	154.4	162.2	160.2

采用上述公式计算调整后的合同价为

$$P = 2000 \text{ 万元} \times \left(0.15 + 0.35 \frac{110}{100} + 0.23 \frac{156.2}{153.4} + 0.12 \frac{154.4}{154.4} + 0.08 \frac{162.2}{160.3} + 0.07 \frac{160.2}{144.4}\right)$$

$= 2096$ 万元

通过合同价调整,合同额增加96万元,此为由于物价上涨的索赔款额。

7. 业主拖期付款

《建设工程施工合同(示范文本)》中规定,在进度款支付证书签发后14天内,发包人应向承包人支付工程款(进度款)。发包人超过约定的支付时间不支付工程款(进度款),承包人可向发包人发出要求付款的通知,发包人收到承包人通知后仍不能按要求付款,可与承包人协商签订延期付款协议,经承包人同意后可延期支付,协议应明确延期支付的时间和从计量结果确认后第15天起应付款的贷款利息。发包人不按合同约定支付工程款,双方又未达成延期付款协议,导致施工无法进行,承包人可停止施工,由发包人承担违约责任。

FIDIC条件第14.7款规定,雇主应在中标函颁发后42天或者在收到履约担保和预付款保函后的21天两者中较晚的日期内,向承包商支付首期预付款;要在工程师收到报表和证明文件后56天内,支付各期中的付款证书确认的金额;要在雇主收到最终付款证书后的56天内支付最终付款证书确认的金额。如果承包商没有在上述规定时间收到付款,承包商应有权就未付款额按月计算复利,收取延误期的融资费用。延误期从规定的支付日期算起,而不是颁发任何期中付款证书的日期。如果专用条件中没有规定,融资费用应以高出支付货币所在国中央银行的贴现率三个百分点的年利率进行计算,并应用同种货币支付。

在很多情况下,业主往往拖付工程进度款和索赔款,有时候甚至拖期半年或更久,由此导致承包商融资成本的增加。为此承包商有权要求业主按拖付款时间及一定的利率支付利息。对于拖付款利息索赔,最难解决的是索赔款拖付的利息。一般来说,业主或工程师在对索赔事项进行处理的期间是不计算利息的,除非有明确的证据证明是业主有责任造成索赔问题不能及时处理。然而,这在很多时候是很难有明显的证据的。

案例5-9 工程款拖欠索赔诉讼案例

原铁道部某建筑公司于1990年3月7日与某公安分局签订了建筑安装工程承包合同,承建某看守所工程,建筑面积为3 539m^2,承包方式为包工包料,实行预决算制度,合同价格为200万元,工期为300天。合同对付款方法约定为,合同生效后10日内,发包方一次预付 50 万元备料款，以后按工程进度拨付工程进度款，工程进度款拨到 90% 时停付，留 10% 作为保修金。工程竣工交验后 10 天内，发包方以决算额为依据，付清尾款。发包方收到工程竣工结算书 10 日后仍不结算工程款，应按工程结算总额付给对方贷款利息。合同还约定，工程中途停建、缓建或由于设计错误造成的返工，发包方应赔偿对方因此而造成的损失，并顺延工期。后来在施工过程中，应业主的要求，又增加修建了行政拘留所和预审大楼，但未签订正式合同。1991 年 7 月，因业主方资金不足，工程停工。在停工期间，承包商在工地留有少量人员和部分设备。1992 年 10 月，工程复工。1993 年 9 月 28 日工程未经竣工验收，业主即使用。此后，业主根据需要又对部分工程自行进行了更改。工程竣工后，承包商陆续向业主提交施工结算书，于 1993 年 12 月 3 日全部提交完毕。业主 1995 年 3 月 22 日将双方结算书送交建行审核，1995 年 4 月 21 日作出审定结论。该项工程经审定工程总结算价值为 4 553 935.82 元。截至 1994 年 4 月 14 日，业主共计向承包商支付工程款 3 229 529.13 元，尚欠工程款 1 324 343.69 元。承包商多次进行工程款索赔，但业主始终未付。于是 1996 年 1 月承包商向工程所在地法院提出诉讼。

一审法院判决如下：

1) 由业主方支付承包商工程欠款 1 324 343.69 元，并支付所欠工程款的违约金（自 1995 年 4 月 22 日—1996 年 5 月 16 日止每日按万分之三计算，1996 年 5 月 17 日至给付之日止每日按万分之五计算。）

2) 驳回承包商的其他诉讼请求。案件受理费 30 000 元，由业主负担 25 000 元，承包商负担 5 000 元。

承包商不服一审判决，向省最高法院提出以下上诉请求：

1) 业主方应依约承担逾期给付进度款的违约金 805 719.8 元。

2) 业主方应赔偿停工损失 314 474.99 元。

3) 业主方不支付工程欠款，按合同约定应以工程结算总额为基数支付违约金，自工程竣工之日起 10 日后起算（即 1993 年 10 月 8 日起至支付之日止）。

4) 原审判决没有判令给付欠款和违约金的时间，请求二审法院予以明确。

最高法院认为，承包商与业主所签订的《建筑安装工程承包合同》合法有效。业主方应按合同约定给付工程尾款，逾期不付，应承担违约责任。但是对于承包商提出业主方应支付延迟给付进度款违约金的请求，由于合同中对迟延给付进度款如何计算违约金约定不明，且承包商并未因此造成损失，故此请求不予以支持。承包商要求业主赔偿停工损失的主张，应给予支持。由于业主方未能提供资金，致使工程中途停工，确给承包商造成一定的经济损失，应酌情判令业主给予适当赔偿。由于复工后承包商没有向业主方提出索赔要求，而且承包商举证不充分，难以查证具体损失，法院根据承包商提供的证据判决给予赔偿停工损失 20 万元。承包商提出工程欠款违约金应按合同约定以工程结算总额计算，该项约定显失公平，不应保护。原审判令按工程欠款数额计算违约金是正确的，应予维持。关于违约金的起算日期，考虑到业主确有故意拖延审核结算的情节，根据公平原则，以 1993 年 12 月 3 日承包商提交完竣工结算书之日扣除中国建设银行审核结算实际花费的时间（1995 年 3 月 22 日—4 月 21 日，共计 30 天），即从 1994 年 1 月 3 日起开始计算。一审判决令业主方给付工程欠款及违约金的时间，二审中应予以明确。

根据《中华人民共和国民事诉讼法》一百五十三条第一款第（二）项之规定，1998 年最高法院判决如下：

1) 变更一审民事判决第一项为：业主方支付承包商工程欠款 1 324 343.69 元，并支付所欠工程款的违约金（从 1994 年 1 月 3 日—1996 年 5 月 16 日每日按万分之三计算，1996 年 5 月 17 日—给付之日止每日按万分之五计算）。

2) 撤销一审民事判决第二项。

3) 业主方赔偿承包商停工损失 20 万元。

4) 驳回承包商的其他诉讼请求。

并判决业主方应给付的款项于判决生效后 30 日内一次付清。一审、二审案件受理费共 60 000 元，均由业主方负担。

从案例中可以看出，当事人不及时索赔，不及时主张自己的权利，不能提供有效证据支持自己的主张是要冒很大风险的。

8. 由承包商暂停和终止

（1）承包商暂停工作　FIDIC 合同条件 16 条规定，如果工程师未能按照合同规定确认并签发付款证书，雇主未能按合同规定的付款时间进行付款，承包商可在不少于 21 天前通知业主，暂停工作（或放慢工作速度），除非和直到承包商根据情况和通知中所述收到了付款证书、合理的证明或付款为止。如果因此项原因暂停工作（或放慢工作速度），使承包商遭受延误和（或）招致增加费用，承包商应向工程师发出通知，有权要求相应的工期延长和任何此类费用补偿，并可进行合理利润的索赔。

（2）承包商在以下情况下有权终止合同

1) 承包商按规定通知业主暂停施工 42 天以内，仍未收到合理的证明。

2) 工程师未有在收到报表和证明文件后 56 天内发出有关的付款证书。

3) 承包商在规定付款时间到期后 42 天内，仍未收到根据期中付款证书中规定的付款额。

4) 业主实质上未能根据合同规定履行其义务。

5) 业主不遵守合同协议书的规定或者未按规定进行权益转让。

6) 业主因非承包商的原因暂停施工已持续 84 天以上，从而影响了整个工程。

7) 业主破产或无力偿债，停业清理，已有对其财产的接管令或管理令，与债权人达成和解，或为其债权人的利益在财产接管人、受托人或管理人的监督下营业或采取了任何行动或发生任何事件（根据有关适用法律）具有与前述行动或事件相似的效果。

在上述任何事件或情况下，承包商可通知业主，14 天后终止合同。但在 6）、7) 两项的情况下，承包商可通知业主立即终止合同。

承包商按照规定发出的终止通知生效后，业主应迅速将履约担保退还承包商，由工程师确定已完成工作的价值，并发出包括以下各项的付款证书，向承包商付款，同时还要付给承包商因此项终止而蒙受的任何利润损失、其他损失或损害的款额。

1) 完成的、合同中有价格规定的任何工作的应付金额。

2) 为工程订购的、已交付给承包商或承包商有责任接受交付的生产设备和材料和费用。当业主支付上述费用后，此项生产设备和材料应成为业主的财产（风险也由其承担），承包商应将其交由业主处置。

3) 在承包商原预期要完成的工程的情况下，合理导致的任何其他费用或债务。

4) 将临时工程和承包商的设备撤离现场,并运回承包商本国工作地点的费用(或运往任何其他目的地,但其费用不得超过前者)。

5) 将终止日期时的完全为工程雇用的承包商的员工遣返回国的费用。

9. 政府法令变更

对于基准日期(递交投标书截止日期前 28 天的日期)以后工程所在国的法律有改变(包括施用新的法律,废除或修改现有法律)或对此类法律的司法或政府解释有改变,使承包商履行合同规定的义务产生影响的,合同价格应考虑上述改变导致的任何费用增减,进行调整。如果由于这些基准日期后做出的法律或此类解释的改变,使承包商已经(或将要)遭受延误和(或)招致增加费用,承包商应向工程师发出通知,并根据索赔条款的规定要求相应工期的延长及任何此类费用的补偿,但一般不能要求利润的补偿。

10. 业主暂停施工和终止合同

(1) 业主暂停施工 按照 FIDIC8.8 款,在施工过程中,工程师可以随时指示承包商暂停工程某一部分或全部的施工,在暂停期间,承包商应保护、保管、并保证该部分或全部工程不致产生任何变质、损失或损害。这里所说的暂停原因不是由于承包商的原因。如果承包商因执行工程师发出的暂停施工的指示,以及因为复工,而遭受延误和(或)招致增加费用,承包商应向工程师发出通知,根据索赔的规定要求相应工期延长和任何此类费用的损失。如果承包商未能按照规定对暂停工程加以保护、保管或保证安全而带来的后果,承包商无权得到工期的延长或招致的费用的支付。

(2) 业主终止合同 FIDIC 合同条件中规定,如果承包商有下列行为,业主有权终止合同:

1) 未能遵守履约担保的规定,或者承包商未能根据合同履行任何义务,工程师通知其在合理时间内纠正而没有纠正。

2) 放弃工程或明确表示不继续按照合同履行其义务的意向。

3) 无合理解释未能按照开工、延期和暂停的规定进行工程。

4) 对被工程师拒收,并要求修复缺陷的任何生产设备、材料或工艺,收到通知后 28 天内不能遵守通知要求,不按照工程师的要求修复 (7.5 款)。

5) 工程师按合同规定指示承包商进行的修补工作,收到通知后 28 天未能遵守通知要求,不按照工程师要求修复。

6) 未经必要的许可,将整个工程分包出去或将合同转让他人。

7) 破产或无力偿债,停业清理,已有对其财产的接管令或管理令,与债权人达成和解,或为其债权人的利益在财产接管人、受托人或管理人的监督下营业或采取了任何行动或发生任何事件(根据有关适用法律)具有与前述行动或事件相似的效果。

8) 直接或间接向任何人付给或企图付给任何贿赂、礼品、赏金、回扣或其他贵重物品,以引诱或报偿他人采取或不采取有关合同的任何行动,或者对与合同有关的任何人作出或不作出有利或不利的表示。

上述任何事件或情况发生时,业主可以提前 14 天向承包商发生通知,终止合同,并要求其离开现场。对于 7) 和 8) 项情况,业主可以发出通知立即终止合同。

业主发出终止通知生效后,工程师应及时按照合同规定商定或确定工程、货物和承包商文件的价值,以及承包商按照合同实施的工作应得的任何其他款项。在确定施工、竣工和修补任何缺陷的费用、因延误竣工的损害赔偿费,以及由业主负担的全部其他费用前暂不向承包商支付进一步付款。根据合同终止以后的估价,应付给承包商的任何款额,应先从中收回业主蒙受的任何损失和损害赔偿费,以及完成工程所需的任何额外费用。在收回任何此类损失、损害赔偿费和额外费用以后,业主应将余额付给承包商。

(3)《建设工程施工合同(示范文本)》(GF—2013—0201)中因发包人原因合同终止

因发包人违约解除合同的,发包人应在解除合同后 28 天内向承包人支付下列金额,承包人应在此期限内及时向发包人提交要求支付下列金额的有关资料和凭证:

1) 合同解除前所完成工作的价款。
2) 承包人为工程施工订购并已付款的材料、工程设备和其他物品的价款。
3) 承包人撤离施工现场以及遣散承包人人员的款项。
4) 按照合同约定在合同解除前应支付的违约金。
5) 按照合同约定应当支付给承包人的其他款项。
6) 按照合同约定应退还的质量保证金。
7) 因解除合同给承包人造成的损失。

发包人应按本项约定支付上述金额并退还履约担保,但有权要求承包人支付应偿还给发包人的各项金额。

因发包人违约而解除合同后,承包人应妥善做好已竣工工程和已购材料、设备的保护和移交工作,按发包人要求将承包人设备和人员撤出施工场地,发包人应为承包人撤出提供必要条件。

案例 5-10 业主终止合同

某国内合资项目中,业主方为英国人,承包商为中国的一个建筑公司,工程范围为一个工厂的土建施工,合同工期为 7 个月。业主方坚持用 FIDIC 合同条件,而承包商未承接过国际工程。承包商从做报价开始,在整个工程施工过程中一直不顺利,对自己的责任范围,对工程施工中许多问题的处理方法和程序不了解,最终承包商受到很大损失,许多索赔未能得到解决,工程质量很差,工期拖延了一年多。由于工程迟迟不能交付使用。最终业主以如下理由终止了合同:①承包商施工质量太差,不符合合同规定,又无力整改。②工期拖延而又无力弥补。

11. 施工效率降低

1) 在施工过程中,尤其是在土建工程施工过程中,因为受到施工特点的影响,经常会受到各种意外干扰因素的影响,使施工效率降低,并引起工程成本的增加。一般引起工效降低的原因主要有以下几个方面:

① 气候恶劣,如异常的暴雨、大雪、洪水等。
② 工程变更,如工程量的大幅度增减,施工顺序的变化,业主要求加速施工等。
③ 不可预见的物质条件,如发现合同中没指明的地下软弱土层、淤泥层等。
④ 业主施工准备工作不够,如未及时建成施工通道,征地工作进展缓慢等。
⑤ 外界社会因素影响,如政局动荡、战争、罢工、传染病流行等。

2) 在施工效率降低索赔过程中,经常出现合同双方意见不一致,双方对工效降低的程度和原因有不同的解释。业主方会怀疑工效降低是因为承包商施工组织管理有问题,材料供应不及时，机械效率不高等原因。承包商为了证明工效降低不是自己管理上的原因，必须提出有说服力的证据，尤其要做好以下工作：

① 认真做好施工现场记录，对实际使用的人工、材料、施工机械的数量、工作时间、工作内容，以及实际完成的工程量等，进行详细记载，需要时供业主审核。

② 认真说明工效降低的原因，对每一个引起工效降低的事件都做好具体记录，必要时可以采用照相、录像等方法留取证据资料。

③ 采用适当的计价方法，根据具体事件，选用有说服力的方法。

在进行工效降低的施工索赔时要注意：首先，明确责任。要像其他索赔一样，明确引起工效降低的原因不是承包商的责任或风险，而是由于业主方面的原因或是应由业主承担的风险。如果是由于承包商的责任造成的工效降低，则承包商既无权得到工期延长，也无权得到经济补偿。如果是属于客观原因，则承包商可以得到工期延长，但不能得到经济补偿。其次，对于工效降低的索赔，人工费和机械费要分别计算。如果同时造成了材料费的增加，也要进行单独计算。

3）工效降低索赔款的计算，此处，仅计算人工费的降效。可以采用以下计算方法：

① 以受影响的部分工程为基础计价。这种方法就是以整个工程中的受影响的某一部分工程为计算单位，计算由于工效降低而增加的人工费开支，公式如下

工效降低直接费索赔额 = 某部分工程实际开支人工费 – 该部分工程中标价估算人工费

用这种计价方法，将索赔的范围局限在受影响的某部分工程上。在施工过程中，由于受到非承包商原因的干扰，使工效大为降低，这一事实工程师和业主会比较了解，为此承包商还要提出确凿的证据资料，如工资单、施工进度记录等。

② 以受影响时段为基础计价。这种方法是选定受影响引起工效降低的时间段，正常情况下的施工效率和受影响时间段的施工效率相比较，计算承包商所受到的损失，要求业主补偿。可以按下面公式计算

工效降低直接费索赔额 = 工效降低期间人工费 – 正常情况下人工费

无论采用哪种方法进行计算，都要在上述所述人工费的基础上，加上合理的管理费和相应的利润，一般可以按中标报价中的管理费率和利润率计取。

案例5-11　工效降低索赔

某工程，按照原合同规定，全部工程应在25个月内完工，共需要劳动量156 998个工日。在实际施工过程中，由于业主不能及时提供施工图，以及随后的设计变更，使承包商施工进度延误3.5个月，而现场每天出勤的工人并未减少（在现场实际情况记录及工资单为证），实际用工178 950工日。

合同中生产工人人工费报价为33元/工日

人工费损失	（178 950 – 156 998）工日×33元/工日 = 724 416元
机械费增加	105台班×885元/台班 = 92 925元
增加工地管理费按原报价中平均每月的比例	389 860元
利润	（724 416 + 92 925 + 389 860）×0.05 = 60 360元
承包商提出工效降低索赔	1 267 561元

12. 业主指定的分包商索赔

业主指定的分包商是指合同中提出的指定的分包商或者工程师根据合同规定指示承包商雇用的分包商。对于业主指定的分包商，如果承包商遇到以下事项，可以反对业主的指定，除非业主同意保障承包商免受这些事项的影响。对于承包商提出的有依据的、合理的异议的指定的分包商，承包商没有任何雇用的义务。

1）有理由相信，该分包商没有足够的能力、资源或者财力。

2）分包合同没有明确规定，指定的分包商应保障承包商不承担指定的分包商及其代理人和雇员疏忽或误用货物的责任。

3）分包合同没有明确规定，对分包的工作（包括设计，如果有的话），指定的分包商应为承包商承担此项义务和责任，能使承包商履行其合同规定的义务和责任，以及保障承包商免除对合同规定或与其有关的、并由分包商不能完成这些义务或履行这些责任的影响产生的所有义务和责任。

对指定分包商的付款，承包商应按工程师按照分包合同证明的应付金额支付指定的分包商。工程师在发出包含应付指定分包商的金额的付款证书前，可要求承包商提供合理的证据，指明指定的分包商已收到按照此前付款证书应付的、减去合理的保留金或其他扣除后的所有金额。如果承包商不能向工程师提交合理的证据，证明其已经向指定的分包商付款，或者不能向工程师书面说明，承包商暂扣或拒付给分包商的金额是合理的，而且已经将承包商的此项权利通知了指定的分包商，并得到工程师的同意，那么业主可以自行决定直接向指定的分包商支付以前已经证明应付的，而承包商又没有相应证据证明其已经支付的部分或者全部金额，扣除合理的扣减额。而后，承包商应将业主直接付给指定的分包商的金额付还给业主。

相应地，如果业主指定的分包商违约，承包商可以直接向业主提出索赔。

案例5-12　业主指定的分包商违约

某商业中心工程，通过招标选定一个总承包商，中标合同价为2 798 000元，合同工期为30个月（135周），合同文件采用FIDIC合同条件。业主的工程师准备将工程的空调工程交给自己指定的分包商，由总承包商与分包商协商并签订分包合同。

在工程师的指示下，总包商与分包商多次协商谈判，都无法达成一致。因为指定的分包商要求的工期太长，超过了总承包商的计划工期；指定分包商的报价超过了总承包商的计划费用；另外，据调查该分包商的财务状况欠佳。因此总包商按照合同规定的权利，提出拒绝接受这家分包商为指定的分包商。

但因为工期很紧，业主和工程师没有足够的时间再寻找其他的分包商，所以坚持采用这家分包商。总承包商被迫接受业主的决定，但以书面形式提出了自己的要求：

1）增加工期8周，弥补分包商所要求的工期超过总承包商计划工期的部分。

2）如果因分包商的影响导致总承包商工期延误不能按时交工，指定分包商要承担相应的误期损害赔偿费。

3）指定分包商要承担相应的保险费用。

4）如果指定分包商违约，造成总承包商的额外损失，总承包商保留向业主提出索赔的权利。

在施工过程中，由于指定的分包商财务发生问题，拖欠工人工资严重，很多工人消极怠工,严重影响施工进度,对总承包商施工造成极大影响,导致工程拖期18周,造成总承包商下属的砌筑、管道、装饰分包商降效及拖期导致的各项损失。总承包商提出了要求展延工期18周,经济补偿65 870元。

工程师接到总承包商的索赔报告后,经过逐项审查,批准总承包商延长工期18个月,批准经济索赔43 650元。

案例5-13 综合案例

一、工程概况

某合同标的是建造一个小型泵站工程。合同文件包括:ICE合同条件、设计图、规范、工程量表等。投标日期为1979年5月1日,1979年6月1日授予合同,合同金额为148 486英镑,合同工期为15个月(即65周)。

乙方报价中含5%利润,8.5%管理费,15%现场管理费。

二、事态描述

1)1979年8月15日工程师致函乙方,将于9月1日将场地提供给乙方(这是一个不明确的开工令)。乙方按时向施工现场派了代理人和监工。但甲方未能及时交付场地,直到12月初场地才全部正式交付。

2)11月和12月连续阴雨天气。在12月上旬到1980年1月上旬,由于现场重铺煤气干线,又致使乙方工程停工4周。

3)1980年1月9日乙方向甲方提出19周工期索赔。

4)1980年3月18日,乙方催要屋面配筋图,但直到5月底甲方才提供这些施工图。这时相关的钢材供应又延误2周。

5)1980年7月,由于特别的阴雨天造成工程局部停工1周。

6)工程变更引起工程量增加和附加工程总额为12 450英镑。

7)1980年11月3日,工程师致函乙方,由于未能保持计划进度,要求乙方采取加速措施。

三、工期索赔

1. 乙方工期索赔要求

1980年11月6日,乙方提出39周的工期索赔,包括:

1)前期场地延误、阴雨及重铺煤气干线等原因引起共19周(即从1979年9月1日—1980年1月9日全部)。

2)屋面配筋拖延5周(1980年3月18日催要,应于4月18日提供才能满足正常施工需要,但实际于5月底提供,拖延约5周)。

3)钢筋供应拖延2周。

4)7月中旬特别阴雨天拖延1周。

5)附加工程引起工期延长12周。

2. 工程师反驳

工程师认为,实际开工工期是随进入现场同时生效的,故应为1979年12月初。从开工起,认可的索赔为24周,包括:

1)阴雨天和重新铺设煤气管道6周。

2) 拖延屋面配筋图 5 周。
3) 钢筋供应拖延 2 周。
4) 1980 年 7 月中的阴雨天气为 1 周。
5) 附加工程影响 10 周。

从上述分析可见，双方的差距仅为：

第一，开工期的确定。由于在本工程中开工期从未定下（工程师于 1979 年 8 月 15 日的信中仅提出将于 9 月 1 日提供现场，开工令不太明确），经乙方和工程师协商，以开工通知未在合理的时间内决定为理由，提出按 1979 年 9 月 1 日开工的相关费用索赔。

第二，附加工程总影响相差 2 周，最终统一按 10 周计算。

最终双方就工期索赔取得一致。

四、工期相关费用索赔

承包商对推迟进场 3 个月（13.1 周）以及后面的拖延提出与工期相关的索赔（仅工地管理费）。其计算如下：

报价中的工地管理费	148 486 英镑×15% = 22 272.9 英镑
每周分摊	22 272.9 英镑/65 周 = 343 英镑/周
推迟进场三个月的费用索赔（工地管理费和其他零星费用）	4 500 英镑
工程中 24 周的拖延产生的费用索赔为	342 英镑/周×24 周 = 8 232 英镑
合计	12 732 英镑

1. 承包商的索赔值计算存在问题

1) 报价中工地管理费是独立分项计算，后按直接费分摊的，所以 15% 的计算基础是直接费，而不是合同总额。承包商这样算将每周工地管理费额扩大了许多。

2) 24 周的工程拖延是由许多不同性质的干扰事件引起的，必须针对每一种情况分别进行分析，不能仅算一笔总账，否则不能被认可。

3) 在拖延过程中很可能产生一些直接费用开支，也应作为费用索赔提出。只要事实清楚，理由充足，就容易被认可。

4) 在费用索赔中，有些费用项目还可以计算总部管理费和利润。

2. 工程师的分析

当然，对上述索赔要求工程师是不能认可的，工程师和承包商进行了逐项的分析和商讨。主要有如下几个方面：

1) 进场拖延，从 1979 年 9 月 1 日开始共 3 个月。这属业主责任造成的拖延，但其中 11 月为阴雨天，不能提出费用索赔。在 9 月和 10 月共 8 个星期中，承包商有一位代理人和一位监工在现场闲置。按合同单价：

代理人	127.50 英镑/周×8 周 = 1 020 英镑
监 工	97.50 英镑/周×8 周 = 780 英镑
合 计	1 800 英镑

承包商要求增加总部管理费，但遭到拒绝。由于工程尚未开工，没有发生涉及现场和总部管理费的开支项目。承包商要求索赔利润，也遭到拒绝，因为这属于对业主风险范围内的事件引起工期拖延的费用索赔，不能包括利润。

2) 开工后的阴雨天气和重铺煤气干线拖延。阴雨天气的拖延，工期可以延长，但不能提出费用索赔。重铺煤气干线属于业主责任的干扰，拖延4周，可以提出费用索赔，但期中有阴雨天1周，必须扣除。所以能够进行费用索赔的仅3周。

3. 工程师批准

（1）直接费　工程师认为现场的8名技工、17名普工停工，只能按最低工资标准支付：

技工　　　　　　　　　　　　96.50英镑/周·名×3周×8名＝2 316英镑
普工　　　　　　　　　　　　82.50英镑/周·名×3周×17名＝4 207.5英镑
合计　　　　　　　　　　　　　　　　　　　　　　　　6 523.50英镑

（2）现场管理费　在报价中，15%的现场管理费是以直接费为计算基础。

合同金额　　　　　　　　　　　　　　　　　　　148 486英镑
利润　　　　　　　　　　　　　　148 486×0.05/1.05＝7 071英镑
扣除利润后的合同额　　　　　　148 486英镑－7 071英镑＝141 415英镑
总部管理费　　　　　　　　　　　141 415×0.085/1.085＝11 079英镑
扣除总部管理费后的合同额　　　141 415英镑－11 079英镑＝130 336英镑
现场管理费　　　　　　　　　　130 337英镑×0.15/1.15＝17 000英镑
报价中现场管理费率　　　　　　　17 000英镑/65周＝261.54英镑/周
拖延3周的现场管理费　　　　　　261.54英镑/周×3周＝784.62英镑

双方最终就上述索赔取得一致。

这里有如下几个问题值得注意和探讨：

1）现场管理费的计算是以工程现场完全停工的情况为前提的，现场没有进行任何合同工作。如果局部仍施工，则应扣除该阶段工程进度款中包括的现场管理费份额。

2）这里现场管理费是按合同报价中的工地管理费金额分摊的，它的前提是报价中现场管理费的各个分项开支都与工期有关。

但实际上，特别在许多大工程中不是这样。例如，临街设施的搭设和拆除、公共设备的进出场费用，以及部分独立费用都是一次性的，所以对大项目和重大的索赔必须分项、逐一分析。

4. 施工图的推迟

工程师只承担施工图推迟5周的费用索赔，而钢材到货拖延2周和阴雨天拖延1周作为承包商的风险，可以提出工期索赔，但不能提出费用索赔。

承包商提出反驳：由于屋面配筋图的延误造成屋面工程的局部停止，直接引起钢筋供应的拖延（承包商不能预先采购钢筋），同时造成7月份阴雨天中该部分工程的停工，而如果按时供应施工图，则避开了阴雨天。它们有直接的因果关系。工程师最终承认承包商的理由，即该项工程有8周的拖延。

分析干扰实际影响为：在屋面工程中，在8周时间内，承包商有3名木工、2名钢筋工、5名普通工在现场停工，找不到其他可以替代的工作。而其他工程仍在继续进行，总工期并未受到拖延。

按工程师的要求，按国家的《劳动准则》规定的内容计算：

木　工　　　　　　　　　　　100英镑/（周·人）×8周×3人＝2 400英镑
钢筋工　　　　　　　　　　　　90英镑/（周·人）×8周×2人＝1 440英镑
普　工　　　　　　　　　　　　85英镑/（周·人）×8周×5人＝3 400英镑

合　计　　　　　　　　　　　　　　　　　　　　　　　7 240 英镑

由于其他工程仍在进行，总工期并未拖延，所以不存在现场管理费的增加。

这里的几位工人是找不到其他替代工作才不得已在现场停工的，作为承包商应积极采取措施，寻找其他工作安排，以降低业主损失。工程师对此常常须作出审查确认。

5. 附加工程

附加工程额达到 12 450 英镑，工程师批准了 10 周的拖延。这是由关键线路分析得到的。由于工程中的变更经常很突然，承包商无法像工程投标一样有一个合理的计划期。所以工程变更对工期的干扰常常很大，业主必须承担由此造成的损失责任。

承包商将这 10 周全部纳入工期拖延的费用索赔中，向业主索赔工地管理费，这是不对的。因为这 10 周拖延中，合同额增加了 12 450 英镑，而这个增加的部分中已包括了相应的工地管理费、总部管理费和利润。

每周应完成合同额　　　　　　　　　148 486 英镑/65 周 = 2 284.4 英镑/周
附加工程正常所需要的工期延长　　　12 450 英镑/2 248.4 英镑/周 = 5.45 周

即这个 5.45 周所需的管理费业主已在附加工程价格中向承包商支付。而另一部分 4.55 周（10 - 5.45）是属于由于附加工程（工程变更）对工程施工的干扰引起的，其管理费和利润应由业主另外支付。

工地管理费　　　　　　　　　　　　261.54 英镑/周 × 4.55 周 = 1 190 英镑
加 8.5% 总部管理费：　　　　　　　 1 190 英镑 × 8.5% = 101.15 英镑
加 5% 利润：　　　　　　　　　　　（1 190 + 101.15）英镑 × 5% = 64.56 英镑
合　计　　　　　　　　　　　　　　　　　　　　　　　1 355.71 英镑

这项索赔获得工程师的认可。

5.2　工期索赔分析

5.2.1　工期索赔的目的

在工程施工中，常常会发生一些未能预见的干扰事件，使得施工不能顺利进行。工期延长意味着工程成本的增加，对合同双方都会造成损失。业主会因工程不能及时交付使用、投入生产而不能实现预计的投资目的，失去盈利的机会，同时会增加各种管理费的开支；承包商则会因为工期延长而增加支付工人工资、施工机械使用费、工地管理费以及其他一些费用，如果超出合同工期，最终可能还要支付合同规定的拖期的违约金。

因此，承包商进行工期索赔的目的，一个是弥补工期拖延造成的费用损失，另一个是免去或推卸自己对已经形成的工期延长的合同责任，使自己不必支付或尽可能少支付工期延长的违约金（或误期损害赔偿金）。

5.2.2　工期索赔原因分析

造成工期索赔的原因，主要有三大方面，一是由于业主方面的原因，这里也包括由于工程师的原因造成的工期延误，如修改设计、工程变更、提前占用部分工程等；二是由于客观方面的原因，而这些客观原因无论是业主还是承包商都是无力改变的，如不可抗力、不可预见的物质条件等；三是由于承包商自身的原因，如施工组织不好、设备材料供应不足等。按照工期拖延的原因不同，通常可以把工期延误分成两大类：

(1) 可原谅的拖期　对于承包商来说，可原谅的拖期是指不是由于承包商的责任造成的工期延误。下列情况一般是属于可原谅的拖期：

1) 业主未能按照合同规定的时间向承包商提供施工现场或施工道路。
2) 工程师未能按照合同规定的施工进度提供施工图或发出必要的指令。
3) 施工中遇到了不可预见的物质条件。
4) 业主要求暂停施工或由于业主的原因造成被迫的暂停施工。
5) 业主和工程师发出工程变更指令，而该指令所述的工程是超出合同范围的工作。
6) 由于业主风险或者不可抗力引起工期延误或工程损害。
7) 由于业主过多干涉施工进展，使施工受到了干扰或阻碍等。

对于可原谅的拖期，如果责任者是业主或工程师，则承包商不仅可以得到工期延长的补偿，还可以得到相应的经济补偿，这种拖期被称为"可原谅、可补偿的拖期"；如果拖期的责任者不是业主或工程师，而是由于客观原因造成的，则承包商可以得到工期延长的补偿，但不能得到经济补偿，这种拖期被称为"可原谅、不补偿的拖期"。

(2) 不可原谅的拖期　如果工期拖延的责任者是承包商，而不是业主方面的原因或客观原因，则承包商不但不能得到工期的延长和经济补偿，这种延误造成的损失全部要由承包商负担，承包商还要选择或者采取赶工措施，增加施工力量，延长工作时间，把延误的工期抢回来，或者任其拖延，承担误期损害赔偿，甚至有可能被业主终止合同，承担有关损失。

5.2.3　延误的有效期

在实际施工过程中，单一的原因造成的索赔是很少见的，经常是几种原因同时发生，交错影响，形成共同延误。

在共同延误情况下，要确定延误的责任是比较复杂的，要具体分析哪一种情况的延误是有效的，承包商可以得到工期延长，或者还可以同时得到经济补偿。在这种情况下，必须确定工期延误的有效期。确定延误的有效期，可以按照以下原则进行：

(1) 确定初始延误　确定初始延误就是指在共同延误的情况下判断哪种原因是最先发生的，找出初始延误者，在初始延误发生作用的期间，不考虑其他延误造成的影响。这时候主要按照初始延误确定导致延误的责任者。

(2) 初始延误者是业主　如果初始延误者是业主或者工程师，在该影响持续期内，如果这个延误在关键线路上，则承包商不仅可以得到相应的工期延长，还可以得到相应的经济补偿；如果这个延误不在关键线路上，而该线路又有足够的时差可以利用，则承包商不能得到工期延长。如果在非关键线路上，但是线路时差不够用，要经过重新计算，确定合理的工期延长天数。

(3) 初始延误者属于客观原因　如果工期拖延的原因既不是业主，也不是承包商，而是客观原因时，承包商可以得到工期的延长，但不能得到经济补偿。

图 5-1 形象地表示了在共同延误情况下的处理原则。图中 C 代表承包商，N 代表客观原因，E 代表业主。一条横线表示承包商既不能得到工期的延长也不能得到经济补偿，两条横线表示承包商可以得到相应工期的延长，三条横线表示承包商既能得到工期的延长，又能得到经济补偿。

案例 5-14 共同延误索赔

某工程项目施工采用了包工包全部材料的固定价格合同。工程招标文件参考资料中提供的用砂地点距工地 4 公里。但是开工后，检查该砂质量不符合要求，承包商只得从另一距工地 20 公里的供砂地点采购。而在一个关键工作面上又发生了几种原因造成的临时停工：5 月 20 日—5 月 26 日承包商的施工设备出现了从未出现过的故障；应于 5 月 24 日交给承包商的后续施工图直到 6 月 10 日才交给承包商；6 月 7 日—6 月 12 日施工现场下了该季节罕见的特大暴雨，造成了 6 月 11 日—6 月 14 日的该地区的供电全面中断。

由于供砂地点变更导致距离的增加，承包商经过仔细计算后，向业主的造价工程师提出将原用砂单价每吨提高 5 元人民币的索赔要求。同时由于以上几种情况的暂停工，承包商在 6 月 15 日向业主的造价工程师提交了延长工期 25 天，成本损失费 2 万元/天，利润损失费人民币 2 千元/天的索赔要求，共计索赔款 57.2 万元。

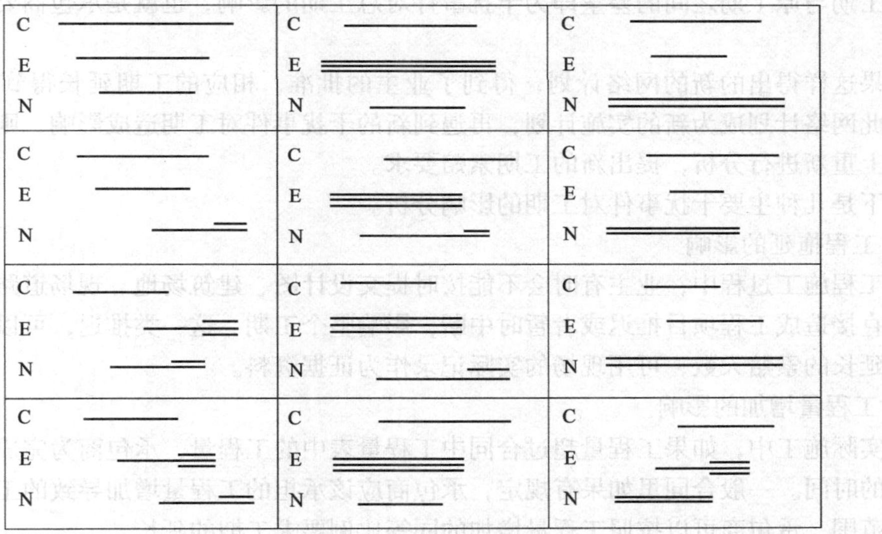

图 5-1 共同延误示意图

这是一个共同延误的问题。工程师通过对现场实际情况的调查，并仔细研究了承包商的索赔报告，认为：

1）承包商应对自己就招标文件的解释负责并考虑相关风险，承包商应对自己的报价正确性与完备性负责，同时，材料供应的情况变化是一个有经验的承包商能够合理预见的，所以对承包商增加用砂单价的索赔要求不予批准。

2）由于几种原因的共同延误，5 月 20 日—5 月 26 日出现的设备故障属于承包商应承担的风险，不予考虑承包商的费用索赔要求，在承包商的延误时间内，不考虑其他原因导致的延误，所以 5 月 24 日—5 月 26 日拖交施工图不予以补偿。5 月 27 日—6 月 9 日是业主拖交施工图引起的，业主应承担责任，批准给承包商相应的索赔要求，因 5 月有 31 日，故可以补偿工期 14 天，并给予相应经济补偿。在业主拖交施工图影响期间，不考虑 6 月 7 日—6 月 9 日特大暴雨的影响，从 6 月 10 日—6 月 12 日特大暴雨是属于客观原因导致的，不考虑给承包商经济补偿，但给予相应工期延长 3 天。供电中断是属于一个有经验的承包商也无法预见的情况，是属于业主风险，应给承包商相应补偿。但是 6 月 11—6 月 12 日特大暴雨期间，不考虑停电造成的延误，所以从 6 月 13 日—6 月 14 日给承包商 2 天工期延长和相应费用补偿。

3）工程师经研究认可了承包商的成本补偿标准，即每天 2 万元，但不考虑承包商利润损失，所以共批准补偿承包商展延工期 19 天，费用补偿 32 万元，即 16 天×2 万元/天。

5.2.4 工期延误的原因分析

索赔事件对工期的影响有多大，工期延长的索赔值有多少天，一般可以通过对网络计划的分析确定。

工程的进展是按照原定的网络计划进行的。当发生干扰事件以后，网络中的某些施工过程会受到干扰，如持续时间的延长，施工过程之间的逻辑关系会发生变化，有新增加的工作等。把这些影响放入原来的网络计划中，重新进行网络分析，可以得到一个新的网络计划工期。新工期与原工期之间的差量即为干扰事件对总工期的影响，也就是承包商要求索赔的工期值。

如果这样得出的新的网络计划，得到了业主的批准，相应的工期延长得到工程师的同意，则此网络计划成为新的实施计划，再遇到新的干扰事件对工期造成影响，则在新的计划的基础上重新进行分析，提出新的工期索赔要求。

以下是几种主要干扰事件对工期的影响分析。

1. 工程拖延的影响

在工程施工过程中，业主有时会不能按时提交设计图、建筑场地、现场道路等，这些拖交都会直接造成工程项目推迟或者暂时中断，影响整个工期。这一类推迟，可以直接作为要求工期延长的索赔天数，可用现场的实际记录作为证据资料。

2. 工程量增加的影响

在实际施工中，如果工程量超过合同中工程量表中的工程量，承包商为完成工程就要花费更多的时间。一般合同里如果有规定，承包商应该承担的工程量增加导致的工期风险。超过这个范围，承包商可以按照工程量增加的同等比例要求工期的延长。

3. 新增工程的影响

新增工程，无论是附加工程还是额外工程，都可能要在网络中加进一个原来没有计划的工作，这必然导致网络计划时间的变化，合同双方要商讨新的工作的持续时间和新工作与其他工作之间的逻辑关系，确定新的网络计划工期。

4. 业主指令变更施工顺序的影响

业主指令变更施工顺序会改变网络图中原有的逻辑关系，从而对网络计划工期产生影响，因此必须对网络计划进行调整，通过对新旧网络计划的比较确定对实际工期的影响。

5. 由于业主原因的暂停施工、窝工、返工等的影响

业主原因的暂停施工，可以按照工程师的指示和实际工程记录确定工期的延长，这里面还要考虑到重新复工可能发生的施工准备时间。窝工和返工，也要按照实际记录，通过网络分析确定对工期的实际影响量作为工期索赔值。

6. 业主风险和不可抗力的影响

由于受到业主风险和不可抗力的影响，如果导致施工现场的全面停工，则可以按照工程

师填写或签认的实际现场的记录，要求延长工期。如果使部分工程受到影响，则要通过网络分析确定影响的程度。

7. 其他影响

以上列举了几种主要影响因素，实际施工中会遇到各种各样的问题，导致施工现场的工期延长，可以按照干扰事件的主要原因，参照上面几种情况进行处理。

5.2.5 工期延长论证

承包商在施工索赔过程中，要对工期的延长进行论证，一个是获得延长工期，使承包商免于承担误期的罚金，另一个可以探讨承包商获得经济补偿的可能性。

在进行工期延长论证时，承包商要明确以下几个基本工期：

（1）合同计划工期 这是承包商在投标报价文件中所确定的施工期，是为了完成招标文件中所规定的工作内容，承诺完成的工期。一般来说，这是业主在招标文件中所提出的施工期，是从工程开工之日起到建成工程所需要的施工天数。

（2）实际施工工期 这是在工程项目的施工过程中，在具体的施工条件下，完成"全部工作内容"实际所花费的施工天数。实际的施工天数因为会受到各种施工干扰因素的影响，会超出合同计划工期。如果实际工期的增加是由于非承包商的原因造成的，则承包商有权利得到相应的工期补偿。即

$$工期延长天数 = 实际工期 - 合同计划工期$$

（3）理论工期 这是指在施工过程中，假定按照原定施工效率，完成"全部工作内容"，理论上所需要的工作时间。在实际施工工期和理论工期中所讲的"全部工作内容"是指实际上完成的全部工作，既包括合同范围以内的工作，也包括工程量的增加和超出合同范围以外的工作。所以

$$工期的延长 = 实际工期 - 合同计划工期$$

如果在实际工作中，承包商完全按照合同原定的施工效率施工，则实际工期应该等于理论工期；如果承包商采取一些加速施工的措施，则实际工期要小于理论工期，这时：

$$加速施工挽回的工期 = 理论工期 - 合同计划工期$$

5.2.6 工期延误的计算

1. 网络分析法

网络分析法是进行工期分析的首选方法，适用于各种干扰事件的工期索赔，并可以利用计算机软件进行网络分析和计算。网络分析法就是通过分析干扰事件发生前后的网络计划，对比两种情况下工期计算的结果来确定工期索赔值，是一种科学、合理的分析方法。

下面举例说明网络分析法的计算过程，在本案例中不考虑经济索赔问题。

案例 5-15　网络分析法进行工期延误索赔

某业主（甲方）与某承包商（乙方）签订了某工程项目施工合同，同时与某降水公司（丙方）订立了工程降水合同。双方合同规定采用单价合同，每一分项工程的实际工程量增加或减少超过招标文件中的工程量的 10% 以上时调整单价；工作 B、E、G 作业使用的施工机械一台为乙方自备，台班费为 400 元/台班，台班折旧费为 50 元/台班。施工开始以前承包商提交了初始网络计划（见图 5-2）并得到工程师批准。合同双方约定 8 月 15 日开工。施工过程中发生如下事件：

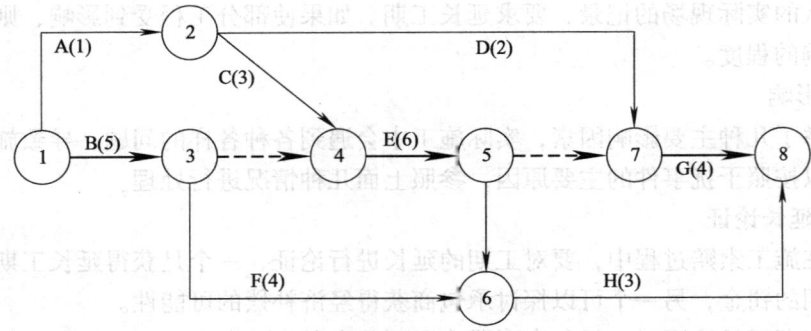

图 5-2 初始网络计划图

1) 降水方案错误致使工作 D 推迟 2 天。

2) 因设计变更，工作 E 工程量由招标文件中的 300m³ 增到 350m³。

3) 在工作 D、E 完成后，甲方指令增加一项临时工作 K，经核准完成该工作需要 1 天时间。

对上述事件进行分析，可以知道，事件 1) 是由于丙方的错误导致乙方工作天推迟，在甲方和乙方的合同中是属于甲方的责任。事件 2) 和事件 3) 是甲方的变更，所以三个事件乙方都有索赔权。那么乙方到底能得到多少天的工期索赔呢？通过网络分析来看一下。首先，对初始网络计划的计算如图 5-3 所示。

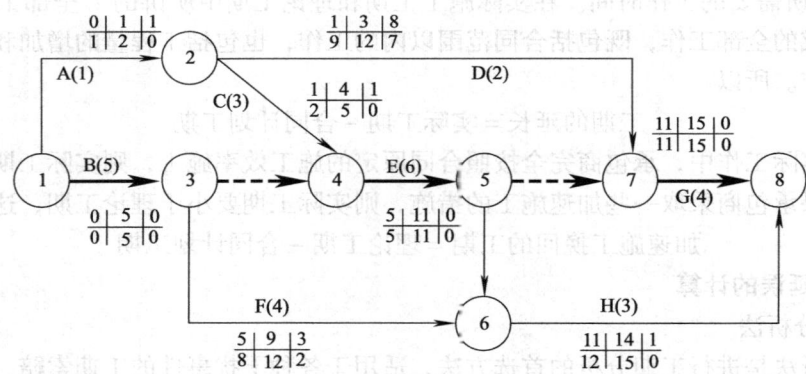

图 5-3 初始网络计划的计算

由上图可知原计划工期 15 天，关键线路为 1-3-4-5-7-8。

调整后网络计划的计算如图 5-4 所示，工期为 17 天。

经过网络分析，可以知道，工期延长索赔值为 2 天。工作 D 在非关键线路上，虽然其工期延长 2 天，但是对总工期无影响，它本身有足够多的总时差可以利用。工作 E 和工作 K 都在关键线路上，工期的增加直接影响总工期。

上例是对网络计划进行分析的一个理论计算，实际工作中还要考虑一些具体的影响。从单项索赔处理看来，原因明确，计算清楚，问题比较易于解决。如果是总索赔，由于受到很多干扰，实际的网络状态与合同原定的网络计划会有相当大的出入，实际分析会很困难。

2. 比例分析法

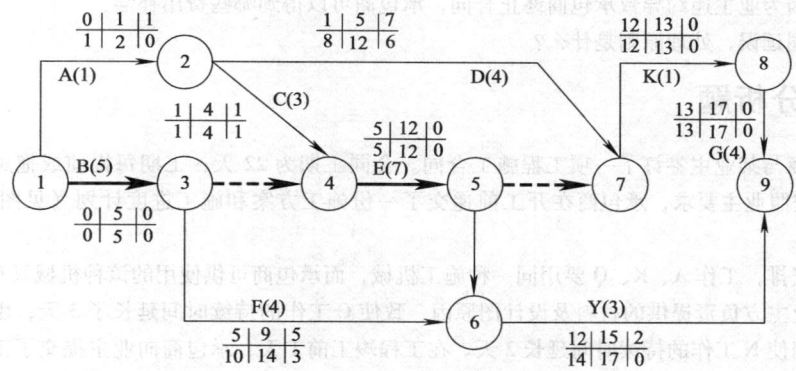

图 5-4 调整后网络计划的计算

对于新增工程，计算索赔的工期，可以按新增工程合同价占原合同价的比例，等比例计算索赔的工期。计算公式如下

$$总工期索赔 = \frac{新增工程合同价}{原合同价} \times 原合同总工期$$

采用比例分析法计算索赔，方法简便，无需复杂的分析，也易于被人接受。但是有时不能考虑到关键线路的影响。另外因为工程变更的影响，有时承包商要进行施工现场的停工、返工，重新修改计划，会引起一定的混乱和施工降效，这些也不能在比例分析法中体现出来。所以，很多索赔问题，还要依据施工现场的实际记录确定。

案例 5-16 比例分析法工期索赔

某工程中标合同价为 480 万元，合同工期为 18 个月，施工开始以后，业主指令增加附加工程 80 万元，则承包商提出工期索赔为

工期索赔 = 80 万元 ÷ 480 万元 × 18 个月 = 3 个月

上面两种方法，只是在一定情况下可以采用，在实际工作中，还可以采用其他方法来进行工期索赔，如由合同双方协商确定，或按照现场实际工期延长的记录确定天数，或者在变更时直接协议确定天数等。

~ 练 习 题 ~

思考题

1. 工期延误的责任有哪几方面？哪些方面的工期延误承包商可以得到工期补偿？
2. 工程变更的单价确定有几种方法？各是什么？
3. FIDIC 合同条件对工程范围的变化有哪些方面的规定？
4. 对于新增工程的单价，应如何确定？试举例说明。
5. 加速施工可能导致哪些方面的成本增加？
6. 工程拖期如何分类？

7. 如果是因为业主违约导致承包商终止合同，承包商可以得到哪些费用补偿？
8. 对于共同延误，处理原则是什么？

案例分析题

1. 某承包商与某业主签订了一项工程施工合同。合同工期为 22 天；工期每提前或拖延一天，奖励或罚款 600 元。按照业主要求，承包商在开工前递交了一份施工方案和施工进度计划（见图 5-5），并获得批准。

根据计划安排，工作 A、K、Q 要用同一种施工机械，而承包商可供使用的该种机械只有一台。在工程施工中，由于业主方负责提供的材料及设计图原因，致使 C 工作的持续时间延长了 3 天；由于承包商自身机械设备的原因使 N 工作的持续时间延长 2 天。在工程竣工前 1 天，承包商向业主提交了工期和费用索赔报告。

问题：（1）承包商可得到的合理的工期索赔为多少天？
（2）假设该种机械闲置费用为 280 元/天，则承包商可得到的合理的费用索赔为多少元？

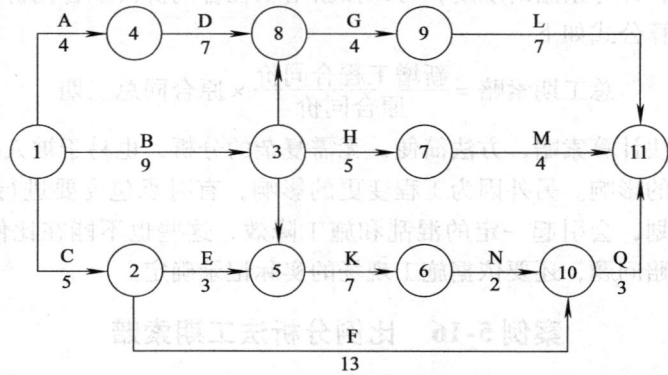

图 5-5 施工进度计划

2. 某工程建设项目，业主与施工单位签订了施工合同，其中规定，在施工过程中，如因业主原因造成窝工，则人工窝工费和机械的停工费可按工日费的 60% 结算支付。业主还与监理单位签订了施工阶段的监理合同。工程网络计划如图 5-6 所示。

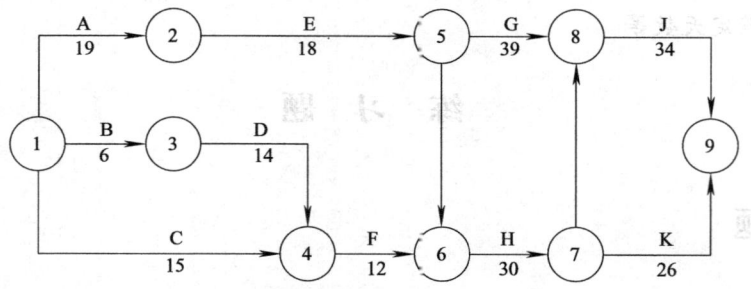

图 5-6 工程网络计划

在计划执行过程中，出现了下列一些情况使一些工作暂停工（同一工作由不同原因引起的停工时间都不在同一时间）。①因业主不能及时供应材料使 E 延误 3 天，G 延误 2 天，H 延误 3 天。②因机械发生故障检修使 E 延误 2 天，G 延误 2 天。③因业主要求设计变更使 F 延误 3 天。④因公网停电使 F 延误 1 天，I 延误 1 天。施工单位及时向监理单位提交了一份索赔报告，并附有关资料和下列要求：

工期顺延：

E 停工 5 天，F 停工 4 天，G 停工 4 天，H 停工 3 天，I 停工 1 天，总计要求工期顺延 17 天。

经济损失索赔：

① 机械设备窝工费

  E 工序吊车   (3+2)台班×240元/台班=1 200元

  F 工序搅拌机   (3+1)台班×70元/台班=280元

  G 工序小机械   (2+2)台班×55元/台班=220元

  H 工序搅拌机   3 台班×70元/台班=210元

  合   计   1 910元

② 人工窝工费

  E 工序   5 天×30人×28元/工日=4 200元

  F 工序   4 天×35人×28元/工日=3 920元

  G 工序   4 天×15人×28元/工日=1 680元

  H 工序   3 天×35人×28元/工日=2 940元

  I 工序   1 天×20人×28元/工日=560元

  合   计   13 300元

③ 间接费增加   (1 910+13 300)×16%=2 433.6元

④ 利润损失   (1 910+13 300+2 433.6)×5%=882.18元

总计经济索赔额   1 910+13 300+2 433.6+882.18=18 525.78元

问题：在工程师审查施工单位所提的索赔要求时，哪些内容可以索赔，哪些不可以？为什么？如果索赔申请书提出的工序顺延时间、停工人数、机械台班数和单价的数据等经审查后均真实，监理工程师对施工单位提出的工期、经济索赔要求如何处理？

第6章 承包商的索赔策略与技巧

6.1 承包商索赔失败的原因分析

在工程实践中，承包商通过施工索赔来维护自己的合同权益是不可避免的。然而，往往由于承包商索赔方法不当，或缺乏索赔意识，或缺乏谈判技巧等原因，造成索赔失败。归纳起来，承包商索赔失败的原因主要有以下几个方面：

6.1.1 投标时对招标文件研究不够

对于一个有经验的承包商的索赔人员，应该从投标准备开始，就研究、探讨招标文件中潜在的索赔问题。首先，要把合同文件中涉及施工索赔的条款和规定，深入、透彻地进行研究。因为每个工程项目的合同文件，都是由工程的设计咨询单位按照业主要求专门编制的。即使采用标准合同文本，如FIDIC、ICE（或NEC）、AIA或我国的建设工程施工合同示范文本，但在其工程项目的专用条款中，必然要有一些专门的、特殊性的规定，这些专门规定对索赔具有决定性的作用。尤其是以下几方面的问题，如果不加留意，就会造成索赔失败。

1. 在合同文件中缺少索赔条款或列入一些开脱性条款

大多数工程招标文件都包括索赔条款。但有些国家的招标文件中根本没有索赔条款，甚至有些合同中明确规定业主将不考虑承包商的任何索赔要求。有时在合同中，可能还存在开脱业主合同责任的条款，在国际工程承包实践中常称为开脱性条款。这些条款是将通常由业主承担的有关风险转嫁给承包商方面。如果承包商投标时没有注意到这些条款，那么势必造成报价中缺少对此类风险的考虑，而在合同实施过程中又无法成功索赔，由此可能造成承包商亏损。

根据工程实践中对招标文件的分析，通常开脱性条款可能有以下一些情况：

1) 业主对施工受到各类干扰引起的损失，均不承担任何责任。
2) 本工程应按合同规定日期建成，不考虑工期延长。
3) 由于原设计图的差错引起的修补工作，业主不承担修补费用。
4) 由于施工规程和施工计划含糊或错误造成的额外开支，业主不予以支付。
5) 业主人员和第三方人员的一切财产或生命损失，均由承包商负责。
6) 工程进度款拖期支付超过三个月以上，也不得索取超期利息。
7) 在合同实施期内不考虑物价上涨引起的计划外成本开支。
8) 业主对招标文件中所提供的地质资料和试验数据的准确性不负任何责任。
9) 业主对不利的自然条件引起的工期拖延或经济损失不负任何责任等。

2. 在合同条款中列入无延误补偿条款

在有些合同条款中要求承包商放弃因业主方的原因导致工期延误时要求补偿的权利。即承包商可以根据工期延长条款获得工期延长但无权获得经济补偿。在解决此类合同纠纷时，一般认为：如果某些施工延误是可以预见的，或在双方签约时已经注意到的，这种无延误补偿是有效的，即具有约束力；如果所发生的延误是业主的责任造成的，或者一个有经验的承包商在施工中也不能预见到的，则此类无延误补偿条款将是无效的，即承包商应该得到经济补偿。

对于上述两种情况，承包商应在投标报价之前仔细研究招标文件，识别这些问题。然后采取以下方法处理。

1）编标报价时，对上述情况可能造成的风险损失进行分析与评估，然后适当提高报价。

2）在中标以后的合同谈判中，承包商将合同条款中存在的重大风险提出来，要求业主予以适当修改，并将这些修改写入会谈纪要，作为合同文件的组成部分。

如果承包商在投标阶段不对上述问题进行研究并采取措施，就盲目报价和签订合同，则面临着极大的索赔失败和亏损的风险。

案例 6-1　开脱性条款引起索赔失败的案例

某承包商与业主签订的合同条件专用条款中规定，业主对施工受到干扰引起的损失不承担任何责任。承包商在报价和签约时并未留意此条款。在合同实施过程中，由于现场上业主所雇用的其他承包商的干扰造成承包商的工效严重降低，承包商向业主提交了详细的索赔计算书和工效降低证明材料，要求对工效降低造成的损失进行补偿。业主驳回其索赔要求，指出按照合同条款，此损失应由承包商承担。

6.1.2　报价计算错误或考虑不周

1. 投标报价书计算错误导致的报价过低

在承包商进行投标报价计算时，有时由于项目分解有误，计算时依据的资料有误或计算笔误等造成报价书出现计算错误，报价过低而中标。例如，FIDIC 施工合同条件为单价合同，由于实际工程量乘以所报单价即为承包商所得付款，如果所报单价计算错误，是无法进行索赔的。如果此时发生工程量增加的情况，承包商也只能按所报的错误单价进行计算，而不能以正确的单价计算索赔款，造成索赔不成功。

2. 在报价书中未列入工作效率数据

工作效率降低索赔能否成功，要取决于承包商是否能证明工效降低，是否能证明其降低的原因应由业主负责。要想证明工效降低就需要有实际工效的数据和报价时所依据工效的数据。然而，如果承包商在报价书中没有列入工作效率的数据，就很难证明工效降低和工效降低的幅度。例如，在报价单中只列入生产率数值，如每天完成 $40m^3$ 混凝土浇筑，但没有投入的资源数量（多少机械台班？多少人工？）。使得工效降低索赔时没有依据，当然无法成功索赔。

3. 在报价计算时没有核算主要工程量的数值

通常招标文件中的工程量表中的工程量只是估计数值，因此并不准确，仅供承包商报价之用。在实际工程结算时，是按照实际工程量与所报单价之积计算的。如核查中不仔细，可能会造成某项工程量数值很小，因此承包商报价过低，而实际工程量数值很大，而造成了实际损失。对此种损失承包商是无法索赔的。

案例 6-2　报价计算错误引起的索赔失败

某承包商采用 FIDIC《施工合同条件》，签订了某小型水坝工程施工合同。承包商在报价计算时，由于计算错误，将土坝坝体土方报价书中本应报单价为 4.55 美元/m^3，结果报为 1.55 美元/m^3。工程量清单中坝体土方工程量为 881 500m^3。在施工过程中，由于业主的变更指令造成坝体工程量增加 400 000m^3。承包商提出工程变更的索赔。其索赔内容包括：

1) 由于工程变更造成工程量增加，应增加的工程款为

400 000m^3 × 4.55 美元/m^3 = 1 820 000 美元

2) 由于工程量增加造成工期延长，要求工期补偿 2 个月。

3) 由于工期延长增加的管理费 40 000 美元/月 × 2 月 = 80 000 美元

经工程师审核批准的索赔款为：

1) 工程量增加的工程款（应按所报单价 1.55 美元/m^3）为

400 000m^3 × 1.55 美元/m^3 = 620 000 美元

2) 由于工程量增加造成工期延长，同意工期补偿 2 个月。

3) 由于工程量增加的工程款中已包含现场管理费，所以不再给予管理费的补偿。

6.1.3　承包商索赔管理不力

在施工过程中，由于承包商索赔管理不力，往往造成索赔失败。具体的失误包括：

1. 未在规定时间内发出索赔通知书

按照 FIDIC《施工合同条件》第 20.1 款规定，承包商应在察觉或应已察觉该事件或情况后 28 天内发出索赔通知。如果承包商未遵守此时限规定，则竣工时间不得延长，承包商无权获得追加付款，而业主应免除有关该索赔的全部责任。我国现行《建设工程施工合同（示范文本）》第 36.2 款也规定承包人在索赔事件发生后 28 天内，向工程师发出索赔意向通知。在工程实践中，有时就是因为承包商没有在规定的 28 天内向业主提出索赔通知而痛失索赔权。

尤其是在工程实践中，由于各方面原因会导致实际进度落后于计划进度。如果是非承包商原因造成的，其有权要求工期延长。但有时承包商往往不及时提出工期索赔要求，这样做不仅失去工期延长的机会，还有可能因为工期延误支付误期损害赔偿费，以及失去调整价格或其他费用补偿的机会。

2. 索赔证据准备不充分

根据合同规定，承包商索赔成功还要取决于索赔证据。如果证据不足，则索赔要求不会被批准。但是，承包商有时不注意日常索赔证据的积累，施工日志写得不规范，现场记录没有负责人的签字，工程师的口头指令没有及时确认等，因此，在索赔时不能提供足够的证据证明自己的要求合理。

为此，承包商要加强日常记录保存工作的管理。同时，应注意，施工记录应保存在不同的职员手中。例如，项目经理保存的施工日志和施工记录与工长保存的内容有所不同。公司应规定有关记录的相关程序和指南，保证所收集资料的一致性。通常，应保存的最常见的记录包括以下几个方面的内容。

1) 总体和详细的进度计划，所有的更新计划以及更新的原因（最好能够表明延误对每一项工作的影响程度）。

2) 恶劣的气候条件，包括大风和反常的温度变化。

3）标明实际进度和进度计划对比的实际进度表。
4）符合原始的和更新进度计划的资源分配表。
5）基于进度的实际使用资源的记录。
6）基于原始和更新进度计划的现金流预测。
7）实现现金流记录。
8）预期设备产出清单。
9）基于关键工作的实际设备产出记录。
10）闲置的和/或不经济租用（给出原因）设备记录。
11）不同活动的预期工效记录。
12）为满足原始的和更新的进度计划，预期加班（及其有关费用）清单。
13）实际加班和相关费用的记录。
14）进度照片以及需覆盖的工程照片。
15）工程施工次序和方法的录像资料。
16）原始图以及修改后的设计图及其修改备注。
17）现场日志和关键技术和管理人员的日志。
18）会议纪要和会议保存的备注。
19）每月完成的工程金额。
20）所有项目（公司营业额）完成的工程金额。
21）投标金额的管理费和利润分配金额。
22）每月或每季或每年的总部管理费。
23）公司的每个会计年度的利润或亏损金额。

3. 没有及时提出变更价款的要求

按照我国现行《建设工程施工合同（示范文本）》第19.1款的规定，承包人应在知道或应当知道索赔事件发生后28天内，向监理人递交索赔意向通知书，并说明发生索赔事件的事由；承包人未在前述28天内发出索赔通知书的，丧失要求追加付款和（或）延长工期的权利。因此，如果按此合同文本签订合同，承包人必须注意28天的时限规定，否则就会失去索赔权利。

4. 没有及时明确可推定的变更指令或加速施工指令

在国际工程承包施工实践中，虽然经常采用可推定的变更或可推定的加速施工指令等，但承包商还是应当及时向业主和工程师正式书面报告发生的情况，叙述采取的处理措施，要求业主和工程师书面批准；或者向业主和工程师发出要求确认函，使其口头指令合法化。这样承包商的索赔要求才容易批准。否则，承包商的索赔较难成功。

5. 没有利用合同赋予的权利

在施工合同中，承包商和业主均有相应的责权利。有时，就是因为承包商不会利用合同赋予的权利，从而造成索赔失败。例如，在国际工程施工中，按照FIDIC《施工合同条件》，当业主严重违约时，承包商有权放慢施工速度或暂停施工，甚至终止合同。在我国的施工合同示范文本中也有类似的条款。但有时承包商却不会利用合同赋予的权利，在业主违约严重的情况下，仍然继续施工并按规定日期建成工程。但当工程建成以后，有些业主和工程师可能对承包商的索赔要求不予理睬或大幅减少承包商的索赔批准额，从而造成索赔失败。

案例6-3 索赔管理不力造成索赔失败的案例

某公司承包一电力电缆工程，在施工过程中，工程师多次发出口头指示要求承包商进行一些额外工作和额外措施，使承包商的施工成本提高。事后，工程师没有进行书面确认，而承包商也没有及时向工程师发出书面确认要求。当工程结束时，承包商进行索赔要求补偿其成本损失时，工程师指出他只是经常对承包商的工作提出建议，这些建议并不构成指示。因为他不认为是指示，因此没有进行书面确认。承包商当时肯定也是这样认为的，否则承包商就应当要求他对这些指示进行确认。因此，驳回承包商的索赔要求。

以上事件中，承包商存在的问题主要有：根据3.3款，工程师的指示如果是口头指示，承包商应在给出指示后两个工作日内要求工程师予以书面确认。根据20.1款，当承包商认为根据任何条款或与合同有关的其他文件，他有权得到工期或费用索赔时，承包商应在察觉或应已察觉该事件28天内就应发出索赔通知，所以上述案例中，承包商既未对工程师指令要求进行书面确认，也未在事件发生28天内提出索赔报告，故索赔失败。

6.1.4 承包商索赔做法不当

索赔是一项综合性工作，它需要综合运用技术、组织、经济、合同、法律、管理等多方面的知识，采用正确的索赔做法才能成功。否则，即使是合理的索赔要求，也可能不被批准。归纳起来，在承包商索赔实践中，下列做法往往导致索赔失败。

1. 索赔计价方法不当

在索赔时，有些承包商总想通过"高额索赔"的方法，使自己的索赔额在经过业主或监理工程师的大量扣减后，仍可以弥补自己的成本损失。但是，这种做法往往适得其反，往往容易引起业主和监理工程师的反感，甚至引起业主的高额反索赔措施，导致索赔工作复杂化，甚至失败。

承包商在索赔中，只有索赔计价方法适当，索赔计算有理有据，让业主或监理工程师确实认可你的索赔要求合理，索赔才容易成功。

2. 采用算总账的索赔方法

索赔的正确做法是将索赔事项纳入按月结算的轨道，在每次索赔事项发生后，及时索赔，并将每月批准的索赔款额列入每月的月结算报表中，要求业主每月兑现索赔款。

有些承包商却不是这样做，而是将索赔事项一拖再拖，不是不及时按索赔时限提出索赔要求，就是对工程师批准的索赔款额不满意而拒收，总希望以算总账的方式一次性收回所有的索赔款项。殊不知索赔款项越积越多，直到索赔款额成为巨额时，业主和监理工程师看到如此巨大的索赔金额，通常是不会轻易批准的。根据国际工程经验，算总账的索赔方法是失败的。

3. 与业主或工程师的关系很僵，索赔时不懂得适当让步

在工程实践中，如果在工程实施过程中，承包商与业主或工程师的关系非常融洽，即使有矛盾与冲突，公正、合理地解决合同实施中的各种问题也是比较容易的。但如果承包商与业主或工程师的关系很僵，即使本该批准的索赔要求也会不被批准或受到刁难。虽然在解决合同纠纷时，法律和合同本身授予承包商仲裁或诉讼的权利。但这种处理纠纷的方式，成本是很高的，解决的时间也很长。而且施工过程中，很多问题并不是由单方面原因造成的，往往承包商也有部分责任，因此，即使最终承包商胜诉，扣除索赔成本，可能从经济上考虑并

不合算。此外，业主可能经常提出业主索赔，使承包商的索赔工作非常困难。此外，有些承包商在索赔中不懂得适当让步，对业主和工程师采取完全对抗的态度，不是努力探索协商解决的途径或变通渠道，而是动不动就以仲裁或诉讼相威胁，将矛盾激化，从而导致索赔失败。

6.2 承包商的索赔策略分析

索赔策略属于承包商经营策略的一部分。对于重大的索赔事项承包商必须进行策略研究，作为制订索赔方案和索赔谈判的依据，以指导索赔工作小组开展索赔工作。

索赔策略必须体现承包商的整个经营战略，体现承包商长远利益和目前利益、全局利益和局部利益的统一。

6.2.1 确定索赔目标

承包商的索赔目标是承包商对索赔的最终期望值，它是承包商根据合同实施状况、承包商所受的损失和其总体经营战略所确定的。在确定索赔目标时，承包商必须分析和创造实现目标的基本条件。例如，在施工过程中如果承包商认真履行合同义务，使业主对工程满意，索赔目标就可能容易实现。但如果承包商违约或工程管理不善，工程进行令业主和工程师不满意，则索赔谈判就会处于非常不利的地位。甚至业主会提出高额的反索赔来对抗承包商的索赔。

此外，对于严重拖欠工程款，拒不承认承包商合理要求等不讲信誉的业主，承包商除了仅仅考虑坚持认真履行合同义务外，还必须运用合同给予的权利放慢工程进度或暂停部分施工。否则，越接近工程完成，承包商的地位越不利。

在确定索赔目标时，承包商还必须分析目标实现的风险，包括承包商在履行合同时的失误，例如，自身组织管理等原因造成实际进度拖后，没有认真执行工程师的指令，没有及时确认工程师的口头指令，工程施工中未达到合同的质量标准等；包括工地上和其他方面的风险，如业主的反索赔，对承包商的不利证据等。通过上述全面分析，确定合理的索赔目标。

6.2.2 对业主和监理工程师的分析

在工程承包中，分析业主和监理工程师是非常重要的，尤其是国际工程项目。通常业主或工程师的价值观念、社会心理、传统文化、生活习惯和本人的兴趣爱好的了解和尊重，对索赔的处理和解决有极大的影响。这时，承包商应将重点放在由于对干扰或失误造成承包商的实际费用增加上，强调公平、合理的平衡补偿。

对业主和监理工程师主要分析对方兴趣和利益所在。分析合同的法律基础、特点和对方的商业习惯、文化特点、民族特性和工作态度。可以通过对业主或监理工程师从事过的工程管理情况进行调查了解，从而在索赔中采取适当的索赔方法和谈判策略取得索赔成功。

6.2.3 承包商自身经营战略分析

承包商的经营战略直接制约索赔策略和计划。在分析业主的目标、业主的情况和工程所在地（国）的情况后，承包商还应考虑是否还有可能与业主继续进行新的合作，是否在当地继续扩展业务或其前景如何，与业主之间的关系对在当地扩展业务是否有影响，影响程度如何等问题，从而将承包商的索赔策略与企业经营战略结合起来，制订出符合企业经营战略的索赔策略。

6.2.4 承包商的主要对外关系分析

在合同实施过程中，承包商与多方人员具有合作关系。承包商应对这些方面的关系进行详细分析，从而在索赔工作中利用这些关系，争取各方面的合作与支持。尤其是与工程师的关系，由于监理工程师虽然是受业主委托的，但他是专业人士，是与业主签订合同而独立工作的，合同授予他很重要的权力，如果承包商的索赔能够得到他的认可，则意味着索赔基本成功，因此，对与工程师的关系分析非常重要。此外，在国际承包工程中，承包商的代理人的作用非常重要，他可以办承包商不能或不好出面办的事。因为他懂得当地的风俗习惯、社会风情、法律特点、经济状况和政治环境，且有着与当地各方面的密切联系。如果有一个好的当地代理人，由他在其中斡旋，有时能使承包商的索赔获得意想不到的有利解决。

6.2.5 对索赔前景分析

在工程实施过程中，索赔与反索赔往往相伴而行。一个事件的发生往往业主和承包商双方均有责任，所以当承包商提出索赔时，业主也会提出反索赔，用以平衡承包商的索赔。因此，承包商在进行索赔时，首先应对业主已经提出的和可能还将提出的索赔要求进行分析，分析其合理性和自己反驳的可能性。同时承包商应对自己可能获得的索赔值的最大值和最小值分析，分析自己要求的合理性和业主反驳的可能性，预测索赔批准的可能。然后将上述分析进行对比，分析自己索赔要求与业主可能提出的反索赔要求之间的数额差，至少要平衡才能决定提出索赔。

6.2.6 制定谈判策略，进行谈判过程分析

根据前面对索赔情况的分析，根据自身的处境和对方的情况，对自身可以采取的谈判策略分析，同时对对方可能采取的谈判策略进行预测。然后，对可能的谈判过程进行分析，确定自身可作出的让步情况，分析对方可能作出的让步程度，预测最终谈判结果。从而制订出最佳的谈判策略。

案例 6-4 明确索赔的目标与战略

承包商意大利某公司与巴基斯坦业主签订一项 52km 的引水渠工程，合同价格为 3.8 亿美元，合同工期从 1997 年 1 月—2001 年 8 月。

1. 索赔目标与战略

1998 年 9 月，承包商提出工期索赔 11.5 个月和费用索赔 4 585.6 万美元，索赔原因是从 1997 年 6 月—1998 年 7 月期间，业主提交工作面延迟及所提交工作面的不连续性引起的设备效率降低。

首先分析承包商在投标时对索赔所做的工作。通常在此类费用的索赔中设备折旧费用占较大的比例，尤其在此项引水渠工程中，设备折旧费用占索赔费用的 38%，达 1 755 万美元。这是承包商在投标时进行预期索赔评价和采取相应对策的结果。在评价时，承包商索赔专家根据巴政府其他建筑工程中的表现进行分析，业主往往在移交工作面（交地）上发生延误，况且 C-02 合同 52km 引水渠跨越几十家地主的地界，因此提出为该工程专门制造设备，名曰联合收割机，即开挖、装载和运输一体化的机械设备。这样既可以提高投标竞争力，又可以为以后索赔留下埋伏。中标后，承包商特别设计制造了标价约 3 500 万美元的设备，即上面提到的联合收割机（确实简单实用、效率高）。

经过与承包商多次澄清和协商，1999 年 2 月工程师对索赔作出评估，同意工期延长 7.5

个月，费用补偿 2 200 万美元。随后，承包商与业主开始谈判。此时，承包商谈判方案包括：

方案一，坚持设备费索赔，以获得最大的费用索赔，至少 3 500 万美元。

方案二，可以接受工期延长 7.5 个月，但业主另外须支付赶工费，总索赔费用至少 4 000 万美元。

方案三，工期延长 9 个月，费用索赔至少 3 400 万美元。

承包商谈判首推方案一，根据谈判进程和谈判环境，灵活把握时机，以方案三为最终谈判可接受结果。业主方面可能会在延期上让步，由于 C-03 合同明显进度滞后，且有进一步延迟的迹象，故业主将会在费用索赔上严格把关，不会轻易让步。而承包商的目的是最大限度地争取索赔费用，即使延长 7.5 个月也可以完成。二者的目的截然相反，故谈判将难以达成协议，承包商决定在谈判无结果后将放慢工程进度，适量裁员，以给业主施压，争取满意的费用索赔，否则，最终提交仲裁。

2. 索赔结果

到 1999 年 8 月，双方无法达成协议，承包商提出仲裁请求。由于业主未能满足承包商上面提到的费用索赔要求，承包商目前已明显放慢施工进度，大量裁员，按调整后的施工速度肯定无法达到业主 2002 年 8 月发电的要求。通过以上措施迫使业主谈判以满足费用索赔要求，而这些措施也是基于承包商丰富的索赔经验和对形势的判断，一旦业主满足了他们的索赔要求，承包商也有能力满足业主在工期方面的要求。

6.3 承包商的索赔技巧

索赔是合同的一方利用合同和法律所赋予的权利向合同另一方要求对自己的损失进行补偿。但这种补偿不是自动进行的，并不是只要遭受到损失就一定能得到补偿。尤其是全球的承包市场一直处在"买方市场"的状态，承包商的索赔较之业主的索赔困难得多。索赔工作既有严谨的一面，又有灵活的一面。对于一个确定的索赔事件通常没有一个预定的和明确的答案，往往受制于双方所签订的合同条款、承包商的工程管理水平和索赔能力、工程师处理问题的合理性与公正性，以及业主的管理水平等。索赔的成功不仅需要令人信服的法律与合同依据、充足的索赔理由和正确的计算方法，而且索赔的策略和技巧也是不可或缺的重要方面。承包商要使索赔成功，就需要在认真按照合同要求实施工程的前提下，根据项目的不同、业主的不同、监理工程师的不同和客观条件的不同而采取灵活的索赔策略和技巧来进行。索赔问题实际上是承包商对利益、关系、信誉等方面的一个综合权衡。承包商的索赔技巧和应注意事项如下。

6.3.1 寻找索赔机会，将索赔管理贯穿于项目管理全过程

索赔管理实际上在承包商进行报标时就开始了，一直延续到中标后的整个合同施工期，直到项目保修期结束。在这个全过程中，承包商要随时注意发现索赔机会，及时索赔。在报标阶段时，一个有经验的承包商就应考虑中标以后，施工中可能会出现的索赔问题。承包商应仔细研究招标文件中的合同条款、规范和设计图，对其中可能在实施中有可能出现变更或容易产生索赔的部分仔细研究，确定一个合适的报价策略。并且要仔细查勘施工现场，探索可能索赔的机会，在报价时一定要考虑将来索赔的需要。例如，在进行单价分析时，应列入

生产效率，把工程成本与投入资源的效率结合起来。这样，在施工过程中论证索赔原因时，可以作为作业效率降低的依据。否则，在实际的索赔中，如果在标书中找不到证明生产效率的资料，也就无法证明作业效率降低，因此计算由于作业效率降低而增加的附加开支就缺乏根据，业主也就很难认可这种索赔。而且，在实际工程进行过程中，还要做好施工记录工作。再如，在招标文件中的一些不准确数据，工程量表与施工图的不一致等，均会构成承包商的索赔机会。承包商必须在投标报价时就作好索赔的准备工作，在施工过程中注意这些有可能造成索赔的问题，一旦索赔机会出现，就可以及时发现，并在合同规定的索赔期限内提出合理的索赔要求。

常见的索赔机会分析可以分为以下几个方面来进行：

1. 由于业主的行为而寻找的潜在索赔机会

业主行为所带来的索赔机会，在实践中通常有下列情况：

1）因业主提供的招标文件中的错误、漏项或与实际不符，造成中标施工后超出原报价造成的经济损失。

2）业主未按合同约定交付施工场地。

3）业主未在合同规定的期限内办理土地征用、青苗树木补偿、房屋拆迁、清除地面、架空和地下障碍等工作，导致施工现场不具备或不完全具备施工条件。

4）业主未按合同规定将施工所需水、电、电信线路从施工场地外部接至约定的地点，或虽然接至约定地点但没有保证施工期间的需要。

5）业主未按合同规定开通施工现场与外部通道，或没有满足施工运输的需要、没有保证施工期间的畅通。

6）业主未按合同的约定及时向承包商提供施工现场的工程地质和地下管网线路资料，或者提供的数据不符合真实、准确的要求。

7）业主未及时办理施工所需各种证件、批文和临时用地、占道及铁路专用线申报批准手续而影响施工。

8）业主未及时组织有关单位和承包商进行图纸会审，未及时向承包商进行设计交底。

9）业主未及时将水准点及坐标控制点以书面形式交给承包商。

10）业主没有妥善协调处理好施工现场周围地下管线和邻接建筑物、构筑物的保护而影响施工的顺利进行。

11）业主没有按照合同的规定提供应由业主提供的建筑材料、机械设备。

12）业主拖延合同规定的责任，如拖延施工图的批准造成施工延误。

13）业主未按合同规定的时间和数量支付工程款。

14）业主要求赶工。

15）业主提前占用部分永久工程。

16）因业主中途变更建设计划，如工程停建、缓建，使物资积压倒运、人员机械窝工等造成的经济损失。

17）因业主方供料无质量证明，委托承包商代为检验，或按业主要求对已有合格证明的材料构件、已检查合同的隐蔽工程进行复验所发生的费用。

18）因业主所供材料不符合定型产品的几何尺寸，导致施工超耗而增加的量差损失。

19）因业主供应的材料、设备未按合约规定地点堆放的倒运费用或业主供货到现场、由承包商代为卸车堆放所发生的人工费和机械台班费。

2. 由于监理工程师的行为而寻找的潜在索赔机会

监理工程师的行为所带来的索赔机会，在实践中经常有下列情况：

1）监理工程师的委派没有按合同规定提前通知承包商，对施工造成影响。

2）监理工程师发出的指令、通知有误。

3）监理工程师未按合同规定及时向承包商提供指令、批准、施工图或未履行其他义务。

4）监理工程师对承包商的施工组织进行不合理干预。

5）监理工程师对工程苛刻检查、对同一部位的反复检查、使用与合同规定不符的检查标准进行检查、故意不及时检查等。

3. 由于设计变更而寻找的潜在索赔机会

设计变更所带来的索赔机会，在实践中经常有下列情况：

1）因设计漏项或变更而造成人力、物资和资金的损失和停工待图、工期延误、返修加固、构件物资积压等以及连带发生的其他损失。

2）因设计提供的工程地质勘探报告与实际不符而影响施工所造成的损失。

3）按图施工后发现设计错误或缺陷，经业主同意采取补救措施进行技术处理所增加的额外费用。

4）设计驻工地代表在现场临时决定，但无正式书面手续的某些材料代用、局部修改或其他有关工程的随机处理事宜所增加的额外费用。

4. 由于合同文件的缺陷而寻找的潜在索赔机会

合同文件的缺陷所带来的索赔机会，在实践中经常有下列情况：

1）合同条款存在漏洞，对实际可能发生的情况未作预料和规定，缺少某些必不可少的条款。

2）合同条款之间存在矛盾。

3）双方的某些条款隐含着较大的风险，对单方面要求过于苛刻，约束不平衡。

5. 由于施工条件与施工方法的变化而寻找的潜在索赔机会

施工条件与施工方法的变化所带来的索赔机会，在实践中经常有下列情况：

1）加速施工引起劳动力资源、周转材料、机械设备的增加以及各工种交叉干扰增大工作量等额外增加的费用。

2）因场地狭窄以致场内运输运距增加所发生的超运距费用。

3）因在特殊环境中或恶劣条件下施工发生的降效损失和增加的安全防护、劳动保健等费用。

6. 由于国家政策法规变化而寻找的潜在索赔机会

国家政策法规变化所带来的索赔机会，在实践中经常有下列情况：

1）由工程造价管理部门发布的每季度建筑工程材料预算价格的变化。

2）国家调整关于建设银行贷款利率的规定。

3）国家有关部门关于在工程中停止使用某种设备、材料的通知。

4）国家有关部门关于在工程中推广某些设备、施工技术的规定。

5）国家对某些设备、建筑材料限制进口、提高关税的规定。

7. 由于不可抗力而寻找的潜在索赔机会

不可抗力所带来的索赔机会，在实践中经常有下列情况：

1）因自然灾害引起的损失。

2）因物价大幅度上涨，造成材料价格、人工工资大幅上涨而增加的费用。

3）因社会动乱、暴乱引起的损失。

8. 由于不可预见因素的发生而寻找的潜在索赔机会

不可预见因素所带来的索赔机会，在实践中经常有下列情况：

1）因施工中发现文物、古董、古建筑基础和结构、化石、钱币等有考古、地质研究价值的物品所发生的保护等费用。

2）异常恶劣气候条件造成已完工程损坏或质量达不到合格标准时的处置费和重新施工费。

案例6-5　工程师提供数据错误引起的索赔

案例情况：工程项目为某世界银行贷款一级公路B、C段及其跨河桥合同段项目。

业主：某高速公路管理局

承包商：某路桥建设公司

按照合同条款17.1条规定，在监理工程师给定原始基准点、基准线和基准标高后，承包单位应对其复测闭合。承包商在对上述三个工程项目的复测过程中，发现导线点的平面位置（控制坐标）有误和高程出现错误，上述问题以书面形式上报监理工程师后，经测绘局、监理单位、承包单位三方联合复测后，确认此误差超出规范要求。同时，监理工程师发出书面指令，此问题等候处理。

此事件产生的影响是由于业主和工程师提供的测量数据（基准线、基准标高）错误，监理工程师指令等候处理，承包商的后续一系列工作无法进行。如中线不能恢复、地面标高不能复测、路基横断面设计无法进行，因此路基不能开工。同时，桥涵工程不能放样，不能绘制施工图，桥涵工程无法开工，从而造成已进入施工现场的人员、机械不能施工，现场处于停滞状态，承包商的施工费用增加。同时，施工计划被打乱，工期延长。

事后，就此事件造成承包商的损失，承包商向监理工程师递交了索赔要求，要求业主补偿承包商的人工窝工费、机械闲置费和延长工期。

案例分析：此事件涉及的工程项目的工作程序如图6-1所示。

在这个案例中，承包商要想得到这笔索赔费用还应该具备必要的条件，那就是开工能力，即开工前的准备工作已经按照批准的施工组织设计中的进度安排完成。如果承包商按合同要求没有完成这些工作项目，即：开工前的施工组织设计、取土场材料的重力击实试验、混凝土配合比试验、钢筋试验、人员、机械完好并进驻现场，否则，即使没有发生测量原始资料数据的错误，承包人也不具备开工能力，承包人同样会造成经济损失和工期延误，因此，承包商的索赔要求就不会被批准。由上述的分析推断可知，由于测量的原始数据产生错误，是业主的责任，承包商没有责任与错误，由此导致承包商的经济受到损失和施工期的延长。根据相应的条款，承包商有权索赔。

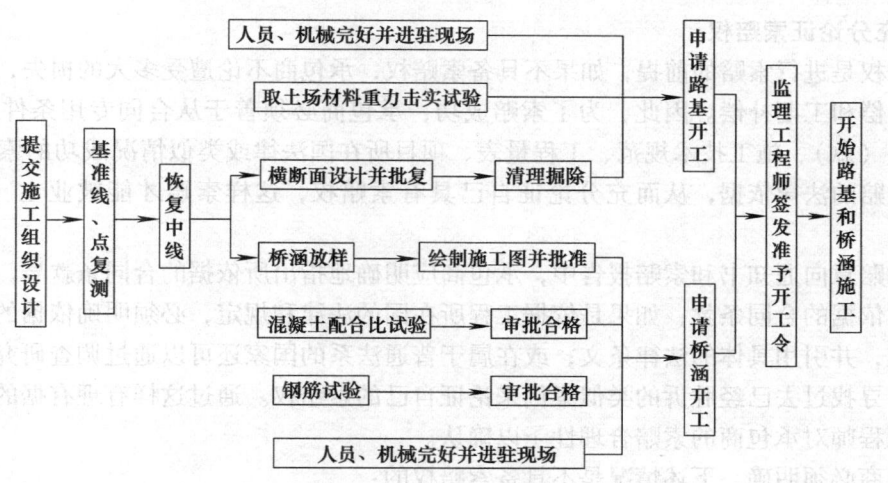

图 6-1 工程项目的工作程序

6.3.2 商签好合同协议

虽然在商签合同时经常采用一些标准的合同文本，如 FIDIC《施工合同条件》和我国的《建设工程施工合同（示范文本）》，但一定要注意专用条件（款）的修改与补充。本书在讲解中主要是依据通用条件（款）来讨论的，但实际上专用条件（款）的修改和补充对索赔的影响是非常大的。例如，在采用我国《建设工程施工合同（示范文本）》时，在专用条款中可以约定工程款的具体支付方式，可约定违约金的具体数额和损失赔偿额的具体计算方法，以及不可抗力的具体标准等。这些约定不同，就会带来索赔权的不同、索赔计算方法和计算数值的不同。由于合同是索赔的最主要依据，因此合同签订的好坏，直接影响到承包商的利益，影响到索赔的成功与否。对于国际工程项目，有时项目采用的是业主所在国的不规范的合同文本，可能其中许多条款对承包商很不利。在商签合同过程中，承包商应对明显把重大风险转嫁给承包商的合同条件提出修改要求，并且一定要将达成修改的协议以"谈判纪要"的形式写出，并由双方签字，作为其合同文件的有效组成部分。特别是合同中经常有一些开脱业主责任的条款，承包商更要予以注意，切记不可凭经验或以 FIDIC《施工合同条件》通用条件或我国的《建设工程施工合同（示范文本）》通用条件为标准，而忽视承包商拟签合同中的具体规定。如在合同中可能没有索赔条款；合同中可能有类似于无索赔条款，如本工程按合同规定日期建成，不考虑任何工期延长；拖期付款可能无时限规定，无拖欠付款的利息偿付规定；没有预付款的规定；没有调价的条款；合同中有业主认为对某部分工程不满意，不需发出任何通知就有权决定扣减工程款的规定；以及一些开脱性条款，以开脱业主合同责任的合同条款。如业主对不可预见的工程施工条件不承担责任；或者在合同条款中列入"无延误补偿"条款，即承包商可根据工期延长条款延长工期，但无权要求经济补偿的规定。如果这些问题承包商不加以注意，就与业主签订合同，承包商在施工过程中就很难有机会索赔。所以，为了使索赔成功，必须注意合同的细节，从而通过谈判在合同的专用条件（款）对上述那些对承包商不利的条款进行修改。并且在投标报价时，考虑风险损失，适当提高报价。

6.3.3 充分论证索赔权

索赔权是进行索赔的前提,如果不具备索赔权,承包商不论遭受多大的损失,均无权得到经济补偿和工期补偿。因此,为了索赔成功,承包商必须善于从合同专用条件(款)和通用条件(款)、施工技术规范、工程量表、项目所在国法律或类似情况成功的索赔案例等中找出索赔的法律依据,从而充分论证自己具有索赔权,这样索赔才能被业主(工程师)所接受。

在索赔意向通知书和索赔报告中,承包商应明确地指出所依据的合同条款号,最好全文引用具体依据的合同条款;如果是依据工程所在国的法律和规定,必须明确依据的是哪部法律和规定,并引用具体的法律条文;或在属于普通法系的国家还可以通过调查研究和查阅案例选集,寻找过去已经胜诉的类似案例来论证自己的索赔权。通过这样有理有据的论证,使业主和工程师对承包商的索赔合理性予以确认。

承包商必须明确,下述情况是不具备索赔权的:

1)由于承包商的责任而发生的费用损失和工期延误。如施工质量不合格造成的返工损失和工期延误。这时承包商不仅没有索赔权,而且可能还要自费采取一些赶工措施以达到按时竣工的目的,否则就要向业主支付误期损害赔偿费或误期罚款。

2)投标报价计算错误或采用不合理的压低报价策略从而以低价中标时,在施工中可能造成极大亏损。而这种亏损无论多大,也不可能因此获得索赔权。因为,在合同中一般都明确规定承包商应对自己报价负责。如 FIDIC《施工合同条件》1999 年第 1 版第 4.11 款中明确规定,承包商应被认为:①已确信中标合同金额的正确性和充分性。②已将中标合同金额建立在关于第 4.10 款提到的所有有关事项的数据、解释、必要的资料、视察、检查和满意的基础上。除非合同另有规定,中标合同金额应包括根据合同承包商所承担的全部义务(包括根据暂列金额应承担的义务,如果有),以及为正确地实施和完成工程并修补任何缺陷所需的全部有关事项。

6.3.4 对工程师的口头指示及时确认

虽然合同中一般均规定监理工程师尽量用书面形式发布指示,但同时指出其有发布口头指示的权力。但是这种口头指示,如果监理工程师不在事后以书面形式予以确认,或承包商未及时以书面形式要求其确认,则一旦承包商实施了监理工程师的口头指示(尤其是变更指令),则在承包商提出索赔要求时,一旦监理工程师否认,拒绝承包商的索赔要求,而承包商又拿不出证据证明是工程师的指示,则业主就有权拒绝承包商的索赔要求。所以,为了使承包商索赔成功,必须按照合同规定的时间和程序及时确认工程师的口头指示。如在 FIDIC《施工合同条件》1999 年第 1 版的第 3.3 款第 2 段中规定,如果承包商在工程师或其助手的口头指示后的 2 个工作日内向其发出书面确认,而他们又没有在收到书面确认的 2 个工作日内发出书面拒绝和(或)指示进行答复,则确认工程师或助手已经书面确认了该口头指示。

按照我国《建设工程施工合同(示范文本)》(GF—2013—0201,以下称 2013 年版)第 4.1 款规定,紧急情况下,监理人员可以口头形式发出指示,但必须在发出口头指示后 24 小时内补发书面监理指示。承包人对监理工程师发出的指示有疑问的,应向监理工程师提出书面异议,监理工程师应在 48 小时内对该指示予以确认、更改或撤销。监理工程师逾期未回复的,承包人有权拒绝执行。

由于合同中规定有时间界限，所以承包人要注意时限规定。

6.3.5 遵守索赔程序，及时发出索赔通知

对于承包商的索赔，一般合同中均规定索赔程序和索赔时限。一般均要求：在索赔事件发生后的一定时间内，承包商必须发出索赔通知，否则失去索赔权。如在FIDIC《施工合同条件》第1999年第1版第20.1款和我国《施工合同（示范文本）》2013年版第19条中均规定，承包商在索赔事件发生后28天内必须以书面形式向工程师发出索赔意向通知。同时合同中还对索赔报告、索赔证据的提供等提出具体的时间要求，如果承包商不遵守这些程序要求，其索赔要求也要受到影响。因此，承包商为了不失去全部或部分索赔权，必须严格遵守合同中的索赔程序，及时发出索赔通知。

6.3.6 认真准备索赔报告

索赔报告是承包商的主要索赔文件，索赔报告编写得成功与否，对索赔的成功与否具有很重要的影响。在编制索赔报告时，一定要以客观事实为依据，合理引用合同条款和相关文件和法规，使得论述有理有据。并且，一定要建立索赔事实与损失的因果关系，从而使工程师认可承包商的索赔要求合理、合法。索赔款的计算建立在正确的计价方法上，每项费用的损失计算均指明依据的合同条款，计算上是按照索赔事项发生承包商所增加的成本为原则计算的。并且计算项目要具体，每项计算都有相应的证据来支持。这样，索赔事项就会很快解决。此外，索赔计价不能过高，漫天要价只能让工程师和业主反感，使索赔事项迟迟得不到解决。而且，还有可能让业主准备周密的反索赔计划，以高额的反索赔对付高额的索赔，使索赔工作更加复杂化。

6.3.7 力争单项索赔，避免一揽子索赔

单项索赔，通常容易解决，承包商可及时得到索赔款。而一揽子索赔，会使得问题复杂，金额大，不易解决，往往到工程结束后还得不到付款。而且，《FIDIC施工合同条件》1999年第1版和我国《建设工程施工合同（示范文本）》2013年版中均按单项索赔规定的。但在实际中，在签订合同时，实际上索赔的规定是由双方约定的，因此，一般情况下承包商不要同意一揽子索赔的方式来处理索赔。因为这种方式常常由于金额大，索赔内容多而乱，或由于索赔事项发生的时间长，索赔证据不能及时清理，使得承包商所能得到的索赔补偿相对于单项索赔来说大打折扣。

6.3.8 坚持采用"清理账目法"

通常承包商只注意接受业主按月结算索赔款，而忽略了索赔款的不足部分。而没有以文字的形式保留自己今后应获得不足部分款额的权利，等于认可了业主对该项索赔的付款，从而放弃了以后再追索的权利。因此，承包商在索赔管理中，应按照"清理账目"的方法，在每月的结算申报表中均列出累计的索赔款余额，要求业主在本月进度款支付时一并予以支付。即使业主仍未支付，承包商也保留了自己的索赔权。

6.3.9 争取友好解决索赔争端

在工程实际中，索赔争端是难免的。如果遇到争端不能理智地解决，将使一些本可解决的问题变得难以解决。承包商必须明确，为了进行索赔的开支是得不到补偿的，而且采用仲裁或诉讼的方法解决索赔争端耗时长，索赔工作成本也大大增加。即使承包商能够胜诉，等拿到索赔款时可能项目也已经结束许久了。何况承包商的索赔要求可能得不到支持或者部分得不到支持，最后扣除索赔工作成本，得到的索赔款额相对于作些让步而友好解决来说可能

还要少。因此,承包商一定要头脑冷静,防止对立情绪,力争友好解决索赔争端。只有当索赔款额大,通过努力友好解决后仍不能解决争端时,才采取合同约定的仲裁或向法院提出诉讼,以维护自己的索赔权益。

友好解决争端对业主和承包商都是有益的。因此在许多合同条件中,如 FIDIC《施工合同条件》1999 年第 1 版和我国《建设工程施工合同(示范文本)》中均有友好解决争端的条款。因此,承包商应按照合同条件中关于友好解决的条款争取索赔争端的解决。

6.3.10 注意同监理工程师搞好关系

索赔处理是监理工程师的一项重要工作。承包商和业主的索赔首先是由监理工程师来处理的。通常业主的索赔直接由监理工程师负责,而承包商的索赔是报给监理工程师来进行的。监理工程师是处理索赔问题的关键人物。在合同条件中均授予监理工程师主持索赔的权利。因此,承包商如果要想提高索赔的成功率,应注意同监理工程师搞好关系,从项目开始实施,特别是项目的初始阶段,项目经理就要主动会见监理工程师,经常沟通,建立起双方友好合作的良好气氛,争取监理工程师的公正解决,从而避免仲裁或诉讼。

案例 6-6 经济签证

某大学科技大厦项目,采用我国《建设工程施工合同(示范文本)》签订施工合同。合同内项目单价均按当地预算定额计算。施工单位在项目实施过程中与项目的建设单位和监理工程师的关系融洽,合作得很愉快。在项目施工中,业主要求设计变更,在一层 IT 市场内增设墙体隔断。由项目监理工程师于 2002 年 12 月 20 日发布了书面的工程变更指令,并向施工单位提供设计单位出的施工图,施工单位按照变更指令实施了工程,并经监理工程师检查质量完全符合要求。

施工单位很快完成了这些工作,并且在接到变更的指令后的第 10 天,向工程师提交了索赔通知,分别填报了现场签证报审表,见表 5-1。并且附上了施工现场经济签证书。见表 6-2。

表 6-1 现场签证报审表

工程名称: 承包单位:

签证项目	所在图号或部位
签证的原因或性质	根据 2002 年 12 月 20 日监理工程师的变更指令,在一层 IT 市场增设一道隔墙,属于设计变更
签证内容或简图	隔断墙体的直接费为 1 924.491 元 依据的设计图编号为×× 承包单位:××　　项目负责人:××　　日期 2002 年 12 月 30 日
监理审查意见	 监理工程师　　　日期　　　总监理工程师　　　日期

表 6-2 施工现场经济签证书

工程名称	××大学科技大厦		签证编号		××	
签证内容	按照监理工程师的变更指令，在一层 IT 市场增设一道隔墙的直接费					

工程量计算：按照施工图所示尺寸：

龙骨：$S = (6.1+0.6) \times 3.4 \text{m}^2 = 22.78 \text{m}^2$

面层：$S = 22.78 \times 2 \text{m}^2 = 45.56 \text{m}^2$

定额编号	分项工程名称	工程量		价值/元		其中人工费/元	
		单位	数量	基价	金额	单价	金额
2-50	墙体龙骨安装	100m²	0.23	445.47	102.458	221.02	50.835
	龙骨	m²	23	14.5	333.5		
2-67	面层安装	100m²	0.46	681.370	313.430	645.67	297.008
	玻镁板	m²	46	21	966		
11-363	玻镁板大白3遍	100m²	0.46	263.42	121.173	197.69	90.937
11-333	玻镁板涂料	100m²	0.46	191.15	87.929	87.17	40.098
	合计				1924.491		478.878
建设单位负责人：				施工单位负责人：			

由于施工单位严格按照程序进行，计算准确，很快得到监理工程师和建设单位对此费用补偿的认可。

这是我国实际工程中承包商要求费用补偿的一个例子。虽然被称为经济签证，但实际上就是本书中所述的索赔。从这个索赔例子中我们看到，施工单位与建设单位和监理工程师的关系相处很好，并且施工单位的施工质量满足要求，这就为施工索赔打下了很好的基础。而且施工单位在合同规定的索赔时限内提出了经济补偿要求，并按照合同中规定的方法详细列出索赔款额计算，计算方法正确，而且明确变更的依据是监理工程师的书面指示。索赔要求有理有据，索赔计算恰当，因此索赔事项很快得到批准。可见施工单位很好地运用了索赔的技巧。同时，从这个例子中也可看出，虽然索赔这个词对我国的承包商来说不是很熟悉，但现场签证却是熟之又熟。其实这就是索赔，并不是只有国际工程项目才存在索赔，在国内的项目中索赔事件也是经常发生的。因此，如何利用索赔来维护自己的权益，提高索赔的技巧是每个承包商都要面临的重要问题。

～ 练 习 题 ～

思考题

1. 为了防止索赔失败，承包商在分析招标文件时应注意哪些问题？
2. 为了避免由于报价失误引起索赔失败，承包商在报价时应注意哪些问题？
3. 承包商索赔管理应注意哪些问题？
4. 通过工程实际调查，你发现承包商还有哪些不恰当的索赔做法？

5. 提高索赔成功率的技巧有哪些？试举例说明。
6. 试举例说明如何确定索赔的目标？
7. 为了提高索赔成功率，承包商的合同管理应注意做好哪些工作？
8. 承包商的索赔策略分析包括哪些内容？
9. 在商签合同时，承包商应注意哪些问题？

第 7 章 业主的索赔

7.1 概述

施工合同是业主与承包商所签订的一种法律契约关系。作为合同的任何一方均可根据合同规定的权利，就自己的损失向合同的另一方进行索赔。因此，业主的索赔，实际上是指业主根据合同规定，就由于承包商原因或按合同规定应由其承担责任或风险的情况对业主所遭受的损失，向承包商提出的补偿要求。它是业主依据合同维护自己权益的体现。在国际工程承包实践中，常常将承包商向业主提出的索赔称为施工索赔，而将业主向承包商提出的索赔称为反索赔。但是，索赔与反索赔是相对而言的，承包商向业主提出索赔，业主则进行反索赔。若业主向承包商索赔，则承包商进行反索赔。但由于在工程实际中，由承包商提出索赔的情况更多，所以人们习惯于将业主向承包商的索赔以及对承包商索赔要求的反驳均列入反索赔的范畴。但既然业主要对承包商的索赔要求进行反驳，当然承包商也要对业主的索赔要求进行反驳。

7.1.1 合同中的索赔规定

在 FIDIC《施工合同条件》1999 年版的雇主的索赔中，明确规定了业主的索赔权利。条款内容如下：

如果雇主认为，根据本条件任何条款，或合同有关的另外事项，他有权得到任何付款，和（或）对缺陷通知期限的任何延长，雇主或工程师应向承包商发出通知，说明细节。但对承包商根据第 4.19 款（电、水和燃气）或第 4.20 款（雇主设备和免费供应的材料）规定的到期应付款，或对承包商要求的其他服务的应付款，不需发出通知。

通知应在雇主了解引起索赔的事项或情况后尽快发出。关于缺陷通知期限任何延长的通知，应在该期限到期前发出。

通知的细节应说明提出索赔根据的条款或其他依据，还应包括雇主认为根据合同他有权得到的索赔金额和（或）延长期的事实根据。然后，工程师应按照第 3.5 款（确定）的要求，商定或确定：（i）雇主有权得到承包商支付的金额（如果有），和（或）（ii）按照第 11.3 款（缺陷通知期限的延长）的规定，得到缺陷通知期限的延长期（如果有）。这一金额可在合同价格和付款证书中列为扣减额。雇主应仅有权按照本款，从付款证书确认的金额中冲销或扣除，或另外对承包商提出索赔。

在我国建设工程施工合同示范文本中，也明确指出，索赔是指在合同履行中，对于并非自己的过错，而是应由对方承担责任的情况造成的实际损失，向对方提出经济补偿和（或）工期顺延的要求。由此可看出，索赔是合同当事人的权利，既包括承包人向发包人索赔，又包括发包人向承包人的索赔，即业主的索赔。

在其他的合同文本，如 NEC 合同等也有类似的规定。

7.1.2 业主索赔的特点

虽然合同条件中对业主索赔有索赔程序的规定,但业主向承包商索赔相对于承包商向业主索赔来说容易得多,这主要是由承包市场上占统治地位的"买方市场"规律所决定的。

业主索赔工作的特点主要表现为:

(1) 索赔程序较承包商索赔程序简单 承包商向业主索赔需要在索赔事件发生的 28 天之内向工程师提交索赔意向通知,如果超出这个时间,承包商则没有权利索赔费用损失和工期。在合同中对业主的要求却没有这样的提法,在 FIDIC《施工合同条件》1999 年版中只是规定雇主要尽快发出通知。在我国《建设工程施工合同(示范文本)》中虽然规定发包人应在 28 天内发出索赔通知,但程序也没有承包商索赔的程序复杂和严格。

(2) 索赔处理是工程师的一项工作 业主索赔通常是由工程师办理的,而承包商索赔是由承包商向工程师递交报告后,由工程师处理的,当然业主索赔更方便。

(3) 业主对承包商的索赔直接从应支付给承包商的款项中扣回,而不像承包商向业主的索赔金额需要业主来支付 而且如果工程款不足以抵偿业主的索赔款数额时,业主还有权从承包商提交的担保和保函中扣回。

虽然业主索赔比承包商更容易,但并不意味着业主可以任意扣款。业主索赔也必须按照合同和法律规定来进行。

7.2 业主索赔的合同依据

业主索赔同承包商索赔一样,必须要有依据才行。在 FIDIC《施工合同条件》1999 年版和我国 1999 年修订的《建设工程施工合同(示范文本)》中,明示的业主索赔的合同条款见表 7-1 和表 7-2,FIDIC《土木工程施工合同条件》第 4 版业主索赔可依据的条款见表 7-3。在业主索赔时,主要利用这些条款和与之相关的条款一起作为业主索赔的合同依据。

表 7-1 FIDIC《施工合同条件》1999 年修订的业主可索赔的合同条款

序号	条款号	条款的主要内容	索赔的权利
1	1.13	遵守法律	保障业主免受损害
2	4.2	履约担保	履约担保金额或其他金额
3	4.14	避免干扰	保障业主免受损害
4	4.16	货物运输	保障业主免受损害和支付索赔费
5	4.19	电、水和燃气	电、水和燃气费
6	4.20	雇主设备和免费供应的材料	使用雇主设备的费用
7	5.4	付款证据	雇主直接支付给指定分包商的金额
8	7.3	检验	剥露和恢复费用
9	7.5	拒收	拒收和再次试验增加的费用
10	7.6	修补工作	未履行指示雇主支付的费用
11	8.6	工程进度	雇主附加费用
12	8.7	误期损害赔偿费	未按竣工时间要求竣工的赔偿费 C
13	9.2	延误的试验	雇主人员自行试验费用

（续）

序号	条款号	条款的主要内容	索赔的权利
14	9.4	未能通过竣工试验	雇主的价值损失
15	11.3	缺陷通知期限的延长	缺陷通知期限的延长期
16	11.4	未能修补缺陷	修补费用、核减合同价和其他费用
17	11.5	移出有缺陷的工程	增加履约担保金额或其他担保
18	11.11	现场清理	雇主处理和恢复现场的费用
19	14.2	预付款	尚未还清的预付款额
20	14.15	支付的货币	从其他货币中收回差额
21	15.2	由雇主终止	未结清的承包商应付款
22	17.5	知识产权和工业产权	免受有关索赔的伤害
23	18.1	有关保险的一般要求	保险费
24	18.2	工程和承包商设备的保险	为该类保险预期要支付的款项

表7-2 《建设工程施工合同（示范文本）》中业主索赔的合同条款

序号	条款号	条款的主要内容	索赔的权利
1	5.1.3	工程质量未达标准	返工达标，增加的费用和延误的工期
2	5.4.2	不合格工程的处理	返工达标，增加的费用和延误的工期
3	6.1.6	挪用安全文明施工费	暂停施工，增加的费用和延误的工期
4	6.1.7	承包人义务内的紧急情况处理	雇佣其他人员抢救而增加的费用和延误的工期
5	6.3	环境污染导致暂停施工	增加的费用和延误的工期
6	7.5.2	承包人原因导致工期延误	逾期竣工违约金
7	8.4.1	发包人供应材料设备的保管与使用	承包人原因丢失损坏赔偿费
8	8.5.1	禁止使用不合格的材料和工程设备	承包人提供的不合格材料或设备更换增加的费用和延误的工期
9	13.2.4	拒绝接收全部或部分工程	修复达标，增加的费用和延误的工期
10	15.2.2	缺陷责任期	延长缺陷责任期
11	16.2	承包人违约	增加的费用和延误的工期等
12	19.3	发包人的索赔	索赔的权利

表7-3 FIDIC《土木工程施工合同条件》第4版业主索赔可依据的条款

序号	条款号	构成索赔的基础	索赔的权利	是否需通知	收款的办法
1	11	承包商在投标前已对现场和周围环境进行了考察并对业主提供的资料做了研究	业主的责任开释	不需要	见47.1款
2	25.3	承包商未能提交表明按合同要求保险有效的证明	业主为得到要求的保险，已自行办理的有关手续并支付必要的保险费	不需要	（1）从现在或将来付给承包商的任何款项中扣除此项费用。（2）视为承包商的一项债务，予以收回

（续）

序号	条款号	构成索赔的基础	索赔的权利	是否需通知	收款的办法
3	30.3	由于承包商未遵守和履行第30.1款及30.2款中规定的责任，在运输施工机械设备或材料时，致使通往现场的公路或桥梁损坏	咨询工程师已证明，其中一部分是承包商的失误造成而由业主代付了款项	不需要	从业主应支付承包商的任何款项中扣除
4	39.2	承包商未能履行咨询工程师的命令，移走或调换不合格的材料，或进行必要的返工	业主雇用别人移走材料或重做工程，并付了款	不需要	（1）从现在或将来付给承包商的任何款项中扣除此项费用。（2）视为承包商的一项债务，予以收回
5	46	承包商的施工进度不符合竣工期限要求，必须采取相应步骤加快进度，并无权为此要求业主支付额外费用	承包商承包咨询工程师的延期监理费	不需要	从业主应支付承包商的任何款项中扣除
6	47.1	承包商未能在相应的时间内完成工程	产生了合同规定的拖期罚款	按46款	见47.1款
7	49.4	承包商未能完成咨询工程师要求的落实第49款的某些工作，咨询工程师认为，按合同规定，这是承包商应当用自己的费用去完成的	业主雇用其他人实施了这些工作并支付了费用	按49.2款	见25款
8	52.1 52.2	咨询工程师认为，按52.1款工程数量发生变化，同时工程增减（通常情况下为增加）的性质和数量使得整个工程或工程中任何一部分的单价和价格变得不合理或不适用	咨询工程师变更相应单价	按52.2(b)款	调整合同中的价格
9	52.3	按完工证明，发现工程总增加量超过中标总价的±15%且总价中不包括合同第52.4款、第58款和第70款所列费用	工程量增加很多，使承包商岛预期收入发生较大幅度的变化	不需要	工程量增大，承包商并不增加任何的固定成本而在总款额中增加超额收入（利润），合同价应由双方讨论调整
10	55	工程量清单中的数量只是估算数量，不能作为承包商验工计价的实际工程数量	以现场的实际测量为准	不需要	见56款和60款
11	59.5	承包商未能提供已向指定的分包商付款的合理证据	业主已直接付给指定的分包商		从业主应支付给承包商的款项中扣除

(续)

序号	条款号	构成索赔的基础	索赔的权利	是否需通知	收款的办法
12	63	承包商违约,导致业主终止合同	工程施工维修费及拖延工期的损失赔偿及其他费用等总计超过了可付给承包商的总款项(按60.3)业主可拍卖承包商的施工设备等	按第63.2款和63.3款的证明	作为承包商对于业主的债务,应予以偿还;将所有承包商的收款用于偿还债务:(1)从现在或将来应付承包商的任何款项中扣除此数额,(2)作为承包商的债务收回
13	70.1	根据合同特殊条件第70款,按劳务和材料价格下降和其他影响工程成本价格的因素调整合同的价格	发生了成本降低	不需要	调整合同价格
14	70.2	法规的变化,导致承包商在工程实施中降低成本	法令、法规等在投标截止期前28天以后,已有改变	按第70.2款提出证明	调整合同价格

7.3 业主索赔的程序

7.3.1 FIDIC《施工合同条件》1999年第1版中规定的程序

按照 FIDIC《施工合同条件》1999年第1版第2.5分条款的规定,业主索赔的一般程序如图7-1所示。

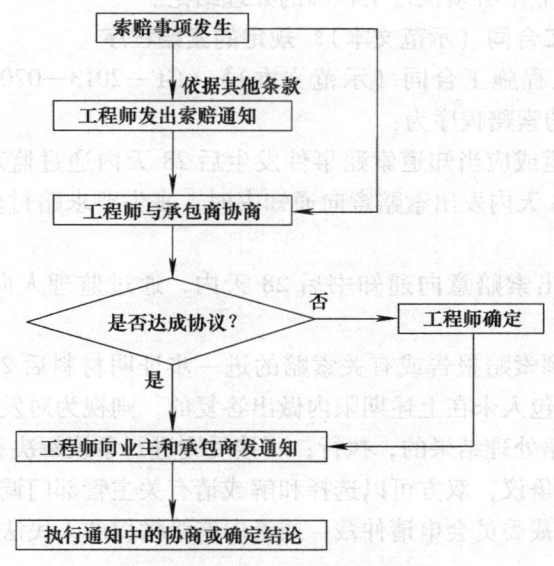

图7-1 业主索赔的一般程序

(1) 索赔通知 在项目实施过程中,当业主可依据的索赔条款中的事项发生时,工程师就及时进行业主的索赔,尽快向承包商发出索赔通知。同时应注意,如果是对于关于缺陷通知期限延长的通知,应在原期限到期前发出。

不过，合同条款中同时规定，在确定因工程需要承包商使用现场可供的电、水、燃气和其他服务时，这些服务的耗用数量和应付给业主的金额和承包商使用业主设备的适当数量和应付给业主的金额时，工程师或业主不需要发出索赔通知，即可按专用条款中所规定的细节和价格或直接与承包商协商确定价格，从应支付的工程款中扣除。

索赔通知的内容通常应当包括：索赔的依据（索赔根据的条款或其他依据，如法规等），索赔的要求（业主认为根据合同他有权得到的索赔金额和延长期），索赔证据（索赔事项的事实根据）。

（2）监理工程师与承包商协商或确定　当发出索赔通知后或发生承包商使用现场可供的电、水、燃气和其他服务或雇主的设备后，工程师应按照合同规定，及时与业主和承包商协商，如果协商达不成一致意见，则工程师根据合同和其他可以作为索赔依据的法规等，考虑有关事实根据，确定一个公正的解决结论。即：业主有权得到承包商支付的金额或有权得到的缺陷通知期限的延长期。

（3）监理工程师将处理结论向业主和承包商发出通知　当工程师与业主和承包商双方协商后，根据协商的一致结果或不一致时作出的确定结论，及时将其向业主和承包商发出通知。在通知中，工程师还应写明索赔处理时的详细依据。

（4）执行通知中协商的或工程师确定的处理结论　如果是业主有权得到的索赔款额，则直接从合同价格和付款证书中作为扣减额扣除或冲销。或者按照批准的索赔款额以承包商的应付款等方式直接支付给业主。

应当说明的是，如果业主或承包商对索赔的处理结论不满意，可以按照第20条索赔、争端和仲裁的规定，提交争端裁决委员会或仲裁等。但在裁决结论对上述索赔处理结论进行了修改之前，承包商和业主必须执行工程师的处理结论。

7.3.2 《建设工程施工合同（示范文本）》规定的索赔程序

按照我国《建设工程施工合同（示范文本）》（GF—2013—0201，以下称2013年版）第19条的规定，业主的索赔程序为：

1）发包人应在知道或应当知道索赔事件发生后28天内通过监理人提出索赔意向通知书，发包人未在前述28天内发出索赔意向通知书时，丧失要求赔付金额和（或延长）缺陷责任期的权利。

2）发包人应在发出索赔意向通知书后28天内，通过监理人向承包人正式递交索赔报告。

3）承包人应在收到索赔报告或有关索赔的进一步证明材料后28天内，将索赔处理结果答复发包人。如果承包人未在上述期限内做出答复，则视为对发包人索赔要求的认可。

4）承包人接受索赔处理结果的，执行；不接受则进行争议解决程序。

索赔事项如果发生争议，双方可以选择和解或请有关主管部门调解。如果调解不成，可按合同约定向约定的仲裁委员会申请仲裁，或者向有管辖权的人民法院起诉。

7.4　业主索赔的内容

7.4.1 实际进度延误索赔

在工程项目施工过程中，经常会发生实际进度落后于计划进度的情况。这时，通常工程师就会要求承包商修订进度计划，以便能按合同工期完工。同时，还要区别责任人，如果是由承包商的原因所造成的，则根据合同规定，承包商必须执行修订的计划，而业主有权向承包商索赔由于修订计划而招致的附加费用。

在判断实际进度是否拖期而影响到工程按时竣工时，工程师是按照批准的进度计划或上一次修订的进度计划来进行判断的。判断时所依据的竣工时间应以合同原定的竣工时间再加上工程师已经批准的竣工时间延长值（承包商获得的工期索赔值）为准。

案例 7-1 实际进度延误的业主索赔

某业主与承包商按照FIDIC《施工合同条件》1999年版为标准合同文本签订了一所大学体育馆的施工合同。施工中，由于承包商管理松散，实际施工进度严重拖后，因此，监理工程师指示修订进度计划，采取有效措施，加快施工进度。承包商按照工程师的修订进度计划的指示和建议的修订方案，重新修订了进度计划。在修订的计划中，将施工的顺序进行了一定的调整。监理工程师批准了修订的进度计划。但是，修订后的进度计划中，涉及由业主订货的一台专用设备安装项目，安装时间比原计划提前7天。因此，设备进场时间需提前7天。业主与设备供货商联系，供货商同意提前7天供货，但条件是增加费用2 100元。双方就此签订了补充协议。由此，业主就此费用向承包商提出索赔。

索赔事件发生后，工程师向承包商就此事发出索赔通知如下：

业主索赔通知

致××承包商：

鉴于你方进度控制不力，造成进度严重落后于进度计划。依据合同条款第8.6款，你方已经按照××号工程师指令修订了进度计划，并已得到批准。但根据此条款，此次修订的计划致使业主订货的专用设备××提前7天进场，多支付设备货款2 100元。按照合同条款8.6款规定，此费用应由你方承担。因此，业主索赔费用2 100元，从本月付款证书中扣回。附业主订货补充协议。

工程师：××
××年××月××日

案例说明：

本案例涉及的合同条款是FIDIC《施工合同条款》第8.6款、第8.3款、第8.4款和第2.5款。但最直接的依据是合同第8.6款。

第8.6款[1]：如果在任何时候：

(a) 实际工程进度对于在竣工时间内完工过于迟缓，和（或）(b) 进度已（或）并落后于根据第8.3款[进度计划]的规定制订的现行进度计划。

除由于第8.4款[竣工时间的延长]中列举的某项原因造成的结果外，工程师可指示承包商根据第8.3款[进度计划]的规定提交一份修订的进度计划，以及说明承包商为加快进度并在竣工时间内竣工，建议采用的修订方法的补充报告。

除非工程师另有通知，承包商应采取这些修订方法，可能需要增加工时和（或）承包商人员和（或）货物的数量，承包商应按照第2.5款[雇主的索赔]的要求，连同下述第8.7款提出的误期损害赔偿费（如果有），向雇主支付这些费用。

从本案例看出，依据条款第8.6款进行判断时，关键在于修订计划的原因是承包商造成的实际进度拖后，并不管承包商是否是按照工程师建议的修订方案进行修订的。

7.4.2 竣工时间延误的索赔

1. 按照 FIDIC《施工合同条件》规定的索赔

在工程项目的施工过程中，虽然承包商经常修订计划，采取措施，但仍然出现实际竣工日期超过计划竣工日期的情况，从而影响业主按计划动用工程，给业主造成经济损失。究其原因多种多样，但如果是由于承包商应负责的原因或风险造成竣工时间的延误，业主则可依据合同向承包商进行竣工工期延误的索赔。即要求承包商支付误期损害赔偿费。

（1）承包商负责的原因　除了以下原因造成的竣工时间延误外，其他原因均属于承包商应负责的原因：

1）变更（不包括根据合同规定调整竣工时间的变更）。

2）当合同中某项实际工程量数值显著大于投标时所依据的工程量数值时。例如，超过 10%。

3）根据 FIDIC 合同条件中某款规定，有权获得延长期的原因。这方面的原因主要包括：非承包商原因造成的施工图供应或工程师指示的延误；业主未按合同规定时间提供现场进入权；由于业主提供的原始基准点（线）和标高错误造成施工放线错误引起的延误；由于不可预见的物质条件造成的延误；现场发现文物或化石等造成的延误；因为工程师对试验和指示和业主的原因造成的承包商不应负责的延误；由于法律改变造成的工期延误；由于业主付款拖延承包商暂停工作或放慢施工速度造成的工期延误；由于雇主风险所造成的工期延误；不可抗力所造成的工期延误。

4）异常不利的气候条件。

5）由于流行病或政府行为造成可用的人员或货物的不可预见的短缺。

6）由雇主、雇主人员、或在现场的雇主的其他承包商所造成或引起的任何延误、妨碍或阻碍。例如，现场其他承包商与其交叉作业造成的工效降低；雇主供应的设备或材料延误；其他承包商的工期延误造成的延误。

（2）工期损害赔偿费的数额　在确定误期损害赔偿费时，通常考虑以下几个方面的因素：

1）由于拟建工程项目拖期竣工而不能使用，租用其他建筑物时的租赁费。

2）继续使用原建筑物或租用其他建筑物的维修费用。

3）由于工程拖期而引起的投资（或贷款）利息。

4）由于工程拖期带来的附加监理费。

5）原计划收款额的落空部分，如过桥费、高速公路收费或发电站电费等。

误期损害赔偿费的计算方法通常按每延误一天赔偿一定的款额计算。按国际工程惯例，一般在合同附录中规定误期损害赔偿费的累计扣款总额限制，如不得超过工程项目合同价的 10%。

案例 7-2　关于误期损害赔偿费的索赔

某工程业主与承包商签订了承建一高层宾馆项目，包括主楼 28 层框架剪力墙结构的主楼，4 层框架结构裙楼（包括游泳馆）和地下一层车库，合同总金额为 12 228.5 万元人民币，采用 FIDIC 施工合同条件。

合同文件中关于工期延误赔偿的条款内容包括：

1) 承包商从工程师发布书面开工令之日起，在规定的天数内完成相应各项单位工程的施工。

2) 如果承包商不能在上述时间内完成，则应承担工期延误损害赔偿费，合同工期和延误损害赔偿标准见表7-4。

3) 误期赔偿费的累计金额，以合同价的10%为限。

表7-4 合同工期和延误损害赔偿费标准

序号	项目名称	施工天数/天	延误损害赔偿费/（元/天）
1	主楼	790	200 000
2	裙楼（游泳馆）	240	200 000
3	车库	180	200 000

(1) 误期损害赔偿费的限额为

12 228.5 万元 × 10% = 1 222.85 万元

(2) 实际施工期是主楼延期7天完工，业主索赔误期损害赔偿费为

200 000 元 × 7 = 1 400 000 元 < 1 222.85 万元。

故该工程业主索赔误期损害赔偿费为140万元。

2. 按照我国《建设工程合同（示范文本）》的索赔

根据《建设工程合同（示范文本）》2013版第7.5条款工期延误的规定，因承包人原因造成工期延误的，可以在专用合同条款中约定逾期竣工违约金的计算方法和逾期竣工违约金的上限。承包人支付逾期竣工违约金后，不免除承包人继续完成工程及修补缺陷的义务。

只有在除以下原因之外的其他原因造成的工期延误，发包人才可以索赔：

1) 发包人未能按合同约定提供图纸或所提供图纸不符合合同约定的。

2) 发包人未能按合同约定提供施工现场、施工条件、基础资料、许可、批准等开工条件的。

3) 发包人提供的测量基准点、基准线和水准点及其书面资料存在错误或疏漏的。

4) 发包人未能在计划开工日期之日起7天内同意下达开工通知的。

5) 发包人未能按合同约定日期支付工程预付款、进度款或竣工结算款的。

5) 监理人未按合同约定发出指示、批准等文件的。

6) 专用合同条款中约定的其他情形。

计算工期延误时间应以工程师确认顺延工期后的竣工时间为准。即

延误时间 = 实际施工天数 − 合同施工天数 − 批准的顺延天数

案例7-3 竣工时间延误业主索赔

某建设单位与施工单位按我国《建设工程施工合同（示范文本）》签订了施工承包合同，合同总金额为1 200万元人民币，合同工期为1年。合同约定竣工时间延误罚5万元/天，但罚款总额不得超过合同价的10%。结果工程拖期1.5个月，其中监理工程师按照合同规定批准的工期顺延时间为0.5个月。

故：延误时间为1个月，按30天计。

工程竣工时，业主向承包商索赔竣工时间延误的费用为

按每天罚款额计算为　　　　　　5万元×30＝150万元

按合同总额计算的罚款限额为　　1200万元×10%＝120万元

由于按每天罚款额计算的工期罚款已经超过了限额，则按限额计算索赔额为准，即索赔120万元。

7.4.3 施工缺陷索赔

在施工合同中一般均规定，如果承包商的施工质量不符合施工技术规程的要求，或者使用的材料和设备不符合合同规定，或在缺陷责任期未满以前未完成应该修补的工程缺陷时，业主有权向承包商要求补偿业主所受的经济损失，这就是业主对施工缺陷的索赔。

施工缺陷通常包括：

1) 承包商施工完成的某部分工程不符合合同规定的质量标准。例如，由于施工质量差而出现各种开裂、破损等。

2) 承包商使用的建筑材料或设备不符合合同条款中指定的规格或质量标准，从而危及建筑物的牢固性。

3) 承包商负责设计的部分永久工程出现质量问题。

4) 通常业主对工程施工缺陷向承包商提出的索赔要求时，其款额较高，往往不仅包括修补工程缺陷所产生的直接损失，也包括由该缺陷所带来的间接经济损失。

5) 承包商没有完成合同规定的应进行的各种与质量问题有关的工作等。

1. FIDIC《施工合同条件》1999年第1版与施工缺陷有关的索赔条款

1) FIDIC合同条件的通用条件第7.4款试验第三段中规定，工程师有权改变试验的位置和细节，或者指示承包商进行附加试验。如果试验结果表明，经过试验的生产设备、材料或工艺不符合合同要求时，由承包商承担此变更试验的费用。

2) FIDIC合同条件的通用条件第7.5款拒收中明确规定，如果经过检查、检验、测量或试验的结果，工程师发现生产设备、材料或工艺有缺陷或不符合合同要求，工程师有权通知承包商并拒收。并且承包商要自费修复缺陷。如果工程师要求重新试验，由于拒收和再次试验使业主增加了费用，此费用业主有权从承包商处收回。此外，对于工程或分项工程未能通过竣工试验所进行的重新试验，按照合同条款第9.3款重新试验规定同第7.5款。

3) FIDIC合同条件的通用条件第7.6款修补工作条款中规定，工程师有权指示承包商将不符合合同要求的任何生产设备或材料移出现场，并进行更换；去除不符合合同的其他工作并重新实施；实施因意外、不可预见的事件或其他原因引起的，为工程的安全迫切需要的任何工作。承包商应在指示规定的合理时间内执行工程师的指示。如果承包商未能遵守指示，业主有权雇用并付款给他人完成，并有权向承包商索赔因其未履行指示而使业主支付的所有费用。

4) FIDIC合同条件的通用条件第9.4款规定，当工程或某分项工程未能通过竣工试验或重新进行竣工试验时，工程师有权下令重新进行竣工试验；或者拒收未通过竣工试验的工程或分项工程，并采取合同第11.4款规定的补救措施；或者在业主的要求下，颁发接收证书，并在承包商继续履行合同规定的所有其他义务下，减少合同价格以弥补竣工试验未通过的后果给业主带来的价值损失，业主可以要求该减少额按合同规定或双方协商的金额在接收

证书颁发前支付或按业主索赔的规定确定并支付给业主。

5) FIDIC 合同条件的通用条件第 11.1 款完成扫尾工作和修补缺陷和第 11.2 款修补缺陷的费用中规定，由于承包商负责的设计，或生产设备、材料或工艺不符合合同要求，或承包商未遵守任何其他义务的原因，承包商应在工程师指示的合理时间内，完成接收证书中注明日期时尚未完成的任何工作，和在工程或分项工程的缺陷通知期限期满日期或其以前，按照业主或其代表通知的要求，完成修补缺陷或损害所需要的所有工作。其执行中的风险和费用应由承包商承担。

6) FIDIC 合同条件的通用条件第 11.4 款未能修补缺陷中规定，如果承包商在业主要求的日期之前没有修补好缺陷和损害，则业主有权选择：以合同的方式由他自己或他人进行此项工作，由承包商向业主支付由业主修补缺陷和损害而发生的合理费用；或由工程师与双方商定或确定合同价格的合理减少额；当缺陷或损害实质上使业主丧失了工程或其任何主要部分的整个利益时，终止整个合同或此主要部分，并有权在不损害根据合同或其他规定所具有的任何其他权利的情况下，收回工程或该部分工程全部支出总额，加上融资费用和拆除工程、清理现场，以及将生产设备和材料退还给承包商所支付的费用。

此外，合同第 11.6 款还规定，如果上述承包商原因所造成的缺陷或损害的修补可能对工程的性能产生影响，工程师可以在修补后 28 天内发出通知，要求重新进行合同提出的任何试验，且由其承担风险和费用。

7) FIDIC 合同条件的通用条件第 11.3 款缺陷通知期限的延长中第 1 段规定：如果因为某项缺陷或损害达到使工程、分项工程或某项主要生产设备（视情况而定，并在接收以后）不能按原定目的使用的程度，雇主应有权根据第 2.5 款（雇主的索赔）的规定对工程或某一分项工程的缺陷通知期限提出一个延长期。但是，缺陷通知期限的延长不得超过两年。此款是关于缺陷通知期限或称为缺陷责任期或保修期和延长问题。

2. 我国《建设工程施工合同（示范文本）》中与施工缺陷有关的索赔条款

1) 第 5.1.3 款规定，因承包人原因造成工程质量未达到合同约定标准的，发包人有权要求承包人返工直至工程质量达到合同约定的标准为止，并由承包人承担由此增加的费用和（或）延误的工期。

2) 第 5.2.3 款规定，监理人的检查和检验不应影响施工正常进行。如影响施工正常进行的，且经检查检验不合格的，影响正常施工的费用由承包人承担，工期不予顺延。

3) 第 5.3 款规定，隐蔽工程检查，经监理人检查质量不合格的，承包人应在监理人指示的时间内完成修复，并由监理人重新检查；或者，承包人覆盖工程隐蔽部位后，所进行的重新检查，经检查证明工程质量不符合合同要求的；再或者，承包人私自覆盖，无论工程隐蔽部位质量是否合格，这三种情况，所增加的费用和（或）延误的工期均由承包人承担。

4) 第 5.4 款规定，因发包人原因造成工程不合格的，由此增加的费用和（或）延误的工期由发包人承担，并支付承包人合理的利润。

案例 7-4　与施工缺陷有关的索赔

某业主与承包商签订了一所学校教学楼的施工承包合同，采用 FIDIC《施工合同条件》作为标准合同文本。在施工过程中检查出准备用于 6 楼楼板的一批钢筋是从承包商总部仓库运到现场的旧钢筋，经检验不符合质量标准。工程师书面指示承包商在 7 天内将其运出现场，并重新购入钢筋。可是承包商迟迟不执行指示，到了第8天，业主请人将其运回承包商总部仓库。并就此向承包商索赔为此花费的人工费和机械费。由工程师向承包商发出通知，指出按照合同条款7.6款的规定，业主有权雇用其他人完成此项工作，从承包商处收回为此支付的款项。并附上支付单据复印件。

3. 承包商其他违约行为索赔

按照FIDIC《施工合同条件》1999年第1版，业主可依据第4.16、4.19、4.20、7.3、7.6、11.11、14.2、14.15、17.5等条款向承包商的其他违约行为提出索赔。例如，按照合同4.16款，承包商有义务将生产设备和其他货物运进现场，并且保障并保持业主免受因货物运输引起的所有损害赔偿费、损失和开支的伤害，并应协商和支付由于货物运输引起的所有索赔。因此，如果承包商在运输过程中导致对公路的损坏，公路管理部门向业主提出索赔要求，业主有权要求承包商支付这些费用。再如，根据4.20款，如果承包商利用业主设备，业主有权从承包商处收取使用费用。根据7.6款，当监理工程师指示承包商将不符合合同要求的任何生产设备或材料移出现场，并进行更换；或去除不符合合同的其他工作并重新实施，或者实施因意外、不可预见的事件或其他原因引起的、为工程的安全迫切需要的任何工作时，承包商应在规定的时间内执行这些指示。否则工程师有权雇用并付款给其他人完成这些工作。此时，这些付款业主有权向承包商索赔，从工程款中扣回。

案例7-5 承包商不遵守工程师指示的业主索赔

某承包商在施工过程中运进一批钢筋，经工程师检查，发现部分钢筋是从承包商其他处运来的旧钢筋，锈蚀严重。监理工程师指示不得将其用在工程上，并在2天内将其运出施工现场。然而，承包商2天后并没有将这些旧钢筋运走。监理工程师于是花钱雇人将这些旧钢筋运回承包商总部，并通知承包商，从当月支付给承包商的进度款中扣回这笔钱。

7.5 业主的索赔组织与管理

在工程实际中，通常业主方面的索赔管理工作由监理工程师负责处理。但是，业主方通常也安排有业主方的项目经理，代表业主解决项目建设中的重大问题，指导监理工程师的工作。具体来说业主方主要负责以下工作。

7.5.1 预防或尽量减少索赔事项的发生

在工程承包实践中，索赔事项发生是不可避免的，但承包商的索赔意味着工期延长或工程成本增加。所以，为了业主自身的利益，项目经理应采取一切可能的措施，预防索赔事项的发生，或将索赔事项尽量减少。在承包商的索赔事项中，有些是由于业主违约造成的，因此，项目经理的一项很重要的工作就是尽量减少业主的违约，例如，严格履行合同，及时向承包商提供施工现场，按时支付工程款，不随意干扰承包商工作等。此外，索赔事项中许多是由工程变更导致的，因此，项目经理要严格控制工程变更，在规划设计阶段工作要做充分，尽量减少由于设计错误或计划不合理导致的工程范围变更或其他设计变更。

7.5.2 及时解决索赔争议

通常当承包商提出索赔要求后，首先由监理工程师进行审核，提出处理意见。然后，业主项目经理收到工程师的审核建议后，对承包商索赔要求和工程师的建议进行研究之后作出业主的决策。然后，作为业主方，进行索赔谈判，及时解决索赔争议。

7.5.3 做好业主索赔事宜

作为施工合同的签约方之一，业主也同样有依据合同向承包商索赔的权利。业主项目经理要及时根据合同进行业主的索赔决策，对按照合同规定由于承包商负责的原因导致的业主方的损失，督促和监督监理工程师进行索赔。

练 习 题

思考题

1. 举例说明业主索赔的合同依据。
2. 举例说明业主索赔的程序。
3. 实际进度延误时，业主索赔的内容是什么？
4. 与施工缺陷有关的业主索赔情况有哪些？
5. 如何确定工期损害赔偿费的数额？
6. 业主项目经理在处理索赔工作时的作用如何？

第 8 章 索赔的管理

8.1 概述

不论是业主还是承包商,索赔管理都是其项目管理中一项非常重要的工作。索赔管理的任务不能简单理解为对己方已发生的损失的追索,还应该包括预防索赔发生和对对方提出索赔的反驳。

预防索赔是指防止对方提出索赔,而反驳索赔是指通过索赔管理,反击对方提出的索赔要求,从而减少由于对方索赔对己方的不利影响。在工程项目的实施过程中,对施工合同的双方,业主和承包商之间不可避免地会发生索赔事件,承包商向业主提出索赔或业主向承包商提出索赔。因此除了抓住索赔机会向对方索赔以维护自己的权益外,如何减少对方索赔的机会或降低对方的索赔要求也是业主或承包商必须重视的问题。实际上,规避索赔与进行索赔同样重要。

索赔管理的主要内容如图 8-1 所示。

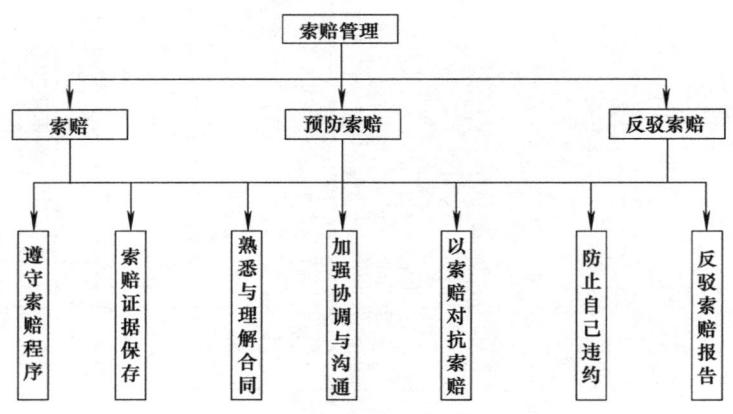

图 8-1 索赔管理的主要内容

预防和反驳索赔在索赔管理中具有十分重要的作用。业主或承包商通过加强合同管理,采取一系列预防对方索赔的措施,如严格依据合同履行义务,防止自己违约,从而就可以避免由于自己违约引起对方索赔。再如通过加强协调与沟通,及时发现问题,采取措施从而避免由自己的失误或协调不力而引起对方索赔,从而防止和减少损失的发生。

8.2 索赔的预防

在合同的履行过程中,不论是承包商还是业主,索赔的预防都是索赔管理的重要内容。所谓索赔的预防也就是采取各种可行的措施来预防索赔事件的发生,尤其是尽量避免由于己方失误所造成的对方索赔。

8.2.1 业主方预防承包商索赔的措施

在施工过程中,承包商索赔成立的先决条件是,非承包商原因或其承担的风险所造成的损失。因此,业主预防承包商索赔的措施就要放在业主方的原因或其负责的风险方面。由于在项目实施过程中,通常业主委托(监理)工程师代表业主进行项目施工过程中的项目管理活动,因此,业主方预防承包商索赔的措施多是由业主与工程师共同进行的。具体来讲,业主方可以从以下几个方面采取有效措施。

(1) 签订全面、细致、准确的施工合同　与承包商签订全面、细致、准确的合同是预防索赔的基础。所谓全面是指合同条款覆盖整个工程内容,对可能引起变化的条件如政策变化、地质变化、设计变更、市场变化等因素尽可能考虑周全,尽量避免合同规定之外的事件发生。所谓细致是指合同条款要细致入微。所谓准确是指合同条款必须文字含义准确,对一词多义,要有准确注释,不能含糊其辞、模棱两可,以避免合同争议。

(2) 取得合同中规定的各种法律上的许可,及时按合同要求向承包商提供现场进入和占用权　因为如果业主不能按合同要求取得许可并及时向承包商提供现场进入和占用权,可能会导致工程不能按照预定的时间开工或者工程拖期,从而引起承包商就工期和其费用损失的索赔。所以,业主为了更好地维护自己的利益,使工程顺利进行,就必须事先取得规划、区域划定等法律要求的各种应由业主办理的各种许可和现场的占用权,从而可以按合同要求及时提供给承包商使用,让工程能够按照计划顺利进行。

(3) 严格控制工程变更　通常工程变更都会伴随着计划的改变,因而会造成费用的变动和时间的变化。如果变更是非承包商的原因引起的,则会造成承包商的索赔。因此,业主或工程师要严格控制工程变更指令的签发。这就要求业主和工程师要对可以事先控制的工程变更原因进行分析,预先采取有效措施加以控制。如设计图错误引起的变更,可以通过预先对设计图的认真审查来加以控制。在工程开工后,对项目的功能,工程各部分的位置和尺寸,设计采用的材料、构件等不要轻易变更,从而减少由于工程变更引起的索赔。

(4) 按时支付工程款　业主一定要依据合同按时支付工程款。拖欠工程款,除了会引起承包商对工程款及其利息的索赔外,如果长期大量拖欠支付工程款,还会造成承包商流动资金困难,增加承包商的融资成本,或者导致承包商依据合同暂停施工或放慢施工速度甚至终止合同的情况发生,由此带来一系列的承包商的索赔。

因此,业主一定注意合同中对工程款支付的条款规定。在 FIDIC《施工合同条件》1999年第1版中,第14条设想的付款事项的典型顺序如图8-2所示。在我国《建设工程施工合同(示范文本)》中,我国合同条件中付款的典型顺序如图8-3所示。业主一定要注意其中的时间限制,以避免未遵守合同中关于付款时限规定引起的承包商索赔,以及由此带来的一系列问题而引起的有关索赔事项的发生。

(5) 不要干扰承包商的施工进度　业主不可随意指示承包商改变作业顺序或由于业主负责的原因造成承包商的进度延误,例如,合同规定由业主负责的设计图、或业主负责供应的材料等的延误,从而会引起承包商的工程拖期索赔或实施业主加速施工指令的索赔等。因此,为了减少承包商索赔,业主要尽量提供施工条件,尤其是要按照合同规定认真履行业主的义务,使承包商能够按照批准的进度计划施工。

(6) 加强协调与沟通,尽量避免索赔事件的发生　在施工中,实际上许多索赔事件都

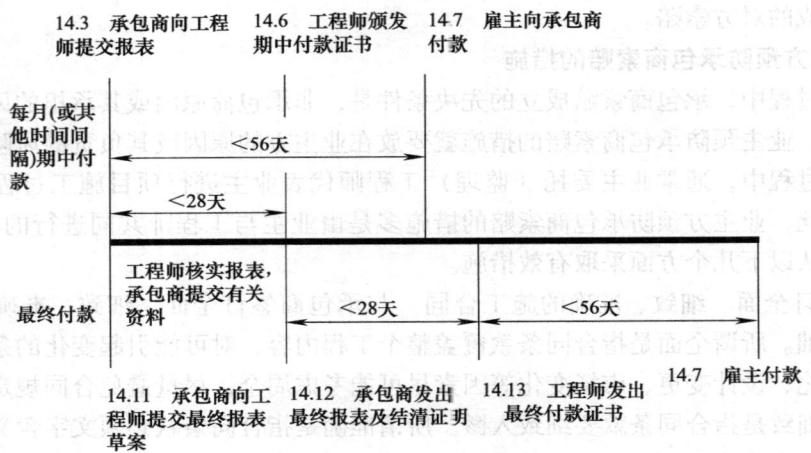

图 8-2 第 14 条设想的付款事项的典型顺序

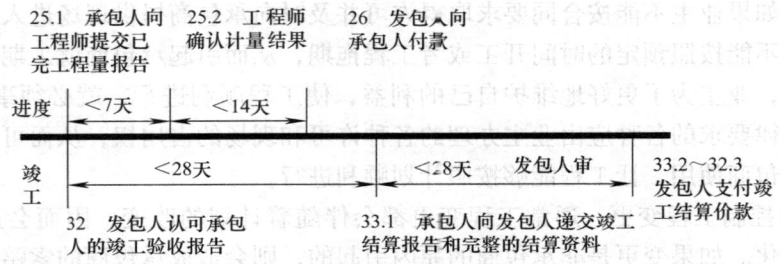

图 8-3 我国合同条件中付款的典型顺序

是由于协调与沟通不畅所造成的。例如，现场上不同承包商之间相互干扰的问题可能是进度计划协调不好。如业主应该提供的施工条件不及时，如提前沟通可能就会避免，从而不会影响到承包商的施工进度计划。再如，对合同条款或技术规范或设计图中的要求理解差异，如果经常沟通，则可能在施工之前就发现，从而通过协调来解决。因此，在实际施工过程中，工程师应与承包商及时沟通，在承包商的损失发生之前采取措施，就可以避免索赔事件的发生。

8.2.2 承包商预防业主索赔的措施

虽然索赔是承包商获取经济利益的一个重要的手段，但承包商还必须记住的一点是，由于承包商的原因或责任所造成的己方损失是不能得到补偿的。而且如果为此对业主造成额外的损失，还会遭到业主的索赔。因此，承包商除了自己注意采用索赔来维护自己的正当权益外，还必须采取措施防止业主索赔。

承包商在预防业主索赔方面，可以采取以下措施：

（1）加强计划管理 制订切实可行的进度计划，并建立完善的进度控制体系，避免由于进度计划不合理或进度管理不善，造成工期延误，从而引起竣工时间的延误或由于修订计划引起业主的附加费用开支，如增加的监理费。这样就会引起业主对工期延误和这些附加费用开支的索赔。因此，如果承包商加强计划管理，切实按照预先确定的合理进度计划进行施工，就可以避免工期方面的业主索赔。而对于其他原因造成的工程拖期，承包商可以依据合同向业主提出索赔要求。

(2) 加强质量管理　质量缺陷是业主索赔的一个很重要的原因。例如，FIDIC《施工合同条件》1999年第1版第7.5，9.4，11.3，11.4，11.5款均是业主索赔与质量缺陷有关的依据条款。因此，为了避免由于质量缺陷造成的业主索赔，承包商要加强质量管理。首先应当制订合理的施工方案和各项保证质量的技术组织措施，严格按照施工技术规程和设计图施工。然后，还要建立切实的质量保证体系和内部奖惩制度，将质量责任落实到每个人、每个班组。通过一系列的质量控制工作，承包商就可以有效控制由于自身原因造成的质量缺陷，因此也就有效地避免了业主的索赔。同时，承包商施工质量好，实际上也是承包商索赔成功的重要前提。

(3) 严格履行合同，避免违约　业主的索赔有些是由于承包商的违约造成的。因此，预防这方面的索赔，承包商就要认真履约，不发生违约。如在FIDIC《施工合同条件》中规定，承包商应保障并保持使雇主免受因货物运输引起的所有损害赔偿费、损失和开支（包括法律费用和开支）的伤害，并应协商和支付由于货物运输引起的所有索赔。这样承包商在投标时就应将这种风险进行评估，在货物运输时采取必要的措施，从而避免业主受到道路部门等的索赔和其他伤害。再如，合同中规定由承包商负责的保险，承包商要加强管理避免其过期或失效，从而避免业主重新申办这些保险所发生费用的业主索赔。

8.3　索赔的反驳

8.3.1　业主对承包商索赔的反驳

业主对承包商索赔的反驳工作，一般由以下内容组成。

1. 对承包商索赔权的反驳

工程师在接到承包商的索赔通知和索赔报告后，首先应当审查承包商是否具有索赔权。索赔权可以分为两种，第一种是合同内索赔权，即在合同内可以找到某合同条款，明确指出承包商有权获得相应的经济补偿和/或相应的工期延长。这是最主要的一种索赔权。第二种是非合同索赔权，即按照合同某些条款可推定出承包商有权索赔，或称依据默示条款的索赔权。或者参照国际工程施工索赔的实践惯例或业主所在国的有关法规进行索赔的索赔权。

判断承包商是否具有索赔权时，主要根据以下事实：

(1) 承包商的此项索赔是否具有合同依据　如果合同是按照FIDIC《施工合同条件》1999年第1版通用条件签订的，若承包商提出的索赔依据属于表2-3所示情况，则承包商具有索赔权。如果合同是按照我国《建设工程施工合同（示范文本）》（GF—2013—0201）签订的，若承包商提出的索赔依据属于表2-4所述情况，则承包商具有索赔权。否则，除非承包商有充分的理由论证该项索赔属于合同内可推定的索赔权或非合同索赔权的索赔范围。

在审查索赔是否有合同依据时，应当注意，合同的专用条件（款）是针对具体项目对通用条款的修正和补充，因此在合同的优先次序上也是专用条件（款）在前，而通用条件（款）在后。

(2) 索赔事项的发生是否是承包商的责任　只有是非承包商原因造成的损失，承包商才有权索赔。因此，只要是属于承包商责任的索赔事项，业主均应予以拒绝。如果此事项同时造成了业主的损失，业主还可以向承包商进行索赔。当然，工程师或业主必须论证此事项确是承包商的责任。否则，可能会导致争端的发生。

在实际工程实施过程中出现的很多问题，实际上业主和承包商可能双方均有一定的责任。在这种情况下，就需要划分主要责任者或按照各方责任的后果，由双方协商确定承包商应当承担责任的比例，而这一部分，承包商就不具备索赔权。

(3) 索赔事项的发生是否是属于承包商的风险范畴 在施工合同中，业主和承包商都承担着相应的风险，在合同中以明确的条款予以确定或可从合同中默示条款中推定。如在FIDIC《施工合同条件》1999年第1版第17.3款雇主的风险中规定有：不可预见的、或不能合理预期一个有经验的承包商已采取适宜预防措施的任何自然力的作用。从此条就可以推定出，如果一个有经验的承包商可以预见到的自然力的作用所造成的损失就属于承包商的风险。例如，某地在某季节经常发生的大雨、大风等。

(4) 承包商是否遵循了合同中规定的承包商的索赔程序 按照FIDIC《施工合同条件》1999年第1版第20.1款第2段的规定，如果承包商察觉或应已察觉某事件或情况他有权索赔后的28天内未发出索赔通知，则竣工时间不得延长，承包商无权得到追加付款，而雇主应免除有关该索赔的全部责任，即承包商完全失去其索赔权。但如果承包商未能遵循第20.1款其他段的规定，则其索赔的权利也会受到一定的影响。

(5) 在索赔事项初发时，承包商是否采取了控制措施 根据国际工程施工承包惯例，如果遇到偶然事故影响到工程施工时，承包商有责任及时通知工程师，并采取有效措施以控制事态发展，避免造成更大的损失。若承包商未采取控制措施，任由损失扩大，则扩大的损失承包商不具备索赔权。

(6) 索赔证据是否充分 如果承包商索赔时，不能提供有效的证据证明索赔事件的真实性，或提供的索赔证据与工程师的记录不相符合，业主和工程师就可以要求承包商进一步补充证据。凡是没有充分证据的索赔要求，业主（工程师）就有权拒绝。

工程师或业主对承包商索赔的证据的审查，主要从证据是否真实、经得起推敲，是否能够全面说明事件的全过程，是否各项证据之间可以互相说明，而不是互相矛盾，是否具有法律证明力，是否与工程师的记录一致。

(7) 变更价款的要求是否按合同规定提出 按照我国《建设工程施工合同（示范文本）》（GF—2013—0201）第10.4款的规定，承包人在双方确定变更后14天内不向工程师提出变更工程价款报告时，视为该项变更不涉及合同价款的变更。因此，如果按照此文本签订的承包合同，如果承包商没有遵守这一规定，则失去向业主提出由于工程变更带来的承包商的费用损失的补偿的权利，即失去索赔权。

案例8-1 对承包商索赔权进行反驳的成功案例

在英国的一个城郊区铺设一条污水管道。此管道在某一位置要穿过一条修筑在路堤上的主干道。这条主干道下面有一条砖结构的旧污水道，而且旧污水道的路线和标高均不能准确标明。按照设计，新的污水管道要求在旧污水道下面穿过。合同中规定，通过路堤下的新污水道路时，要用顶管法，用套管保护。合同文件组成为：设计图、规范、合同条件（FIDIC第4版）和工程量表。合同总标价为728 447英镑，合同工期为17个月。

在路堤下面顶进保护管时，道路出现崩塌。经过调查发现，旧的砖污水道就在离保护管很近的地方，且已经发生了断裂，保护管内污水泛滥。工程师驻现场代表接到通知后立即赶赴现场。他发现承包商有几台泵在抽水，但污水一面往外抽，一面往里灌。承包商的工地主任向工程师现场代表请求指示。幸好旧的污水管道断裂处的上游有一个人孔，工程师现场代表与承包商人员商量后，指示承包商把人孔的出水口堵住，并用水泵通过临时管道将污水抽到另一个100m左右处的新污水线上的人孔排放，修复了旧污水线，继续进行了顶管施工。这些工作，承包商都做了，但工程师现场代表并未发出任何书面的变更令、指示或进行书面确认。承包商代表没有书面向工程师现场代表作出接到口头指示的确认，也没有表明他是否就此事要求索赔。

事后，承包商向业主索赔。理由有三点：第一，接受了工程师现场代表的指示，并按其要求完成了工作；第二，旧的砖污水道损坏的原因是新旧线之间距离太近，是设计问题造成的；第三，在投标时，承包商已经切合实际地了解了现场情况，并使自己满意。但设计图上没有提供旧的砖污水管道的确切位置，而在投标前的短暂时间内，承包商不可能获得更多的情况。

工程师对此索赔进行了反驳，认为承包商的三点理由均不成立，因此此项索赔不能批准。工程师对第一条理由的反驳是，工程师现场代表当时的口头所述，仅仅是双方一致意见的总结，而不是"指示"。而且如果承包商认为是"指示"，当时就应该说明，他认为根据合同条件的哪一条款，这种一致意见已构成某种指示，然后以书面形式要求工程师确认，而承包商没有这样做，因此，此条理由不成立。工程师对第二条理由的反驳是，承包商认为设计错误造成了旧污水道损坏的理由是不能接受的。因为旧的砖污水道修复开挖时，很清楚地看到新管线在旧管线以下2m处，没有可能碰上，因而损坏是由于施工不小心以及支撑不够引起的。它是由承包商原因造成的，因此，此条理由不成立。工程师对第三条理由的反驳是，此工程投标时，所有投标人均被告知，旧的砖污水管道的确切位置是不清楚的，承包商在投标时有充分机会考虑这是不是可以接受的风险。因此，承包商应对其投标的完备性负责。由于这是承包商自己对风险考虑不周，因此，此条理由不能成立。

从这个案例可以看出，承包商在这个索赔事件中，没有充分理由说明这个事件是非承包商原因和风险所造成的，因此，索赔没有成功。此外，这个案例还说明了书面确认工程师指令的重要性。

这是一个工程师通过否决承包商的索赔权来反驳承包商索赔的工程实际案例。反驳索赔首先反驳的就是索赔权。因为如果承包商没有索赔权，当然索赔事件就不成立。因此，索赔计算就不需要进行反驳了。从这个反驳索赔的案例中，可以看出工程师主要是运用合同中的一些条款，对承包商的索赔理由进行批驳。由于证明了事件的责任是由承包商方面引起的，因此承包商不具备索赔权。

案例8-2 利用合同条款反驳索赔权

某业主通过公开招标与一施工承包商签订了一份框架结构高层写字楼的施工合同，地下一层，地上16层，钻孔灌注桩基础。采用FIDIC《施工合同条件》作为标准合同文本。中标合同价为4 258.56万元人民币，工期为24个月。在监理工程师下达开工令以后，承包商按期开始施工，且施工进度计划也已得到批准。但在施工过程中，出现一系列问题：

事件1：在土方开挖时，由于现场附近的一条主干道修路，车辆都集中到工地边上的一条道路行驶，造成交通堵塞，施工受到交通影响很大。因此，挖土机和运土的汽车均达不到投标计算时的工效，每天只能完成计划挖运土方量的一半。由于工效降低，造成机械费增加和施工进度计划远远落后。

事件2：当土方工程接近完成时，承包商就向工程师递交了需要尽快拿到桩基础施工图的通知。桩基础施工由于施工图延误一周提供，现场停工待图，使桩位迟迟无法确定，造成桩基础施工开始时间拖后一周。

事件3：桩基础施工中，由于钻孔机出现故障停工一天。

承包商按照合同中规定的程序和时间限制提出了索赔通知和索赔报告。其中索赔理由是：根据合同4.12款，事件1要求顺延工期10天和补偿增加的机械费和工地管理费、总部管理费和利润损失。因为这属于不可预见的物质条件，因为工地边上的这条路并不是一个主要交通道路。

根据合同1.9款，事件2要求顺延工期7天，并补偿窝工费和机械闲置费、现场管理费和总部管理费和利润损失。

工程师反驳索赔理由的情况：事件1的索赔理由不成立。工程师驳回对事件1的索赔要求，认为承包商无索赔权。根据是承包商所依据的合同第4.12款不适用这种情况，交通情况不能列入不可预见的物质条件。根据合同条款第4.10款承包商应该在投标报价时对现场的状况和周围的环境都已经清楚，当然包括交通情况，根据第4.11款承包商也应该被认为已将其影响考虑在投标报价中。

案例分析：本案例涉及条款第1.9款、4.10款、4.11款、4.12款、8.4款和3.5款。本案例对索赔权认定上依据的条款是第1.9款、4.10款、4.11款和4.12款。

第1.9款　如果任何必需的施工图或指示未能在合理的特定时间内发至承包商，以致工程可能拖延或中断时，承包商应通知工程师。通知应包括必需的施工图或指示的细节，为何和何时前必须发出的详细理由，以及如果晚发出可能遭受的延误或中断的性质和程度的详情。

如果由于工程师未能在合理的、并在承包商所有细节的通知中要求的时间内发出施工图或指示，使承包商遭受延误和（或）招致增加费用，承包商应再次通知工程师，并根据第20.1款（承包商的索赔）的规定，有权要求：

（a）根据第8.4款（竣工时间的延长）的规定，如果竣工时间已经或将受到延误，对任何此类延误给予延长期。

（b）任何此类费用和合理利润应计入合同价格，予以支付。

工程师收到此通知后，应按照第3.5款（确定）的规定，就这些事项作出商定或确定。

但是，如果工程师未能发出指示是由于承包商的错误或拖延，包括承包商文件中的错误或提交拖延造成的，承包商无权要求此类工期延长、费用或利润的增加。

第4.10款　雇主应在基准日期前，将其取得的现场地下、水文条件及环境方面的所有有关数据，提交给承包商。同样，雇主在基准日期后得到的所有此类资料，也应提交给承包商。承包商应负责解释所有此类资料。

在实际可行（考虑到费用和时间）的范围内，承包商应被认为已经取得可能对投标书或工程产生影响或作用的有关风险、偶发事件和其他情况的所有必要资料。同样，承包商应被认为在提交投标书前，已经视察和检查了现场、周围环境、上述数据和其他资料，并对所有相关事项已感到满足要求，包括（不限于）：

(a) 现场的状况和性质，包括地下条件。
(b) 水文和气候条件。
(c) 为实施、完成工程和修补任何缺陷所需的工作和货物的范围和性质。
(d) 工程所在国的法律、程序和劳务惯例。
(e) 承包商对进入、食宿、设施、人员、电力、运输、水和其他服务的要求。

第4.11款　承包商应被认为：
(a) 已确信中标合同金额的正确性和充分性。
(b) 已将中标合同金额建立在关于第4.10款（现场数据）提到的所有有关事项的数据、解释、必要的资料、视察、检查和满意的基础上。

除非合同另有规定，中标合同金额应包括根据合同承包商所承担的全部义务（包括根据暂列金额应承担的义务，如果有），以及为正确地实施和完成工程并修补任何缺陷所需的全部有关事项。

第4.12款　本款中的"物质条件"是指承包商在现场施工时遇到的自然物质条件和人为的及其他物质障碍和污染物，包括地下和水文条件，但不包括气候条件。

如果承包商遇到不可预见的不利物质条件，应尽快通知工程师。

此通知应说明物质条件以便工程师进行检验，并应提出为何承包商认为不可预见的理由。承包商应采取适应物质条件的合理措施继续施工，并遵循工程师可能给出的任何指示。如某项指示构成变更时，应按第13款（变更和调整）的规定办理。

如果承包商遇到不可预见的物质条件，并发出此项通知，因这些条件达到遭受延误和（或）增加费用的程度，承包商应有权根据第20.1款（承包商的索赔）的规定，要求：
(a) 根据第8.4款（竣工时间的延长）的规定，如果竣工已经或将受到延误，对任何此类延误给予延长期。
(b) 任何此类费用应计入合同价格，给予支付。

工程师可以考虑承包商提投标书时可能提供的预见的物质条件的任何证据，但不应受任何此类证据的约束。

根据第1.9款，很明确地看出，非承包商错误或拖延造成的施工图发出延误，承包商有权索赔工期和费用损失。但条款中同时规定承包商提前通知工程师。本案例的情况正符合此款，因此，承包商的索赔权得到认可。同时，应注意条款中的最后一段，并不是只要施工图迟发，承包商就一定具有索赔权。因为，这一段中规定，如果承包商对此迟发有责任时，则没有索赔权。

根据第4.12款的第一段，交通条件似乎可以视为"物质条件"，但却很难被认定为不可预见的情况，因为修路的情况承包商是可以了解到的。而第4.10款明确指出，承包商投标前对工程现场和周围环境作了调查并足以考虑与之相关的风险，而交通情况当然属于周围环境情况，按照第4.11款则承包商报价时被认为应已将风险考虑进去。如果承包商没有考虑进去，那也只能是承包商自己应当承担的风险。

2. 索赔事件的影响分析

分析索赔事件对费用和工期是否产生影响和其影响的程度如何，直接影响着索赔值的计算。因为索赔值的计算原则是以弥补承包商的实际损失为原则。所以如果事件未造成承包商实际费用的损失或工期的延误，则不需要对承包商进行补偿。

对于工期延长期的计算，可根据网络计划分析来判断。如果延误的工作是位于非关键线路上的非关键工作，就要根据工作所具有的时差来分析，如果延误的工作时间在时差范围内，则不存在对总工期的影响，也就不存在工期延长期补偿。但如果延误的工作时间超出了时差值，则需要计算对总工期的影响程度，这时总工期的延长时间才是应补偿的工期延长时间。例如，由于业主供应施工图延误造成承包商其项工作推迟进行4天，这是由于业主原因造成的，因此，按合同规定，承包商有权索赔工期。但如果此项工作是位于非关键线路上的非关键工作，总时差为5天，则这时施工图延误不会造成总工期的延误，因此，承包商就不能进行工期的索赔。但如果此项工作的总时差只有2天，由于施工图供应的延误按照进度计划计算会造成总工期拖后2天，那么承包商就有权得到2天的工期延长期。但如果此项工作为关键工作，则由于施工图供应延误会造成总工期拖期4天，因此承包商就有权得到4天的工期延长期。由此可见，虽然同为业主供应施工图造成某工作的延误，但承包商所能得到的工期索赔值是不相同的。因此，工程师对于承包商提出的工期索赔要求，一定要具体工作具体分析，借助于网络计划技术对索赔事件的影响进行分析。对承包商的工期索赔要求进行反驳，从而确定一个合理的索赔值。

对于承包商经济索赔的要求，也必须进行影响分析才能作决定。例如，在索赔费用计算中，如果造成损失，承包商也应当承担部分责任时，业主就要对这部分责任所造成的影响进行分析，从而从承包商的损失索赔额中扣除承包商应当承担的费用。又如，由于业主原因造成承包商的自有机械的停工，这时承包商的损失就不包括设备使用费，而应当是按台班折旧费确定损失额。如果承包商按全部机械的台班费来计算索赔额，则工程师就应当对承包商的索赔额进行反驳。再如，如果由于业主的原因造成工期延误，这时如果承包商的费用索赔额中包括利润，工程师就应当反驳与拒绝。因为根据影响分析，利润包括在每项初稿的工程内容的价格之中，而单纯延误工期并未削减项目而导致利润减少，即不发生利润损失，因此，利润索赔不能成立。

案例8-3 工程师运用工期影响分析反驳索赔

某市一承包商与开发商签订了一项工程施工合同。合同工期为19天。采用我国《建设工程施工合同（示范文本）》签订，其中专用条款中，规定工期每提前或拖延1天，奖励（或罚款）1500元。经工程师批准的施工进度计划如图8-4所示。按照合同条款规定，工作F和工作H由建设单位负责提供主要材料，且如果延误供应，则工期相应顺延。但在施工过程中，由于建设单位负责提供的材料供应延迟，使得工作H推迟了3天，F工作推迟了1天。

此事件发生后的第7天承包商向监理工程师递交了工期和费用索赔要求的索赔意向通知，随后递交了索赔报告。在索赔报告中的索赔计算如下：

工期索赔要求：根据合同条款27.4款规定，由建设单位延误供应材料所造成施工单位损失和工期延误，施工单位有权要求顺延工期和补偿损失。按照合同附录，发包人供应材料设备一览表，建设单位延误供应材料，造成工作G推迟1天和工作E推迟2天，故要求延长工期3天。由此引起的人工窝工费：8工日×15元/工日+10工日×2×15元/工日=420元和机械闲置2天，此机械的台班单价为580元，则机械闲置费：2台班×580元/台班=1160元，合计金额1580元。要求费用补偿1580元。

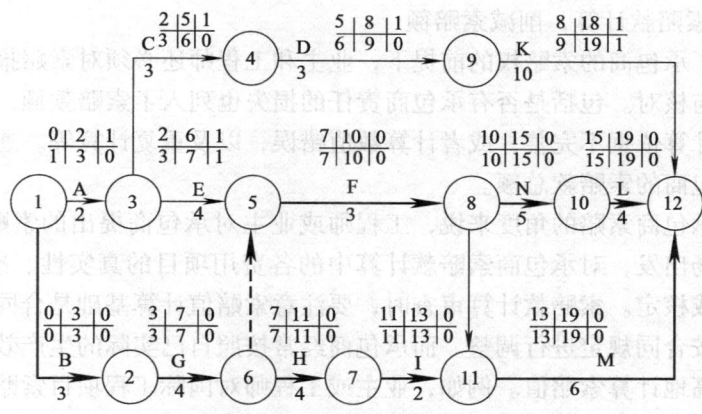

图 8-4 某工程经工程师批准的施工进度计划

监理工程师根据批准的网络计划进行工期影响分析，工作 G 是关键工作，由于推迟了 1 天，对总工期的影响为 1 天，由于工作 E 为非关键工作，且有 1 天的总时差，推迟 2 天，总工期推迟 1 天。调整后的进度计划如图 8-5 所示。因此，两个工作推迟，仅使总工期变为 20 天，因此，批准工期顺延 1 天。

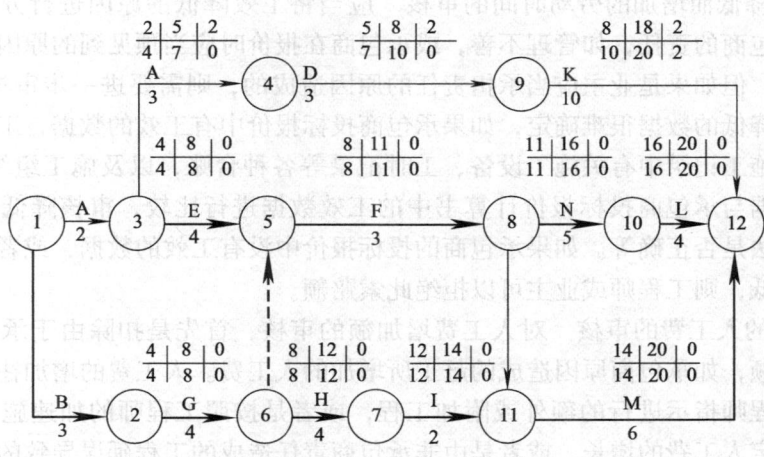

图 8-5 调整后的进度计划

费用补偿计算中，机械闲置不发生运行费，不能按整个机械的台班单价进行计算，因此只计算台班折旧费 280 元/台班。同意补偿的台班闲置费为 2 台班 × 280 元/台班 = 560 元。人工窝工费计算合理，因此批准的费用补偿额为

420 元 + 560 元 = 980 元

这是一个简单的模拟分析案例。通过网络分析计算，工程师就可以确定出某项工程延误对总工期的影响程度，而不能简单地将工作延误时间相加作为工期的延长值。在项目管理中，计算机辅助项目管理越来越普遍，因此，借助于计算机项目管理软件，不论项目工作数目多大，项目多么复杂，工程师都可以很方便地进行工期影响分析，从而有效地反驳承包商不合理的工期索赔要求。

3. 仔细核定索赔款计算，削减索赔额

在已经肯定了承包商的索赔权的前提下，业主和工程师还必须对索赔报告中的索赔款计算进行逐项分析与核对。包括是否有承包商责任的损失也列入了索赔款额，是否有索赔款计算方法不对，或计算依据不完善，或者计算数值错误，以及重复计算等。通过仔细审核，就可以大大减少承包商的索赔款总额。

从业主反驳承包商索赔的角度来说，工程师或业主对承包商提出的索赔款计算的审核，就是从业主的立场出发，对承包商索赔款计算中的各费用项目的真实性、准确性进行分析，提出修改、反驳或核定。索赔款计算审查时，要注意索赔值计算基础是合同报价，或在合同报价的基础上，按合同规定进行调整。而承包商经常按照自己实际的生产效率、价格水平等进行计算，而过高地计算索赔值。例如，业主或工程师对国际工程项目索赔费用的审查主要包括：

（1）对新增的现场劳动时间的审核　新增现场劳动时间主要发生在工程范围扩大或劳动效率降低的情况下。首先，应当将索赔要求中承包商应当负责的部分扣除，如承包商设备故障，劳动力调配不畅，或者属于承包商保证质量的技术措施等增加的劳动时间。其次，对其他部分再审核计算的依据，如果没有足够的证据支持的计算，就不能认可或要求其补充证据。业主或工程师有权审核承包商的工时记录，并对其记录的真实性和准确性进行质疑。

（2）工效降低而增加的劳动时间的审核　应当将工效降低的原因进行分析，确定责任者。如果是承包商的责任，如管理不善，或承包商在报价时应当预见到的原因造成的，则不能计入索赔款。但如果是业主应当承担责任的原因造成的，则需要进一步审核工效降低率。因为由于工效降低的数据很难确定，如果承包商投标报价中有工效的数据，工程师可以通过核查承包商的施工记录中有关施工设备、工时记录等各种台账，以及施工组织的具体情况，将实际工效数据与承包商投标报价计算书中的工效数据进行比较，审核降低的比率是否合理，计算的方法是否正确等。如果承包商的投标报价中没有工效的数据，或者没有有效的证据证明工效降低，则工程师或业主可以拒绝此索赔额。

（3）增加的人工费的审核　对人工费增加额的审核，首先是扣除由于承包商原因造成的人工费增加额，如承包商原因造成的赶工所增加的人工费。人工费的增加往往是由于工程变更或完成工程师指示进行的额外或附加工程，或者是按照工程师的加速施工指示而加班等，或者是法定人工费的增长，或者是由非承包商责任造成的工程延误导致的窝工费，或者是由于工效降低等原因造成的。对不同的原因造成的人工费的增加额计算就要区别情况进行处理。如对法定人工费的增长的审核，就要审查工资提高的指数文件是否可靠，提高的比率是否合适。再如对非承包商责任造成的工程延误导致的窝工费，如果窝工工人调做其他工作，则只能补偿工效差值，而不能按原人工费单价计算。

（4）对增加的材料费的审核　首先审查材料费增加是否应由承包商承担责任，如果是承包商原因，则应扣除。材料费的增加原因主要有两个，一个是由于索赔事项材料实际用量超过计划用量而增加的材料费，再一个是材料的单价提高。这时，工程师应该审查承包商计算的材料增加数量是否准确，备料数量是否未达到应备料数量，是否存在材料的浪费或丢失，是否有意在施工期从别的工地调来高价材料，新增材料的价格是否可靠，购货单据是否可靠，购进材料日期的材料价格指数是否与官方公布的指数相符合，是否将公司总部的库存材料调来，调价方法是否与合同规定的方法相一致。

（5）分包费用增加额的审核　当分包范围的工作量增加时或生产效率降低时，会产生分包费用的增加。如果是业主原因所造成的，则承包商有权索赔。此时，工程师应审核分包合同，新增的工程量是否准确，证据是否充分，生产效率的降低率确定是否合理，通过检查施工记录和台账，核实增加的用工数量，从而扣减承包商计算中的不合理部分。

（6）施工机械增加费的审核　首先扣除承包商原因造成的施工机械增加费，并且应区别是租赁机械还是承包商的自有机械。对于租赁机械，应审核所增的设备租赁费是否合理；租赁单据是否准确、证据是否充分；施工记录上的租赁数量与时间是否一致；是否由于应备的机械不足而租用新机械；对于承包商的自有机械，应审查承包商在投标文件中所列的施工机械设备是否已如数进入施工现场；已有设备是否已充分利用；施工机械的使用效率是否太低，施工机械费的证明单据是否充分可靠。对于由于业主方原因造成的机械停工的窝工费是否是按全部台班费计算的。

（7）工地管理费的审核　工地管理费应分为固定部分和可变部分。对于固定部分，对于施工范围变更和加速施工索赔来说，承包商并不发生损失，因此，不应列入索赔款计算中。在审核时，应认真分析承包商是否发生工地管理费的额外支出，防止扩大款额；工地管理费计算时是否与报价书中的费率一致等。

（8）总部管理费的审核　总部管理费也应分为固定部分和可变部分。在审核时，应认真分析承包商是否发生总部管理费的额外支出。通常索赔款中只能列入可变部分。同时应审查总部管理费的费率计算是否超过投标报价时列入的总部管理费的比率。

（9）利息和融资成本的审核　只有在业主拖欠工程付款和索赔款、业主错误扣款以及工程变更和工期延误增加贷款利息时才可以索赔利息。重点审查利率是否按照合同约定计算，所增贷款是否属实。

（10）利润的审核　只有在合同文件中明确指出可以补偿利润损失时，工程师才会审核利润值的计算。而且利润率不能超过投标报价文件中的利润率。

（11）对于国内工程来说，其审查方法相类似　只是国内工程经常按照预算定额单价来计算直接费，对于额外工程也经常按定额单价来进行计算。而且合同形式通常是总价合同的形式。在进行索赔款计算的审核时，包括工程量的计算方法是否正确，定额套用是否正确，费率计取是否合理等，均应结合这些特点来进行。总之，原则是一样的，即以补偿按照投标报价时的计算原则和价格水平所计算的损失为原则。

案例 8-4　业主对承包商索赔款计算的审核

某外资项目，建设单位与施工单位按照 FIDIC《施工合同条件》1999 年第 1 版签订了施工合同。专用条件中规定：钢材和水泥由建设单位供货至现场仓库。工程施工中出现了一系列的情况，造成承包商索赔：

事件 1：由于提供的钢筋未到，使位于关键线路上的框架柱钢筋绑扎延误，使该项作业从 8 月 5 日—8 日停工。

事件 2：由于设计图供应延误，8 月 10 日按计划应该进行的砌筑工程推迟至 8 月 12 日开始。（此砌筑工作为非关键工作，总时差为 3 天）

事件 3：8 月 16 日砂浆搅拌机出现故障，使得砌筑工程停工一天。

为此，承包商于 8 月 20 日向工程师提交了一份索赔通知，并于 8 月 25 日递交了正式的索赔报告，其中所附的计算书内容如下：

1. 工期索赔

（a）框架柱钢筋绑扎：8月5日—8日停工　　　　　　　　　　　4天

（b）砌筑8月10日延误至12日开始，16日停工　　　　　　2+1=3天

总计：　　　　　　　　　　　　　　　　　　　要求工期顺延7天

2. 费用索赔

增加的人工费

绑扎钢筋　　　　　　　　40人×4天×20.52元/工日=3 283.2元

砌筑　　　　　　　　　　30人×3天×20.52元/工日=1 846.8元

小计　　　　　　　　　　　　　　　　　　　　　　　　5 130元

增加的机械费

一台塔吊　　　　　　　　484.08元/台班×7台班=3 388.56元

一台混凝土搅拌机　　　　112.50元/台班×4台班=450元

一台砂浆搅拌机　　　　　45.75元/台班×3台班=137.25元

小计　　　　　　　　　　　　　　　　　　　　　　3 975.82元

增加的工地管理费　　　（5 130.00+3 975.82）元×15%=1 365.87元

增加的总部管理费　　（5 130.00+3 975.82+1 365.87）元×8%=837.74元

利润损失　　（5 130.00+3 975.82+1 365.87+837.7）元×8.5%=961.3元

经济索赔额总计　　　　　　　　　　　　　　　　　　12 270.73元

反驳索赔：工程师对索赔计算的审查如下：

1. 工期索赔计算

框架柱钢筋绑扎停工4天，是由于业主原因造成的，且为关键工作，因此应给予工期延长4天。

由于设计图供应延误造成的2天延误，是业主的责任，但延误的时间小于总时差，不会带来工期的延误，因此不存在工期补偿。

砂浆搅拌机故障是承包商的责任，不论是否影响总工期，都不应补偿工期。因此，同意工期延长4天。

2. 经济索赔计算

（1）窝工人工费　业主原因造成的框架柱钢筋绑扎停工所造成的窝工费计算时，由于工人已被安排做其他工作，因此只能补偿工效差。经与承包商协商，按每工日10元计算。40×4×10元=1 600元

设计图延误造成的砌筑延误2天，由于工人已被安排做其他工作，因此也只能补偿工效差，按每工日10元计算。30×2×10元=600元

砂浆搅拌机故障造成的停工，是承包商的责任，承包商无权索赔。

窝工人工费补偿合计为2 200元。

（2）窝工的机械费补偿　由于闲置的机械费不发生运行中的费用，因此不能按台班费补偿，只能按台班折旧费计算。经与承包商协商，折旧费按台班费的65%计。

由于业主原因造成的塔吊闲置4天、砂浆搅拌机闲置2天给予补偿，而砂浆搅拌机故障造成的损失不能给予补偿。

塔吊 484.08 元/天 × 65% × 4 天 = 1258.61 元

砂浆搅拌机 45.75 元/天 × 65% × 2 天 = 59.48 元

窝工机械费补偿合计：1 318.09 元

（3）增加的管理费 承包商工地管理费与总部管理费的计算费率标准与报价计算中不一致。因此，按照承包商的中标合同价分析，每天的工地管理费和总部管理费为 120 元/天，则延期 4 天补偿管理费（包括工地管理费和总部管理费）：120 元/天 × 4 天 = 480 元

（4）利润 承包商并不发生利润损失，因此，不给予补偿。

各项合计为

$$2\ 200\ 元 + 1\ 318.09\ 元 + 480\ 元 = 3\ 998.09\ 元$$

综上所述，经工程师审核，同意经济补偿额为 3 998.09 元。

从案例中可以看出，经过工程师对索赔计算的审核，大大减少了工期延长值和经济索赔值。工程师进行审核时，首先审核索赔权，当索赔权确定后，索赔款计算时，最根本的原则是按实际损失进行计算。而损失值是相对于投标报价后的中标价格来说的。

4. 以反索赔对抗承包商的索赔

通过反驳索赔不仅可以否定对方的索赔要求，同时还可以重新发现索赔的机会，找到向承包商索赔的理由。从而用业主的索赔来对抗承包商的索赔。这在国际工程承包实践中是工程师常用的一种方法。

8.3.2 承包商对业主索赔的反驳

虽然业主对承包商的索赔主要是由工程师发出通知或不需通知即可扣款，但是业主索赔也必须符合合同条款的规定。所以，如果承包商认为业主的索赔不合理，就要向工程师提出理由和证据。具体包括以下内容：

（1）反驳业主的索赔理由 按照合同规定，承包商违约或应承担风险所造成业主的损失，业主才可以向承包商索赔。所以承包商对业主的索赔理由的反驳主要是提出证据证明己方不该对业主的损失负责，因为索赔事件不是或不完全是承包商的责任或风险范畴。

（2）反驳业主的索赔计算 对业主的索赔计算方法和计算数值的反驳，也是反驳业主索赔的重要方面。主要是对业主索赔计算时所依据的费率、单价等的合理性进行核算，提出自己的不同意见。

（3）对业主不遵守索赔程序的反驳 在我国《施工合同（示范文本）》中有明确的索赔程序和时限的要求，在 FIDIC《施工合同条件》1999 年第 1 版中也有由工程师向承包商发出通知的要求。如果业主不遵循合同中的这些规定，承包商可以提出反驳。

（4）反驳索赔的报告编写 不论业主还是承包商在上述反驳索赔的分析基础上，往往通过编写正式的反驳索赔的报告，向对方提出书面的反驳意见。此报告是对上述反驳意见的总结，是向对方（索赔者）表明自己对索赔要求的不同看法和分析结论，以及反驳的依据与证据。根据索赔事件的性质，索赔事件的复杂程度，索赔值计算的方法与数值大小，以及对索赔要求反驳与认可的程度，反索赔的报告内容差别也很大，并没有规定的格式与标准。但是，报告中必须明确反驳的依据与证据，具有说服力，同时列出自己的详细计算书。

案例 8-5 反驳索赔的报告

某工程采用 FIDIC《施工合同条件》作为标准合同条件，在施工中，承包商向工程师提

交的索赔报告中包括这样一些内容：因为地质情况相对招标文件中提供的地质报告条件更差，造成现场工人和机械施工效率降低，要求补偿由此造成的费用损失和工期的延长。

反驳索赔的报告

业主代表致承包商代表：

我方于××年××月××日收到承包商代表于××年××月××日签发的索赔报告，报告中你方提出地质条件变化造成你方施工效率降低，要求补偿工期和费用损失。由于合同条件中明确指出承包商应对自己提供的地质报告和其他的工程资料的解释负责，并且应当进行现场踏勘。因此，这种地质条件的变化是一个有经验的承包商应当预见到的。由此引起的施工效率降低，我方不应承担责任。因此，不应予以补偿。

8.4 索赔谈判

索赔一般都是通过谈判解决的。索赔谈判通常是业主和承包商或受业主委托的监理工程师和承包商的工地代理人——项目经理之间谈判的主要事项。索赔谈判合同双方面对面的较量，是索赔能否取得成功的关键。一切索赔的计划和策略都要在谈判桌上体现和接受检验，索赔谈判不仅需要有丰富的法律和合同方面的知识，还需要有公共关系方面的知识和经验。索赔谈判能否取得好的效果完全有赖于政策性、技术性和艺术性的有机结合和统一。因此，在谈判之前双方均应充分准备，分析谈判的可能过程。例如，预先设计怎样保持谈判的友好和谐气氛，估计对方在谈判过程中可能提出的问题与采取的行动和策略，我方应采取的措施，以及如何抓住有利时机和占有主动权。

8.4.1 索赔谈判的类型

索赔谈判可分为建设型谈判和进攻型谈判两种类型。

1. 建设型谈判

建设型谈判的主要特征是：

1）基本态度和行为是建设性的，希望通过谈判建立起相互尊重、相互信任的建设型关系，希望双方为共同利益进行建设性的工作。

2）谈判的气氛是亲切、友好、合作的，谈判者诚心诚意和讲求实效。

3）在谈判过程中注意运用创造性思维去开发更多的可行设想和选择性方案，以期创造共同探讨的局面，适当妥协，以达成双方都能接受的协议。

4）绝不强加于人，谈判中避免相互指责或谩骂攻击，防止冲突和破裂。

当然，采用建设型谈判并不意味着无原则地迁就对方或委曲求全，而是坚持以理服人，通过有理有据的分析，从而使对方改变立场，以达到谈判的目的。

2. 进攻型谈判

进攻型谈判的主要特征是：

1）基本态度和行为都是进攻性的。谈判时持有怀疑和不信任的态度，千方百计压服或说服对方退让或放弃自己利益。

2）谈判的气氛是紧张的。固执、进攻和咄咄逼人是采用这种方式的谈判者的典型特征。

3）在谈判过程中，谈判者从不开诚布公，而是深藏不露。按照设定的谈判界限不妥协、不出界，施加压力，迫使对方让步。

在工程索赔谈判中，通常承包商宜采用建设型谈判，并有限度地采用进攻型谈判，以维护本身利益。而业主和工程师却常常采用进攻型谈判。

8.4.2 索赔谈判的策略

索赔谈判中常用的策略有以下几种：

（1）休会策略 休会策略是指在谈判过程中，当出现低潮、遇到障碍或陷入僵局时，由谈判双方或一方提出休会，以便缓和气氛，各自审慎回顾和总结，避免矛盾和冲突的进一步激化。休会的时机是很重要的，选择合适的时机休会，可以使谈判者利用休会时机，冷静与客观地分析形势，及时调整谈判策略和谈判方案，求同存异，提出明智的选择性方案，创造新的谈判氛围，从而可以取得谈判的成功。这个策略对于业主方和承包商来说都是一个索赔谈判可以采用的好策略。

（2）苛求策略 这是利用心理攻势来换取对方妥协和让步的一种策略。采用此策略的谈判者在制订谈判方案时，预先考虑到可以让步的方面，有意识地先向对方提出较苛刻的条件，然后在谈判中逐渐让步，使对方得到满足，产生心理效应。在此基础上以换取对方的妥协与让步。但是此策略要慎用。因为，过高的苛求可能激怒对方，使对方认为谈判无诚意，以致中止谈判，从而导致谈判破裂。

（3）场外谈判的策略 当谈判出现严重分歧或陷入僵局时，请有决策权的高层领导出面调停，有时是缓和矛盾，调解分歧和突破僵局的可行策略。如在索赔谈判陷入僵局时，可请承包商公司经理与监理公司经理进行调停。这种方式常常通过特殊安排在谈判双方高层领导之间进行私下接触或秘密商谈，从而达成妥协、谅解或默许，从而推动正常谈判取得突破性进展。

（4）最后通牒策略 最后通牒就是规定一个最后期限。采用这种最后期限的心理压力迫使对手快速作出决定的一种策略。例如，在FIDIC《施工合同条件》和我国《施工合同（示范文本）》中均确定了许多法定程序及其时限规定的条款，像结算与付款等方面的有关条款。这些条款是索赔谈判人员运用最后通牒策略的有效武器。例如，承包商在与工程师或业主进行工程款长期拖欠的索赔谈判中就可以利用最后通牒策略，利用合同中终止合同的权利规定一个最后期限，从而迫使其付款。

（5）以权压人策略 以权压人策略是进攻型谈判时常采用的策略。通过给对方造成自卑心理，以使在心理上占上风，在谈判过程中增加控制和垄断力度的一种策略。这是业主和监理工程师在索赔谈判中常用的一种策略。

（6）引证法律策略 引证法律或借口法律限制是谈判中常用的一种策略。在索赔谈判中利用有关法律、国际惯例和合同条款，巧妙地利用法律来达到目的和谋求利益，或以法律限制为借口，形成无法再商议的局面，迫使对方就范，从而达成有利于自己的协议。因此，在大型国际工程索赔谈判中常聘请高级法律顾问。

（7）谋求折中策略 谋求折中，即合理妥协。这是一个有经验的谈判者常用的策略。通常，谋求折中的时间是在争论激烈的关键时刻或谈判的尾声。成功的谈判者不会轻易让谈判破裂，而是寻求双方潜在的共同利益，说服对方共同作出适当的让步，从而达成双方均能接受的协议。这种策略是承包商和业主方在索赔谈判中最常用的策略之一。

（8）聘用专家的策略 在谈判时，聘用一些索赔专家、高级顾问参加谈判，利用人们对专家的信服,从而在谈判中处于有利地位的策略。在重大的索赔谈判中,承包商常常采用此种策略。

(9) 声东击西的策略　这是在谈判过程中有意识地将会谈议题引到不重要的问题上,从而分散对方对主要问题注意力,从而实现自己意图的一种策略。这种策略的目的不外乎是想在不重要的问题上先作些让步,造成对方心理上的满足,从而为会谈创造气氛;或者想将某一议题的讨论暂时搁置,以便有时间作更深入的了解,查询更多的信息和资料,研究对策;或者作为缓兵之计,延缓对方采取的行动,以便找出更妥善的解决对策。

(10) 据理力争的策略　据理力争策略是指当面对对手的无理要求和无理指责时,或者在一些原则问题上蛮横无理时,不能无原则地一昧妥协与退让,使对手得寸进尺。在策略上必须针锋相对,据理力争,但方式方法上要机智。从而维护自己的利益。

(11) 澄清说明的策略　索赔谈判中,由于工程师或业主与承包商对合同条件或技术规范的理解可能产生差异,特别是国际工程项目施工中,由于谈判是在不同国家的谈判人员之间进行的,其文化背景、习俗和语言障碍等都会导致双方的分歧与误解。这时,如果谈判者能及时运用澄清说明的策略,就能很快消除分歧与误解,从而推动谈判的顺利进行。

(12) 先易后难的策略　先易后难的策略是创造谈判氛围,增强谈判信心和加快谈判进程的一种有效的策略。它是指谈判先从双方容易达成一致意见的议题入手,从而双方可以在较短的时间内,在轻松愉快和相互信任的气氛中很快取得谈判成果,为接下来的谈判建立好的基础。

(13) 谋求共同利益的策略　谋求共同利益策略是指在谈判时着眼于利益而非立场。谈判双方在谈判过程中虽然有对抗性立场和冲突性利益,但也蕴含着潜在的共同利益。因此,谈判双方以共同利益而不是对抗立场出发去谈判,从而双方作出合理的让步,达成双方都可以接受的协议。

(14) 假设策略　假设策略是用以缓和气氛,探测对方反应和意图的一种策略。在谈判过程中,谈判双方难免出现分歧和争论。此时,往往谈判的一方主动提出一些妥协条件,提出解决问题的选择性方案,供双方进一步商谈。这是索赔谈判中最常采用的策略之一。这种策略既可避免谈判陷入僵局,又可探出对方意图,确实是一个好的谈判策略。

8.4.3 索赔谈判中应注意的问题

(1) 谈判目的必须明确　谈判双方应严格按照合同条件的规定进行谈判,对谈判要达到的目标做到心中有数。会谈双方均应信守一个原则,就是力争通过协商和谈判友好地解决索赔争端,避免把谈判引入尖锐对抗的死胡同,最后靠国际仲裁或法庭诉讼来解决。实践证明,仲裁或诉讼往往造成两败俱伤。

(2) 谈判态度要端正　谈判双方应客观冷静,以理服人,为通过谈判解决问题创造一个和谐的气氛;切忌将谈判变为指责、争吵与谩骂。谈判要有耐心,不宜轻易宣布谈判破裂。

(3) 谈判准备要充分　谈判双方在谈判前要做好充分的准备,拟好谈判提纲,准备好充分的证据。

(4) 谈判策略要适当　谈判要讲究策略。根据实际情况,可以选择前述的 14 种策略的几种在索赔谈判中使用。必须学会在谈判桌上熟练地论述你的索赔权利,论证你提出的索赔要求合理、合法,以机智而取胜。

案例 8-6 索赔谈判

非洲某公路工程项目，以 FIDIC《土木工程施工合同条件》第 4 版为基础签订的合同。开工后在边坡切方施工中发现大量流砂现象，既影响边坡的稳定，又严重影响路基强度，必须马上进行处理。承包商及时报告了监理工程师，并会同监理工程师对流砂的大小、深度和影响范围进行了核实。随后，承包商提出了流砂处理方案和费用增加索赔。在第一次谈判中，业主强调这种流砂现象在这个地区是常有的，并认为承包商在投标报价时应该考虑到，业主不再另行支付额外费用。承包商因准备的资料和论据不够充分，没有立即展开辩论，而是坚持建设型谈判，先避而不谈费用问题，而是着重讨论现场补救措施和流砂处理方案，以防止现场事态的进一步扩大。业主和监理工程师对承包商的合作态度和对工作负责的精神表示赞赏，并确认了承包商提出的疏导方法，使流砂不致影响既成边坡和路基，同意立即施工。第二次谈判，承包商准备了充分的资料和数据，首先报告疏导方案的成功实施和承包商为此付出的代价，随后拿出招标文件和设计图以及所附的探坑展示图、地质钻孔柱状图等资料，说明在招、投标阶段没有任何文件和资料提及有流砂的存在，又拿出承包商在考察现场阶段和施工开挖以前拍摄的地貌照片说明也无任何流砂迹象。因此，流砂现象确属"是一个有经验的承包商无法预见到的不利的外界障碍或条件"，希望业主和监理工程师按照合同条款第 12.2 分条款批准承包商延长工期和增加费用，与此同时，承包商又主动作出不再要求延长工期的让步。业主和监理工程师鉴于承包商工作认真、态度诚恳，终于批准全额补偿承包商为处理流砂增加时的额外费用。

这是一个承包商成功进行索赔谈判的案例。从这个案例中可看出，在第一次索赔谈判时，当业主方提出承包商应该预见到并在投标时考虑到，因此没有索赔权后，承包商并未急于反驳。因为此时承包商并没有充分的证据可以反驳业主的理由，从而证明自己在投标时未考虑到并不是己方的错误，而是一个有经验的承包商也不可能预见到的。所以承包商先表明自己充分的合作态度和对工程认真负责的精神，先给其留下好的印象，保持一个融洽的合作与谈判关系，以免把事情搞僵。因为一个有经验的承包商是否该预见到这种风险的判断权在业主方，因此承包商先采取让业主批准处理方案，然后再准备充分的证据以说明其不能预见到流砂的合理性，用证据说话，有理有据，并且适当作出让步，从而才成功地通过索赔谈判取得索赔的成功。否则，很可能失去索赔权，承包商只有自费处理流砂，并且可能还会为此延误工期而支付误期损害赔偿费。在这个案例中，承包商运用了索赔策略中的声东击西策略和谋求折衷策略等。

~ 练 习 题 ~

思考题

1. 承包商预防业主索赔的措施有哪些？试举例说明。
2. 业主如何反驳承包商的索赔权？
3. 业主在减少承包商索赔方面应做好哪些工作？

4. 承包商如何反驳业主的索赔权?
5. 承包商在索赔谈判中应当注意些什么问题?
6. 索赔谈判的策略有哪些?

案例分析题

案例1

某建设单位(甲方)与某施工单位(乙方)按照我国《建设工程施工合同(示范文本)》签订了合同。专用条款中约定采用可调价格的单价合同,当某分项工程的实际工程量增加(或减少)超过招标文件中工程量的10%以上时对超出部分双方协商调整单价。并且乙方又与一降水专业公司签订了降水分包合同。乙方项目的施工进度计划已得到监理工程师的批准,某工程经监理工程师批准的施工网络计划如图8-6所示。

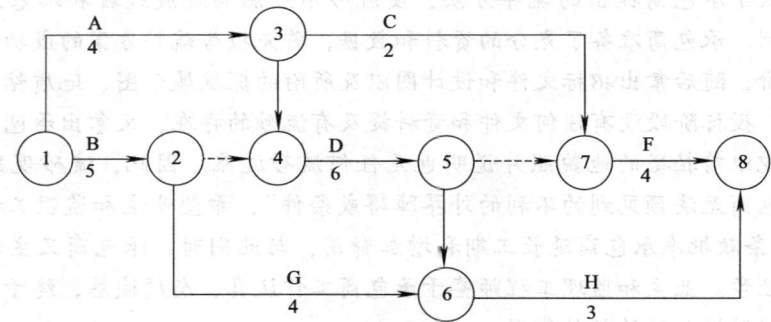

图8-6 某工程经监理工程师批准的施工网络计划

项目的开工日期为2002年8月15日。工程施工中发生了如下事件:

降水方案不合理,致使工作D推迟了2天,乙方人员配合用工5个工日,窝工6个工日;

8月21日—22日,项目所在区停电,造成停工,人员窝工80工日;机械闲置2台班,机械的台班费为400元/台班,其中台班折旧费为50元/台班。

因业主设计变更,工作E工程量由招标文件中的600m^3增加到750m^3,超过了10%;合同中该工作的综合单价为55元/m^3,经协商调整综合单价为50元/m^3。

为保证施工质量,乙方在施工中将工作B夯实面积扩大,增加工程量20m^2,该工作报价时的综合单价为80元/m^2。

在工作D、E完成后,监理工程师书面指示承包商进行一项临时工作I,经核准完成该工作需要2天,消耗机械台班2台班,台班单价为480元/台班,人工10工日,人工单价20元/工日。

乙方遵守合同规定的时间提出了索赔通知和索赔报告。乙方提出的索赔理由和索赔要求如下:

(1) 由于非承包商原因造成的D工作推迟,要求工期顺延2天。

要求经济补偿	配合用工人工费5工日×20元/工日=100元
窝工费	6工日×20元/工日=120元
管理费增加额	150元/天×2天=300元
小计	520元

(2) 由于停电造成的停工2天,要求工期顺延2天;

要求经济补偿:窝工费	80工日×20元/工日=1 600元
机械闲置费	400元/台班×2台班=800元
管理费增加额	150元/天×2天=300元

小计　　　　　　　　　　　　　　　　　　　　　　　　　　　　　　　　2 700 元

（3）由于实施经工程师批准的变更，工作 B 工程量增加，要求工期顺延 1.5 天；要求经济补偿：80 元/m² ×20 m² =1 600 元

小计　　　　　　　　　　　　　　　　　　　　　　　　　　　　　　　　1 600 元

（4）由于执行监理工程师指示施工临时工作 I，要求工期顺延 2 天。

要求经济补偿：　　　　　　　　　　　　　　　人工费 20 元/工日 ×10 工日 =200 元

机械费　　　　　　　　　　　　　　　　　　　480 元/台班 ×2 台班 =960 元

管理费　　　　　　　　　　　　　　　　　　　150 元/天 ×2 天 =300 元

小计　　　　　　　　　　　　　　　　　　　　　　　　　　　　　　　　1 460 元

总索赔工期延长：2 天 +2 天 +1.5 天 +2 天 =7.5 天

总经济索赔款：520 元 +2 700 元 +1 600 元 +1 460 元 =6 280 元。

问题：如果你是业主方，试详细说明业主如何反驳承包商的索赔。

案例 2

一个小型水坝工程，土方填筑量为 836 150 m³，砂砾石滤料 78 000 m³，中标合同价 7 369 920 美元，工期 1 年半。采用 FIDIC《施工合同条件》1999 年第 1 版签订合同。在投标报价书中，工程净直接费以外，另加了 12% 的工地管理费，构成工程工地总成本。然后，在此基础上另列 8% 的总部管理费及利润。在报价书中承包商填报的大坝土方单价为 4.5 美元/m³，运距为 750 m；砂砾石滤料的单价为 5.5 美元，运距为 1 700 m。工程师发出变更指令。承包商认为变更指令使工程量的数量大幅增加，土料增加了原土方量的 5%，砂砾石滤料增加了原砂砾石滤料的 16%，而且运输距离也相应增加了 100% 和 29%。为此承包商在事件发生的第 20 天提交了索赔通知，并随后提出了索赔报告，要求按新单价计算新增加的工程量的价格，并提出工期延长 4 个月。承包商的费用索赔计算见表 8-1。

表 8-1　承包商费用索赔计算表

索赔项目	增加的工程量	单价	款项/美元
坝体土方	40 250 m³（原为 836 150 m³）运距由 750 m 增至 1 500 m	4.75 美元/m³	191 188
砂砾石滤料	12 500 m³（原为 78 500 m³）运距由 1 700 m 增至 2 200 m	6.25 美元/m³	78 125
工地管理费	原合同额中工地管理费为 731 143 美元，工期 18 个月	40 619 美元	162 476
以上三项合计			431 789

问题：若你为业主，如何反驳此索赔要求？

案例 3

某工程内容包括场地平整、大楼的土建施工和停车场、餐饮厅施工等。业主与承包商按照 FIDIC《施工合同条件》作为标准签订了合同，合同价为 18 329 500 元人民币，工期 18 个月。

在监理工程师下达开工令以后，承包商按期开始施工。但在施工过程中，首先遇到如下问题：

1）工程的地基条件比业主提供的地质勘探报告差。

2）施工条件受交通的干扰甚大。

3）设计多次洽商修改，监理工程师下达工程变更指令，导致工程量增加和工期拖延，施工费用增多。

为此，承包商先后提出 6 次工期索赔，累计要求延期 395 天；此外，还提出了相关的费用索赔，申明将报送详细索赔款额计算书。

对于承包商的索赔要求，业主给承包商的答复是：

1）根据合同条件和实际调查结果，同意将工期进行适当的延长，批准累计延期 128 天。

2）业主不承担合同价以外的任何附加开支。

承包商对业主的上述答复极不满意，提出了书面申辩，指出累计工期延长 128 天是不合理的，不符合

实际的施工条件和合同条款。承包商的 6 次工期索赔报告，包括了实际存在并符合合同的诸多理由。因此，要求监理工程师和业主对工期延长天数再次给予核查批准。

从施工的第二年开始，根据业主的反复要求，承包商采取了加速施工措施，以便商业中心大楼早日建成。这些加速施工的措施，监理工程师一一批准。这些措施包括由一班作业改为两班作业，节假日加班施工，增加了一些施工设备等。就此，承包商向业主提出加速施工的费用赔偿要求。

监理工程师和业主对承包商的反驳函件进行了多次研究，在工程快结束时作出答复：

3) 最终批准工期延长为 176 天。

4) 如果发生真正的计划外附加开支，则同意支付直接费和管理费，待索赔报告正式报送后核定。

这最终批准的工期延长天数就是工程建成时实际发生的拖期天数。工期原定 18 个月（547 个日历天数），而实际竣工工期为 723 天，即实际延期 176 天。业主在这里承认了工程拖期的合理性，免除了承包商承担误期损害赔偿费的责任，虽然不再给承包商更多的延期天数，承包商也感到满意。同时，业主允诺支付由此而产生的附加费用（直接费和管理费）补偿，说明业主已基本认可承包商的索赔要求。

本工程即将竣工时，承包商送来了索赔报告书，其索赔费用的组成如下：

(1) 加速施工期间的生产效率降低损失费为 659 191 元。

(2) 加速并延长施工期的管理费为 121 350 元。

(3) 人工费调价增支为 23 485 元。

(4) 材料费调价增支 59 850 元。

(5) 设备租赁费为 65 780 元。

(6) 分包装饰工程增支 187 550 元。

(7) 增加资金贷款利息为 152 380 元。

(8) 履约保函延期增支 52 830 元。

以上共计为 1 322 416 元。

(9) 利润（8.5%）为 112 405 元。

索赔款总计为 1 434 821 元。

在上述索赔款总额中，承包商在索赔报告书中进行了逐项分析计算。其主要内容如下：

(1) 劳动生产率降低引起的附加开支 承包商根据自己的施工记录，证明在业主正式通知采取加速措施以前，他的工人的劳动生产率可以达到投标文件所列的生产效率。但当采取加速施工措施以后，由于进行两班作业，夜班工作效率下降；由于改变了某些部位的施工顺序，工效也降低。

在开始加速施工以后，直到建成工程项目，承包商的施工记录总用技工 20 237 个工日，普工 38 623 个工日。但根据投标书中的工日定额，完成同样的工作所需技工为 10 820 个工日，普工 21 760 个工日。这样，多用的工日是由于加速施工形成的生产率降低，增加了承包商开支，见表 8-2。

表 8-2 承包商开支

	技工/工日	普工/工日
实际用工	20 237	38 623
按合同文件用工	10 820	21 760
多用工日	9 417	16 863
每工日平均工资/元	31.5	21.5
增支工资款/元	296 636	362 555
共计增支工资/元	659 191	

(2) 工期施工管理费增支 根据投标书及中标协议书。在中标合同价 1 832 900 元中包含施工管理费及总部管理费 1 270 134 元。按原定工期 18 个月（547 个日历天数）计，每日平均管理费为 2 322 元。在原

定工期 547 天的前提下,业主批准承包商采取加速措施,并准予延长工期 176 天,以完成全部工程。在延长施工的 176 天内,承包商应得管理费款额为

2 322 元/天 × 176 天 = 408 672 元

但是,在工期延长期间,承包商实施业主的工程变更指令,所完成的工程款中已包含了管理费 287 322 元(则可以按比例反算工程变更增加工程费为 414 万人民币,相当于正常 4 个月工作量)。为了避免管理费的重复计算,承包商应得的管理费为

408 672 元 − 287 322 元 = 121 350 元

(3) 人工费调价增支 根据人工费增长的统计,在后半年施工期间工人工资增长 3.2%,按规定进度人工费调整,故应调增人工费。本工程实际施工期为 2 年,其中包括原定工期 18 个月(547 天),以及批准工期延长 176 天。在 2 年的施工过程中,第一年系按合同正常施工,第二年系加速施工期。在加速施工的 1 年中,按规定在其后半年进行人工费调整(增加 3.2%),故应对加速施工期(1 年)的人工费的 50% 进行调增,即

技工(20 237 × 31.5/2 × 3.2%)元 = 10 199 元

普工(38 623 × 21.5/2 × 3.2%)元 = 13 286 元

共调增 23 485 元。

(4) 机料费调价增支 根据材料价格上调的幅度,对施工期第二年内采购的三材(钢材、木材、水泥)及其他建筑材料进行调价,上调 5.5%。由统计计算结果,第二年度内使用的材料总价为 1 088 182 元,故应调增材料费:

1 088 182 元 × 5.5% = 59 850 元

机械租赁费:租赁费 65 780 元,是按租赁单据上款额列入。

(5) 分包商装饰工程增支 根据装饰分包商的索赔报告,其人工费、材料费、管理费以及合同规定的利润索赔总计为 187 550 元。

分包商的索赔费如数列入总承包商的索赔款总额以内,在业主核准并付款后悉数付给分包商。

1) 增加投资贷款利息。由于采取加速施工措施,并延期施工工期,承包商不得不增加其资金投入。这批增加的投资,无论是承包商从银行贷款,或是由其总部拨款,都应从业主方面取得利息款的补偿,其利率按当时的银行贷款利率计算,计息期为一年,即

总贷款额 1 792 700 元 × 8.5% = 152 380 元

2) 履约保函延期开支。根据银行担保协议书规定的利率及延期天数计算,为 52 830 元。

3) 利润。利润按加速施工期及延期施工期内承包商的直接费、间接费等项附加开支的总值,乘以合同中原定的利润率(8.5%)计算,即

1 322 416 元 × 8.5% = 112 405 元

以上总计索赔款额为 1 434 821 元,相当于原合同价的 7.8%,这就是由于加速施工及工期延长所增加的建设费用。

解决结果:此索赔报告所列各项新增费用,由于在计算过程中承包商与监理工程师几经讨论,所以顺利通过监理工程师的核准。又由于监理工程师事先与业主充分协商,因而使承包商比较顺利地从业主方面取得了这笔款项。

问题:试利用前面几章节所学内容,对此案例进行分析。如果你是业主,如何反驳承包商的索赔要求?你核准的索赔额是多少?

第 9 章　监理工程师的索赔管理

9.1　监理工程师的地位与作用

9.1.1　监理工程师的地位

在工程建设承发包市场上，目前广泛采用的是工程项目管理的建设监理制度，即项目业主委托监理工程师代表业主实施项目的具体工程管理工作。工程监理中的合同关系如图 9-1 所示。监理工程师，在国际上常称为咨询工程师，在我国称为监理工程师。在 FIDIC 施工合同条件和我国现行的《建设工程施工合同（示范文本）》中均被称为"工程师"。在工程项目的实施过程中，监理工程师起着举足轻重的作用。

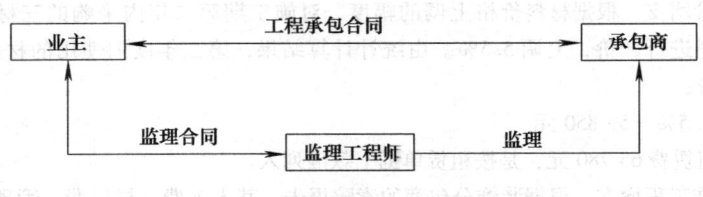

图 9-1　工程监理中的合同关系

业主、承包商和工程师是建筑市场的三大主体。这里的工程师即从事咨询行业的工程师，在我国被称为监理工程师。我国《建设工程施工合同（示范文本）》中的工程师，是指"本工程监理单位委派的总监理工程师或发包人指定的履行本合同的代表，其具体身份和职权由发包人、承包人在专用条款中约定。"FIDIC 中的"工程师"是指"由雇主任命并在投标书附录中指名，为实施合同担任工程师的人员，或者根据第 3.4 款（工程师的替换）的规定，由雇主任命并通知承包商的其他人员。"可见，监理工程师在工程承包业中具有特殊的法律地位和重要作用。

首先，从合同来说，监理工程师不是施工合同的签约者，合同双方是业主和承包商。但在合同条款中赋予监理工程师很大的权力，由监理工程师监督、管理合同项目的实施，当业主和承包商发生合同争议时，由监理工程师协调解决。FIDIC《施工合同条件》3.1 款指出，"工程师可以行使合同中规定的、或必然隐含的应属于工程师的权力。如果要求工程师在行使规定权力前须得到雇主批准，这些要求应在专用条件中写明。除得到承包商同意外，雇主承诺不对工程师的权力作进一步的限制"但是，"每当工程师行使需要由雇主批准的规定权力时，则（为了合同的目的）应视为雇主已经批准"。其次，从经济关系上说，监理工程师受雇于业主，他代表业主对工程项目的实施进行监督管理。但是，监理工程师的工作绝不能仅仅站在业主的立场上处理问题。他的工作是独立的，以"独立的工程师"的身份进行工作。由于监理工程师提供的是高智能的技术服务，"公正"是他开展业务的基本原则和职业道德。因此也不允许监理工程师同承包商有任何形式的经济利益关系。

在项目的实施过程中，监理工程师起着极其重要的作用。但由于每一个具体工程业主对监理工程师委托的范围和授权程度是不同的，因此，监理工程师的具体作用也不完全相同。归纳起来，监理工程师通常起到以下作用：

（1）受业主委托进行项目的具体管理工作　目前，在建设工程领域广泛实行项目监理制度，即监理工程师为业主提供全方位的服务，从项目的咨询、计划、设计到项目施工全过程的项目管理服务。在我国，监理工程师目前主要是提供项目施工阶段的项目管理服务，即受业主委托进行项目施工阶段的具体管理工作。业主与监理公司签订监理合同，支付监理费，在工程中按合同检查、监督监理工程师的工作，并及时作出业主方的决策。

监理工程师在监理合同委托的范围和授权下进行监理活动，对承包商的施工活动进行监督、检查与控制。其具体工作包括质量控制、进度控制、投资控制、合同管理和组织协调。通过社会化、专业化的监理服务，帮助业主提高投资效益。

（2）独立、公正地处理业主与承包商的合同事宜　监理工程师作为专业人士，在许多合同条件中都赋予监理工程师处理业主与承包商之间合同事宜的权利。由于承包合同双方利益和立场不一致，在合同执行中会有许多争执，例如，对合同条文的理解、对双方责任和权力的干扰事件的性质、工程定价等问题产生分歧。这时，监理工程师就可以从工程整体效益和社会效益的角度出发，客观、公正地解释合同，处理工程事务。监理工程师作为承包合同双方的纽带，可以缓冲矛盾，保证双方有一个良好的合作环境和气氛，提高工程的整体效益。

9.1.2　监理工程师为业主提供的服务内容

监理工程师在施工承包合同实施中具有特殊地位和作用。在不同的工程中，监理工程师的任务、职责和权力并不完全相同，它受到监理合同和施工承包合同的双重约束。在业主与监理（咨询）公司签订的监理（咨询）合同中，具体规定业主与监理工程师之间的责权利关系，业主赋予监理工程师管理施工承包合同和工程的职责。同时，在合同中，业主也会对监理工程师的权力进行一定的限制。如要求监理（咨询）工程师在行使某些权力时需事先得到业主的批准。在施工承包合同中，虽然监理工程师不是施工承包合同的签约者，但按照惯例，例如，FIDIC《施工合同条件》和现行我国《建设工程施工合同（示范文本）》，除了规定合同双方——业主与承包商之间的责权利关系外，还明确规定了监理工程师的责任、权利与工作程序等。

1. 监理工程师在承包合同签订前提供的服务

在承包合同签订前，尤其在国际工程项目中，监理工程师通常作为咨询工程师为业主提供咨询、技术和管理服务。这些服务具体包括：

（1）进行项目的可行性研究　业主在决定实施某个项目前，通常要进行项目的可行性研究，论证建设项目在技术上是否先进、实用、可靠，在经济上是否合理，在财务上是否盈利。业主通常委托咨询公司作项目的可行性研究。

咨询工程师通过需求预测和项目拟建规模、资源、原材料、燃料和公用设施情况，项目的设计方案、项目的实施方案、投资估算和资金筹措等进行研究，并对项目进行财务和国民经济评价。可行性研究是业主作项目决策的主要依据，通过可行性研究可以减少业主项目决策的盲目性。

（2）工程项目的设计或设计监理　当作出项目实施决策后，则进入设计阶段。在国际工程项目中，业主通常委托咨询单位进行项目的设计工作。在我国，建设单位通常委托设计单位进行设计。与此同时，可以委托监理单位进行设计监理。此时，设计监理工程师的主要工作包括：

1）在设计的各个阶段向业主提供各种决策依据，包括各种信息、建议和意见。组织设计招标或设计方案竞选，提出方案评价指标，作出方案评价文件。

2）按业主委托起草设计招标文件，向设计单位提出详细的设计要求。

3）设计合同管理，包括设计进度控制、设计质量监督，检查和验收设计文件。

4）协调项目各参与方的关系，保证各专业设计、设计与供应、设计与施工，以及与业主目标之间在时间、技术、内容、组织上的协调一致。

5）收集并向各设计单位提供设计所需要的各种信息，及时进行信息处理和交流。

（3）按业主委托进行工程施工招标的组织和管理工作。业主通常委托咨询工程师（招标代理单位）承担招标过程中大量的技术、组织和管理工作。而且在国际工程中，业主通常委托咨询工程师作为工程施工阶段的监理工程师。通常，在招标阶段监理工程师（招标代理单位）主要负责：编写招标文件，编制标底；起草招标通告；编制资格预审文件，进行资格预审，提出资格预审报告；向预审合格的承包商发出参加投标通知，并发售招标文件；组织标前会议；组织开标会议；评审标书，对各个投标文件的报价、施工技术方案、工期、财务等方面作审查、对比分析；组织答疑会议，对投标文件的疑问或细节问题要求投标人作出解释；汇集标书的审查、对比分析和答疑结果，向业主提出评标报告；帮助业主进行合同总体策划，参加施工合同的谈判与商签。

2. 监理工程师在工程施工阶段提供的服务

承包合同签署后，监理工程师为业主提供全面的项目施工管理服务，即行使承包合同赋予他的权力进行项目的质量控制、进度控制、投资控制和安全管理、合同管理与组织协调工作。在国际工程中，业主经常委托一家咨询公司负责工程项目的可行性研究、设计和施工监理。这样做有利于保证业主项目管理连续性和工程目标的一贯性，合同文件容易得到正确的解释，可以使变更较少，工程更顺利。因而，世界银行也鼓励采用这种形式。但是，这种形式也容易造成承包商索赔困难。尤其是当设计错误导致工程变更和地质勘察不准确而导致施工方案变更时，监理工程师经常会否认这些错误，不批准承包商的合同要求。而对于国内工程来说，由于监理公司通常仅承担项目的施工监理，所以对设计变更的认可相对来说容易一些。

9.2 监理工程师的索赔管理工作

9.2.1 监理工程师对工程索赔的影响

在业主与承包商之间的索赔事件发生、处理和解决过程中，监理工程师是个核心人物。在整个承包合同的形成和实施过程中，监理工程师对工程索赔具有非常重大的影响。

1. 监理工程师行使职权时引起承包商索赔

由于监理工程师受业主的委托行使合同管理的职权，因此如果监理工程师工作中存在问题、失误、不完备的地方，以及在行使承包合同赋予的某些权力时造成承包商的损失，常常造成承包商的索赔机会，业主必须承担相应的合同规定的赔偿责任。在施工承包合同中，例如，FIDIC《施工合同条件》或我国《建设施工合同（示范文本）》条件，规定承包商索赔

权力的条款一般都与监理工程师有联系,甚至有相当一部分可能是直接由监理工程师引起的。这些情况主要有:

1)招标文件合同条件、设计图、规范中的错误。在国际工程项目中,通常招标文件是业主委托咨询工程师起草的,业主必须对这些文件的完备性、正确性负责。由于这些文件中的错误、矛盾、二义性等造成承包商的损失,承包商有权向业主索赔。实践证明,招标文件的完备性、正确性如何对工程索赔有直接影响。

2)监理工程师在下达指令、作出决定、对合同作出解释时,如果存在明显的错误、矛盾或违反合同的问题,由此造成承包商损失,引起承包商索赔。

3)在施工期间,监理工程师没有及时(在合理时间内)发出施工图、指令,作出决定、认可、批准,进行检查、检验或验收等,造成工期拖延,承包商的成本增加,只要不是承包商原因造成的,承包商就有权索赔。

4)下达工程变更指令,下达工程停工或加速施工的指令,要求承包商调整施工计划,只要不是承包商的原因造成的,就会引起索赔。

5)对承包商的材料、设备、工艺和工程进行合同中未规定的检查和试验,特别是对已封闭的隐蔽工程作破坏性检查。而检查结果证明,承包商的工程或工作符合合同要求,而引起索赔。

6)不适合地干预承包商的施工过程,限制合同规定的承包商的权力;不同意承包商选择或修改合理、经济、符合合同要求的施工方案。这一切很可能导致工程变更,从而引起承包商索赔。

2. 监理工程师处理索赔问题的权力对索赔处理结果的影响

在承包商提出索赔意向通知后,监理工程师有权指令承包商提供当时记录,并可以随时检查这些记录。对承包商的索赔报告进行审查分析,反驳承包商不合理的索赔要求,或索赔要求中不合理的部分。可指令承包商作出进一步解释,或进一步补充资料,提出审查报告。在监理工程师与业主和承包商共同商讨后确定承包商的工期和费用的补偿时,如果合同双方达不成协议,则监理工程师有确定权。对合理的索赔要求,监理工程师有权将其纳入工程进度付款中,出具付款证书,业主应在合同规定的期限内支付。由此可见,监理工程师对索赔问题的意见对索赔的处理结果起着决定性的影响。

3. 作为索赔争执的调解人

如果业主和承包商就索赔的解决达不成一致意见,监理工程师可以作为索赔争执的调解人,从中进行调解,安排索赔谈判,提出解决建议方案,说服双方作出一定让步,取得友好解决。

4. 在争执的仲裁和诉讼过程中作为见证人

在仲裁或诉讼过程中,监理工程师作为过程的参加者和管理者,可以作为见证人提供证据,作出答辩,他在工程中作出的各种指令、处理意见、证明、决定都可以重新审议。

9.2.2 监理工程师索赔管理的任务

在工程实施过程中处理承包商索赔和业主索赔事务是监理工程师的一项极其重要的工作。一项工程的索赔工作能否处理好,一个方面取决于监理工程师的工作责任心和职业道德,另一个方面取决于监理工程师处理索赔的技术水平和能力。监理工程师的索赔管理贯穿于项目实施的全过程。为了实施有效的索赔管理,监理工程师主要应做好预防索赔、及时处理承包商索赔事宜、做好业主索赔事宜等几方面的工作。

1. 做好预防索赔的工作

在工程项目实施过程中，索赔管理是合同管理中的一项重要内容，也是十分正常的现象。因为建设工程项目一般工期长、规模大、投资多，在实施过程中总会发生一些问题使合同的一方由于非自身原因或风险范围而遭受损失，因此，在合同中通常赋予受损失方向合同另一方索赔以弥补损失的权利。但是，从合同双方的利益出发，应该使索赔事项的发生次数越少越好。为此，监理工程师应做好以下工作：

（1）协助业主做好设计工作　在工程施工中，由于设计图错误，如设计图标注尺寸错误，各专业图不一致，如建筑图与结构图不一致，或者设计考虑不周等，往往造成工程施工过程中发生设计变更或造成承包商窝工、返工等，从而给承包商带来损失，引起承包商的索赔。因此，认真做好设计，减少设计错误和设计变更，是减少索赔的一个重要预防措施。

在国际工程实践中，监理工程师实际上通常就是项目的咨询设计单位的人员，项目的设计文件就是由该单位编制的。此时，作为设计者，监理工程师就应该认真做好设计。但是在我国，监理工程师通常来自于专门从事项目监理的监理公司而不是来自于设计单位，因此，监理公司不从事项目的设计。但是监理工程师通常也都主持或参加设计会审工作，对项目的设计也有权提出意见。在我国《建设工程监理规范》中明确规定，在设计交底前，总监理工程师应组织监理人员熟悉设计文件，并对设计图中存在的问题通过建设单位向设计单位提出书面意见和建议。因此，这个阶段，监理工程师应该通过对设计文件的审查和学习，尽可能地协助业主向承包单位提供尽量完善的设计图，从而也可尽量避免或减少由于设计原因造成的索赔。此外，监理工程师如果承担设计监理，在验收设计文件时，一定要认真把关。

（2）协助业主做好项目招标工作，认真签订合同文件　在国际工程实践中，监理工程师往往受业主委托参与项目的招标工作，而项目的招标文件和招标工作中的一些事项会直接影响到项目实施过程中索赔事项的发生和处理。因此，协助业主做好项目招标工作是索赔预防的一个极其重要的环节。具体来讲主要包括投标前的资格预审，组织标前会议，组织公开开标，评审投标文件，作出评标报告，参加合同商签及签订施工协议书等工作。为了减少施工期间的索赔争议，要注意处理好两个问题：一是选择好中标的承包商，即选择信用好、经济实力强、施工水平高的承包商。特别要注意：报价最低的承包商不一定就是最合适的承包商。二是做好签订协议书的各项审核工作，在合同双方对合同价、合同条件、支付方式和竣工时间等重大问题上彻底协商一致以前，不要仓促签订施工合同，否则将会带来一系列的问题。

在签订工程项目的施工合同时，如果对工程项目的合同价总额没有达成明确一致的意见，或者合同双方对合同价条款有不同的理解，或者合同一方否认了自己在合同价总额上的允诺，都会使合同含糊不清，双方各执一词，形成合同争端，导致索赔的发生。因此，合同双方在签订施工协议书以前，一定要慎重仔细，避免索赔的发生。

在这个阶段监理工程师应当注意以下几个方面：

1）合同条件的内容要尽量详细、条款齐全，对各种问题的规定比较具体，有可操作性。尤其是当选择了FIDIC或我国建设工程施工合同等带有标准条件（款）的合同形式时，工作重点要放在专用条件（款）的编制，要注意结合工程项目的具体情况、工程所在国的法律等对通用条件（款）进行修改、调整与补充。

2）工程师应协助业主提供尽可能完备、详细的技术文件、水文地质勘探资料和各种环境资料，为承包商快速而准确地确定方案和报价提供条件，从而减少施工过程中由此引起的设计变更、不利物质条件等索赔事项的发生。

3）合同条款和技术文件应准确，没有矛盾、错误和歧义，从而不会在实施过程中由于这些矛盾和错误和歧义等造成承包商的损失索赔以及索赔事项处理复杂。

4）合同中合理地分配责权利和风险。监理工程师要协助业主预测这些项目工作、责任、风险的范围，通过招标文件加以准确地定义，并且在合同的双方之间公平地分配。这时，承包商可以比较准确地投标报价，有利于业主获得低而合理的报价。而且也会减少合同实施过程中的索赔和争执。工程师应使用（或向业主推荐）标准的合同文本，或按照标准文本起草合同，这有利于合同分配合同双方的责权利和风险。

5）协助业主选择好承包商。承包商的信誉、工程经验、履约能力、报价的合理性都会影响工程索赔的数量。报价过低的承包商可能履约能力不强，它可能在工程施工过程中设置埋伏，或扩大干扰事件影响，扩大索赔值，加价索赔，或不能按时交工。工程师应当好他的参谋，做好评标工作。如果承包商报价偏低，工程师要求他作出解释。如果得不到满意的解释，则不能轻易接受。国际工程实践证明，报价越低，工程中索赔频率越高，索赔值越大，合同争执越大。

在许多工程中，许多业主希望在合同中增加对承包商的单方面约束性条款和责权利不平衡条款，增加对自己行为（失误）免责条款来消除索赔，对此监理工程师应予以劝说和制止。这种做法实际上对业主未必真正有利。因为对于一个有经验的承包商来说，就会采取提高报价来减少这种风险的措施。即使在报价中没有考虑这些风险，这种做法也未必会减少索赔，承包商在施工过程中肯定会通过各种途径减少自己的损失，这往往会影响承包商履约的积极性，或者造成承包商履约困难，可能导致不能按期交工，最终的结果是对业主的整体利益造成更大的损害。

（3）做好施工期间的索赔预防工作 监理工程师在施工期间的索赔预防工作，主要应当做好4个方面的工作。首先，应当严格按照合同中授予自己的权限和工作职责进行工作，不要因为自己的工作失误造成承包商的索赔；积极与业主沟通，协助业主履行合同责任与义务，尽量减少由于业主的违约行为造成承包商的索赔；严格进行进度控制、投资控制和质量控制的预先控制工作，从而尽量减少由于承包商原因的业主索赔；在施工过程中，积极协调与沟通各方面关系，及时召开各种工地会议，参与项目的各方协调、一致地开展工作，使潜在的争端趋于缓和，将问题消灭在萌芽状态，防止问题激化形成争议。

2. 处理承包商的索赔问题

当承包商提出索赔要求时，监理工程师应首先详细审阅索赔报告，对有疑问的地方或者证据不足之处，要求承包商补充证据资料，并且应亲自进行现场调查研究，了解索赔事项的真实程度，确定承包商是否具有索赔权。然后分清责任程度，根据网络分析和费用分析方法测算工期延长的天数和经济补偿的款额，提出索赔处理建议。

对于监理工程师的处理意见，如果承包商不同意，或者承包商或业主都不满意，工程师有责任听取双方的意见，修改索赔评审报告和处理建议，直到合同双方均表示同意。通常的工作程序是，监理工程师首先要对承包商的索赔处理方案与业主协商一致，然后监理工程师通知承包商进行索赔谈判。如果承包商坚持不同意，而且监理工程师坚持自己的处理建议时，此项索赔争端将提交进一步的评审机构或提交仲裁。

在处理承包商的索赔事务时，监理工程师应当坚持公正的立场，在业主与承包商之间探求合理的索赔处理方案，与业主方项目经理尽量协调，力争使业主和承包商就索赔事项达成协议，促成索赔争端的友好解决。

监理工程师处理承包商索赔的工作程序如图 9-2 所示。

3. 处理业主对承包商的索赔

业主的索赔是由于承包商违约，如：不能按期建成工程，施工质量不符合技术规程的标准，施工中给业主或第三方造成财产损害或人身伤亡等，业主提出索赔要求。对于业主的索赔要求，工程师要对照合同条件和具体证据进行研究，肯定合理的要求，对有异议的同业主再次讨论，确定后，根据合同条件的规定，将业主的索赔决定正式通知承包商，并在月结算单中加以扣减。

4. 加强施工合同管理

在工程施工中，监理工程师的任务就是受业主委托进行施工承包合同管理。监理工程师在履行自己职责的时候应当注意以下问题：

(1) 严格按合同规定行使自己的权力　在工程施工过程中，监理工程师在工作中的任何失误、不严密的地方都可能是承包商的索赔机会。为此，监理工程师必须认真工作，尽量不为承包商提供这种索赔机会。监理工程师的工作具体包括：

1) 熟悉合同，明确合同中授予监理工程师的权限和委托的职责，提高自己的合同管理水平，从而切实保证工作中作出的任何指令、调解、决定、同意等符合合同精神。

2) 及时履行自己的合同责任，例如，及时颁发施工图、指令、作出决定，及时履行合同的检查、检验和验收职责，尽量不要提出苛刻的、超过合同范围的检查，避免进行一些事后的破坏性检查等。

3) 敦促并协助业主及时履行业主的合同责任与义务，例如，及时向承包商交付施工场地，提供施工条件，按时支付工程款，避免干扰工程等。

4) 正确履行职责，避免设计图、计划、指令、协调方案中的错误。

5) 做好组织协调工作，尤其是各承包商、材料和设备供应商、设计承包商之间的协调工作，减少协调不力，交叉影响。

(2) 加强对干扰事件的控制　在工程施工中，许多干扰事件并不是监理工程师所能避免的，但是，如果工程师能够预先分析，采取有效的措施，就可以减少干扰事件的影响。监理工程师具体应当做好以下几个方面的工作。

1) 做好干扰事件的预测。干扰事件的发生是具有一定的规律性的，作为一个有经验的监理工程师，可以根据自己的经验并采取相应的手段，是可以对干扰事件的发生可能、发生规律和发生后的影响和损失的大小在一定程度上进行预测的。因此，监理工程师在合同管理工作中，要事先进行干扰事件的预测，并制订相应的防范措施或应对措施。例如，完善合同条文，做好周密的计划，准备应变方案等。

2) 及时处理干扰事件。当干扰事件发生时，监理工程师应迅速作出反应，及时按合同规定程序发出指令，控制干扰事件的影响范围和程度。

(3) 注意行使职权应承担的责任后果

第9章 监理工程师的索赔管理

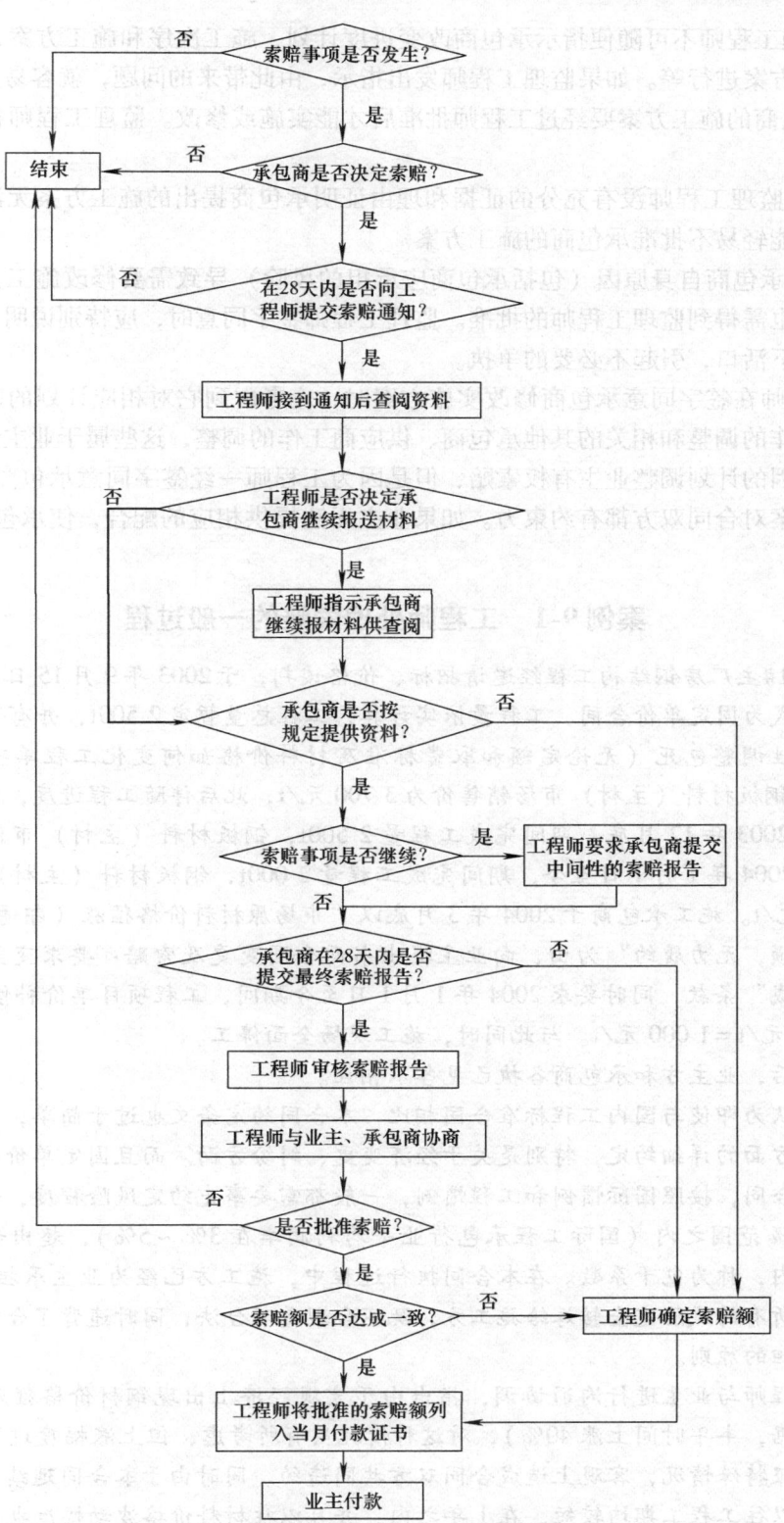

图9-2 工程师处理承包商索赔的工作程序

1）监理工程师不可随便指示承包商改变进度计划、施工次序和施工方案，或必须按照自己提出的方案进行等。如果监理工程师发出指示，由此带来的问题，就容易产生索赔。

2）承包商的施工方案要经过工程师批准后才能实施或修改。监理工程师在审查施工方案时应注意：

① 如果监理工程师没有充分的证据和理由证明承包商提出的施工方案无法履行其合同责任，则不能轻易不批准承包商的施工方案。

② 由于承包商自身原因（包括承包商应承担的风险）导致需要修改施工方案的，修订的施工方案也需得到监理工程师的批准。监理工程师签字同意时，应特别说明费用不予以补偿，以免留下活口，引起不必要的争执。

③ 工程师在签字同意承包商修改实施方案时，应考虑到它对相应计划的影响，特别是业主配套工作的调整和相关的其他承包商、供应商工作的调整，这些属于业主责任。虽然由于承包商原因的计划调整业主有权索赔，但是因为工程师一经签字同意承包商的修改方案，则这个新方案对合同双方都有约束力。如果业主无法提供相应的配合，使承包商受到干扰，则有权索赔。

案例 9-1　工程师处理索赔的一般过程

某工程 1# 主厂房钢结构工程经邀请招标、价格谈判，于 2003 年 9 月 15 日签订了施工合同，合同形式为固定单价合同，工程量依实计算，工程总量暂定 2 500t，并有下列条款"施工期间政策性调整包死（无论定额和取费标准及材料价格如何变化工程单项造价均不增减）"。当期钢板材料（主材）市场销售价为 3 700 元/t，此后伴随工程进度，钢板材价格大幅上涨：至 2003 年 12 月底，期间完成工程量 2 500t，钢板材料（主材）市价平均上涨至 4 200 元/t；2004 年 1 月 1 日至今，期间完成工程量 2 000t，钢板材料（主材）市价平均上涨至 4 700 元/t。施工承包商于 2004 年 3 月底以 "市场原材料价格猛涨（即通货膨胀），施工方严重亏损，无力履约" 为由，向业主提出书面合同变更及索赔：要求变更 "工程项目单价均不增减" 条款，同时要求 2004 年 1 月 1 日至今期间，工程项目单价补偿价差 = 4 700 元/t - 3 700 元/t = 1 000 元/t。与此同时，施工现场全面停工。

发生以后，业主方和承包商各执己见各不相让。

承包方认为即使与国内工程标准合同相比，本合同约定条文也过于简单，省略了较多有关工程经济方面的详细约定，特别是关于经济变更、纠纷方面。而且固定单价合同本身就是风险最大的合同，按照国际惯例和工程惯例，一般都需要事先约定风险程度，如工程总价的正负 3%~5% 范围之内（国际工程承包行业平均利润率在 3%~5%），超出部分双方另行约定。在国内，称为包干系数。在本合同执行过程中，施工方已经为业主承担了部分风险，但业主想把所有的风险完全转嫁给施工方，既不合理更不合法，同时违背了合同双方权利对等、风险共担的原则。

监理工程师与业主进行沟通协调，指出由于宏观经济上出现钢材价格猛烈上涨（根据国家统计数据，半年时间上涨 40%），对这种情况虽有所考虑，但上涨幅度过猛超出合同双方预期，是极特殊情况，客观上造成合同双方共同违约。同时由于本合同延续了以往工程的合同文本，以往工程工期均较短，在 1 年之内，并且以往材料价格波动幅度也较小，而以往工程的合同实施过程中没有出现类似问题，在当前特定的情况下造成了这个大问题。同时监理工程师指出大多数业主均有"把所有风险完全转嫁给施工方"的倾向,实践证明这样做,只会引起施工方的敌意,破坏双方合作的诚意,得到的将会是两败俱伤:施工方严重亏损,无力履约;项目全面停工,项目整体失败,业主血本无归,业主将承担100%的风险。两相比较,业主损失更大。

经过监理工程师反复协调,业主方的高层决策者在听取了相关几方的意见后,同意受理施工方的索赔。虽然按照合同约定,作为固定单价合同,业主完全可以不必考虑物价上涨对承包商可能带来的影响,虽然承包商认为业主把这个风险完全转嫁给承包商是不合法的,但是采用固定单价合同是一种法律规定可以采用的合同方式。在工程师的协调下,业主方考虑到工程的具体情况,尤其是市场物价的大幅度上涨,确实是完全超出了各方原来的预期,同时也是为了整个工程项目能够顺利进行,最后,合同双方经过多次谈判,以工程施工文件、市场价格数据为证据,签订了补充协议:工程单项造价补偿价差为600元/t。

由于本项目属于高科技产品制造项目(工程),全生命周期及生产周期短,对项目的建设周期提出了较高的要求,因此业主平行发包模式。配合平行发包模式,在合同中包含了支付预付款占合同总价40%~60%的条款,初始施工进展神速,达到预期设想。但随着合同价格问题等风险在实施过程中逐步体现,整体工程出现了执行难、索赔多的局面。同时,由于宏观经济层面出现钢材价格猛烈上涨(根据国家统计数据,半年时间上涨40%)、工程行业招投标全面推行新的与国际接轨的《工程量清单计价》方法等原因,使该工程合同索赔矛盾更加突出。

在这里不讨论案例里固定单价合同是否合理、合法,也没有对承包商的要求是否合理进行讨论,只是希望大家从中感受监理工程师在索赔处理中"准仲裁员"的地位。监理工程师是合同双方矛盾纠纷的一个调解人,通过工程师在中间斡旋,业主与承包商都作出了一定的让步,使索赔问题得到了很好的解决,保证了工程的顺利进行。

9.2.3 监理工程师索赔处理能力的培养

监理工程师在进行索赔处理时,需要综合运用多方面的知识和发挥控制、协调等能力,不仅要作出正确的判断,还要有能力与业主和承包商协调,才能使索赔处理工作圆满完成。因此,监理工程师需要注意学习法律、合同项目管理、工程技术、协调与沟通方面的知识,并将其灵活运用,提高自己的知识水平和综合运用能力,从而提高自己索赔处理的能力。

1. 合同和法律知识

监理工程师的主要工作就是受业主委托进行合同管理,而合同和工程所在国的法律是处理索赔事项的主要依据。因此,监理工程师必须掌握合同和法律方面的知识,并且对工程施工承包合同的每一个条款的含义都应该非常清楚,能够给出合同的解释。在处理索赔事项前,就应当对合同的缺陷进行预先分析。对合同了然于心,是监理工程师做好索赔处理工作的重要前提。同时,监理工程师要经常关注法律的颁布与变化情况,并有能力分析其对合同履行的影响。

2. 项目管理知识

监理工程师所做的工作实际上是受业主委托进行项目管理。项目管理是一门综合性的学科,它有一套系统的理论、原则、方法和技术。监理工程师要想完成合同义务,就需要掌握项目管理知识,并且在监理工作中灵活地应用。只有这样,监理工程师才能减少和控制索赔事项的发生,从而有效地处理索赔事项。

3. 工程技术知识

监理工程师的工作虽然是进行项目管理工作。但应当注意到，技术是基础。由于监理工程师在施工中要审查承包商的施工方案，在实施过程中要进行一些工程事故的处理，对紧急事件的处理指示等，如果没有深厚的技术知识作为后盾，是根本无法胜任工作的。而且监理工程师在进行索赔责任分析、索赔费用计算时也离不开工程技术知识，因此，监理工程师必须学习工程技术知识，提高工程技术能力。

4. 协调与沟通知识

监理工程师在进行项目管理和具体的索赔处理时，人际关系协调与沟通能力是非常重要的。当监理工程师解决索赔问题时，必须要与业主和承包商协商一致。如果双方达不成一致，监理工程师经常要进行调解，促成双方达成协议。这时，监理工程师如果不具备良好的协调能力，是无法完成这一任务的。协调与沟通实际上是一种知识，监理工程师要学习协调与沟通的理论，并将其与实际结合起来，加以灵活运用。

9.3 监理工程师索赔管理的原则

为了使索赔得到公正、合理的解决，监理工程师在工作中必须坚持公正、及时、实事求是、充分协商和诚实信用的基本原则。

9.3.1 公正性原则

工程师在处理索赔事项时必须公正行事，以没有偏见的方式解释和履行合同，独立地作出判断，行使自己的权力。由于承包合同双方的利益和立场存在不一致、矛盾，甚至冲突，索赔是不可避免的，监理工程师虽然受业主委托实施合同管理，但在处理索赔事项时保持公正性，这是监理工程师的职业准则。公正处理索赔主要体现在以下几个方面：

1) 从工程总体效益、工程总目标的角度出发作出判断，或采取行动，坚持使合同风险分配、干扰事件责任分担、索赔的处理和解决不损害工程整体效益和不违背工程总目标，争取友好、公正地处理索赔。

2) 严格按照合同行事。坚持按合同中规定的责权利来进行判断索赔事件的责任，公正地处理索赔。

3) 在对合同解释时，决不单纯站在业主一方解释合同。而是站在公正的立场上遵循一定的原则进行解释。如坚持从整体上解释合同的原则，即从整个合同的意图出发，解释各个构成条款的含义，使该合同的每一个条款与整个合同的意图一致。对于合同中模糊或引起歧义的条款，进行词义分析，参照合同文件中的其他明示条款和默示条款，找出符合整个合同意图的条款，作为主导条款，据此解释含义模糊的条款。坚持根据合同文件的文字含义及签约意向，以及合理的默示条款作出判断的原则。而不会偏向业主，按对业主有利的情况修改条款含义。坚持遵循定量优先的原则解释合同，即定量方式所做的解释优先于其他任何方式的解释等。

4) 按照工程的实际实施过程、干扰事件的实情、承包商的实际损失和所提供的证据独立作出判断。

9.3.2 及时性原则

在工程施工中，监理工程师必须及时作出决定，下达通知、指令，表示认可或满意等，接到承包商的索赔通知及时处理索赔事项，避免争端升级影响工程的进展。

1）及时履行监理工程师合同中规定的职责，从而减少自己因工作失误引起的承包商的索赔机会。因为监理工程师如果不能迅速、及时地履行职责，造成承包商的损失必须给予工期和费用的补偿。

2）及时处理干扰事件，避免干扰事件影响的扩大。若不及时处理就会造成承包商停工等待指令，或继续施工而造成更大范围的影响和损失。所以在施工过程中，监理工程师对于一个已发生的干扰事件应当及时指令采取措施，防止风险损失的扩大，保证工程顺利施工。

3）监理工程师在接到承包商的索赔意向通知后应迅速作出反应，认真研究，密切注意干扰事件的发展，并要求承包商进一步提供资料，及时采取措施降低损失，同时为分析、评价、反驳承包商的索赔要求做准备。

4）监理工程师要按合同规定的索赔处理程序和时限，争取尽早处理索赔事项。因为如果索赔事项拖着不予以解决，往往会加深双方的不理解、不一致和矛盾。而且承包商资金周转困难，履约积极性受到影响，最后造成施工进度缓慢，承包商对监理工程师和业主不信任，反过来业主则会抱怨承包商拖延工程，不积极履约，最终可能导致双方激烈的冲突，最终影响项目目标的实现。此外，由于不及时处理单个索赔事项，索赔事项会越积越多，往往给索赔分析、评价带来困难，而且会产生一系列的连锁反应，导致更多的索赔发生。

9.3.3 实事求是的原则

监理工程师在处理索赔事项时，必须遵循实事求是的原则，即在判断索赔事项的责任时，要以客观事实和证据为准。要充分分析承包商所提供的施工记录、文件等，并与自己所做的检查、验收记录等相对照，对索赔证据中发生的矛盾和不一致情况要认真检查分析。在索赔费用的确定时，要依据补偿损失为原则来进行。不论是对承包商的索赔还是对业主的索赔要求的审核，都要以尊重事实为原则，用事实说话，用数据说话。使业主和承包商都能尊重监理工程师的判断，从而使索赔事项容易解决。

9.3.4 充分协商的原则

监理工程师在处理和解决索赔问题时应及时与业主和承包商沟通，经常保持联系。在作出决定，特别是调整价格、决定工期和费用补偿时，应与承包商和业主双方充分协商，最好达成一致，取得共识。这是避免索赔争执的最有效的办法。监理工程师应充分认识到，如果调解不成功，使索赔争执升级，将会造成业主与承包商关系紧张，严重干扰工程施工过程，也造成监理工程师的合同管理难度加大，从而影响工程项目的整体效益。

在索赔处理中，由于业主和承包商立场不同，对合同的理解、策略的不同，致使双方索赔要求有很大的差异。监理工程师要做艰苦的说明工作，对双方施加影响，减少差距，加深理解。监理工程师在处理索赔时，要经常向业主作解释，分析并说明承包商的困难和索赔要求的合理性；同时又要指出承包商索赔中不合理的索赔要求，最终使双方妥协、接近，达成一致。

9.3.5 诚实信用原则

监理工程师在工程管理方面，业主授予它很大的权力，对工程的整体效益起关键性作用。承包商也期望监理工程师作为专业人士能够公正行事。但由于监理工程师提供的是一种管理服务，因此经济责任较小，缺少制约机制。所以工程师的工作在很大程度上依赖于职业道德来维持。为了完成监理合同，监理工程师必须取得业主和承包商双方面的信任，监理工程师既要使业主认为聘请监理工程师进行项目管理对工程的总体效益有利，同时又要使承包商认为与监理工程师合作对其履行合同有益。为了做到这一点，监理工程师必须诚实信用，从而在业主和承包商之间营造信任的氛围，从而使合同履行过程中减少索赔事项的发生，或使索赔处理时更容易达成谅解，取得一致意见。

案例9-2 监理工程师处理索赔实例

某工程按照甲方提供的地质勘探资料，地下室有0.6m在地下水位以下。甲方出于某种考虑，在招标文件中明确规定不包含地下降水费用。6月25日中标单位破土挖槽，在局部有地下室的部位按基地设计标高了探井。地下水位标高与资料相符，施工中必须采取降水措施。乙方为减少降水时间，避免降水期间含水层的细砂流失引起四周基土的扰动，当即决定地下室部位临时挖土标高比原设计提高0.9m，并建议甲方修改设计。后甲方与设计单位协商同意变更设计，将地下室基础标高提高到地下水位以上。6月30日挖土机械离场。7月2日甲乙双方发生索赔及审查情况如下：

1. 乙方索赔意向书

××工程师：本工程按照设计标高开挖证实，地下水位与你方提供的地质勘探报告相符。施工过程中必须采取降水措施。由于本工程招标文件中规定标底不含降水费用，请贵方查验实情，按实际情况增加降水费用，并给予相应降水组织及准备工作时间。

公司   项目经理部
××月××日

2. 乙方的索赔报告

工程师收到报告后，与设计单位协商，将地下室的基础标高提高到地下水位以上，乙方提交索赔报告如下：

××工程师：

该工程自开挖并探明地下水实情后，充分作了降水准备，后虽作了设计修改，但因今年雨季来得早，降水量大，地下水位上升，本公司及时采取了降水措施，保证了无地下室部分工程的施工条件，减少了窝工损失，具体费用计算如下：

(1) 按市定额文件计算规定，地下室发生降水费用为24 500元。

(2) 根据甲乙双方签证的设计变更单，原地下室部位钢筋因全部是提前加工完成的，需重新改制或另行加工，钢筋改制费为3 300元。

(3) 由于7月2日设计变更后造成工作反复，又遇雨季使地下室工程无法进行，延误工期20天。

以上报告请予审批。

公司   项目经理部
××月××日

3. 甲方对该索赔的审查意见

7月2日甲乙双方进行了设计变更。变更后的地下室基础标高已经提高到地下水位以上。现场只是在设计修改前挖了探井，修改后不用再挖，不存在地下降水问题。对于施工中乙方确实动用了降水机械，采取了降水措施的情况应已含在冬雨期施工费中。情况也是抽排雨水，而区别于降低地下水。

按照乙方提供的施工组织设计文件，应先施工地下室部位，再施工其他部位。挖探井后因设计变更未定而改变了原方案，这可以理解。但设计变更确定后，乙方应抓紧时间先进行地下室部位施工，在雨季前把地下室底板处理好，为雨期施工创造条件。地下室底板施工错过了时机并非甲方原因，因此不能承担工期延误的责任。

××监理部
××月××日

4. 乙方第二次提出延误工期索赔

××工程师：

关于我部提出延期20天的请示有必要将当时情况再作说明补充。

7月2日设计变更确定后，应抓紧抢施地下室底板，但因在变更前已经将地下室四周的施工面铺开，通路切断，这是当时为抢在雨季前搞好基础施工的前提下改变的做法。因乙方无法预测设计变更确定的日期，起始原因是地下土质欠佳，挖槽后等待变更。至少乙方不应承担6月26日—7月2日之间的等待责任。请工程师根据实际情况考虑给予工期补偿。

××公司 ××项目经理部
××月××日

5. 甲方再次就延期索赔的意见审查

甲方承担从考虑设计变更到变更确定日之间的等待延误7天。

乙方在设计变更确定之前进行非地下室部位施工时，应考虑当设计变更一旦确定就要及时进行地下室施工的条件，因安排不周而造成被迫延误的这种情况应由乙方自负。

甲方考虑到乙方在施工中从实际出发，提出修改建议，保证了工程质量，从整体上节省了建设费用，同意延长工期16天。

××监理部
××月××日

练 习 题

思考题

1. 在国际工程实践中，监理工程师通常为业主提供哪些方面的服务？
2. 分析FIDIC《施工合同条件》通用条件中，有哪些工程师的直接责任会造成承包商索赔？
3. 分析现行我国《建设工程施工合同（示范文本）》中，有哪些工程师的直接责任会造成承包商索赔？
4. 监理工程师对索赔的影响有哪些？
5. 监理工程师索赔管理的任务有哪些？
6. 监理工程师应学习哪些方面的知识以提高索赔处理的能力？
7. 监理工程师在处理索赔时应遵循哪些原则？

参考文献

[1] 国际咨询工程师联合会，中国工程咨询协会．施工合同条件 Conditions of Contract for Construction ［M］．朱锦林，译．北京：机械工业出版社，2002．
[2] 徐崇禄，任燕增，刘新锋．建设工程施工合同示范文本应用指南 ［M］．北京：中国物价出版社，2000．
[3] 梁鉴．国际工程施工索赔 ［M］．北京：中国建筑工业出版社，2002．
[4] 汪金敏、朱月英．工程索赔 100 招 ［M］．北京：中国建筑工业出版社，2009．
[5] 杨晓林、许程洁、冉立平 造价工程师实用手册 ［M］．哈尔滨：黑龙江科学技术出版社，2000．
[6] 潘文．国际工程谈判 ［M］．北京：中国建筑工业出版社，1999．
[7] 崔学文．小浪底国际工程建设 ［M］．北京：中国水利电力出版社，1998．
[8] Reg Thomas．施工合同索赔 ［M］．崔军，译．机械工业出版社，2010．
[9] 赵浩．建设工程索赔理论与实务 ［M］．北京：中国电力出版社，2006．
[10] 齐宝库，黄如宝．工程造价案例分析 ［M］．北京：中国城市出版社，2001．
[11] 龚维丽．工程造价的确定与控制 ［M］．北京：中国计划出版社，2001．
[12] 王兆俊．国际建筑工程项目索赔案例详解 ［M］．北京：海洋出版社，2007．
[13] J J Adrian. Construction Claims—A Quantitative Approach ［M］. London：Prentice Hall, Inc. 1988.
[14] 汤礼智．国际工程承包实务 ［M］．北京：对外经济贸易出版社，1990．
[15] 何毅．国际工程合同案例选 ［M］．北京：中国建筑工程总公司培训中心．
[16] 中华人民共和国建设部．中华人民共和国国家标准 建设工程监理规范 GB 50319—2000 ［S］．北京：中国建筑工业出版社，2001．
[17] 黄文杰．建设工程合同管理 ［M］．北京：知识产权出版社，2009．